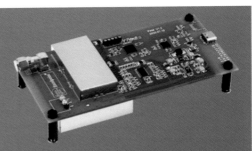

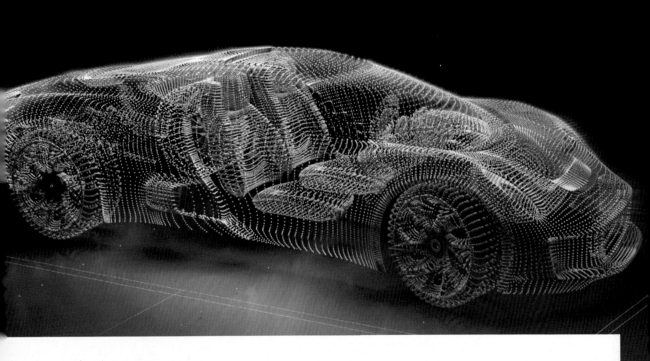

ANALOG DEVICES
品质源自高精度测试
从电力传动系统到电池，以高精度标准评估新技术，是衡量其能否投放市场的关键因素。ADI公司的测试测量专长可以帮助您验证并优化研发成果，并在投入商业量产时实施可靠性测试。与 ADI专家携手，为未来助力。
百度搜索：亚德诺半导体、ADI（进入ADI官网）
微信搜索：亚德诺半导体（关注ADI微信公众号）
亚洲技术支持中心 电话：4006 100 006
电子邮件：china.support@analog.com

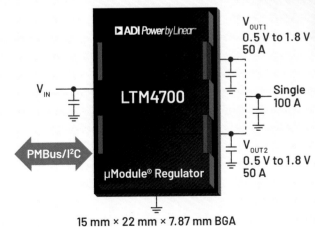

运算放大器参数解析与LTspice应用仿真

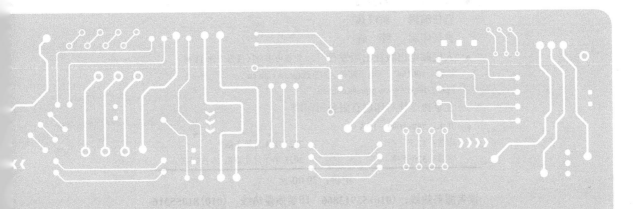

郑荟民◎著

人 民 邮 电 出 版 社
北 京

图书在版编目（CIP）数据

运算放大器参数解析与LTspice应用仿真 / 郑荟民著
. -- 北京 : 人民邮电出版社, 2021.4
ISBN 978-7-115-55838-1

Ⅰ. ①运… Ⅱ. ①郑… Ⅲ. ①运算放大器－参数－分析②运算放大器－计算机仿真－应用软件 Ⅳ. ①TN722.7

中国版本图书馆CIP数据核字(2020)第268232号

内 容 提 要

本书在阐述运算放大器原理的基础上，逐一讨论运算放大器参数的应用，并介绍了 LTspice 的基本使用方法。笔者从支持过的 600 余例项目中，精选取 10 余项极具代表性的放大器设计案例，从工程师设计的角度深入分析参数的应用，并配合 50 余例 LTspice 仿真电路，用实际运算放大器的模型验证参数的特性。

本书第 1 章是基础内容，介绍理想放大器的特性，放大器的种类、使用原则，以及放大器基础电路和电路分析方法。第 2 章参考实际放大器的数据手册，使用超大篇幅解析全部参数的意义、注意事项，并配合精典案例和仿真电路，帮助读者全面理解参数的意义与运用。第 3 章介绍仪表放大器、跨阻放大器、全差分放大器、电流检测放大器的使用注意事项和辅助设计工具。第 4 章介绍模拟电路系统设计，包括电源、传感器简介，放大器误差分析，滤波器设计和相应的辅助工具等。第 5 章介绍 LTspice 的基本使用方法。

本书适合从事模拟电路设计的工程师、科研人员以及对模拟电路设计感兴趣的在校师生阅读。

◆ 著　　　　郑荟民
责任编辑　黄汉兵
责任印制　陈　犇
◆ 人民邮电出版社出版发行　　北京市丰台区成寿寺路 11 号
邮编　100164　　电子邮件　315@ptpress.com.cn
网址　https://www.ptpress.com.cn
北京捷迅佳彩印刷有限公司印刷
◆ 开本：787×1092　1/16
印张：12.5　　　　2021 年 4 月第 1 版
字数：320 千字　　　　2025 年 3 月北京第 16 次印刷

定价：79.00 元

读者服务热线：(010)53913866　印装质量热线：(010)81055316
反盗版热线：(010)81055315

序言

2020 年 4 月份，荟民找到我，希望为他写的《运算放大器参数解析与 LTspice 应用仿真》一书作序。

2019 年，荟民曾经找过我，希望能对 LTspice 在放大器中的应用仿真进行培训。因南北相隔，于是将之前团队整理的 LTspice 培训材料发给了他。不曾想，不到一年时间，他已然可以熟练使用 LTspice，并且将其用于放大器实际问题的解决之中。真是："世上无难事，只怕有心人。"

1965 年，ADI 发布了它的第一款产品 AD101A，历经数十载，放大器依然是 ADI 的重要产品线，目前大概有上千个型号的放大器被广大客户使用。看似简单的放大器却拥有如此众多的型号，实现各种各样的电路功能，起到现实世界和模数转换器、数模转换器的桥梁作用。也正因为放大器能实现种类如此繁多的模拟电路，硬件工程师才难以深入学习和理解它。在许多情况下，只有放大器在应用电路中出现问题的时候，工程师才能体会到简单的放大器其实并不简单。

ADI 深知这一点，所以 ADI 官方网站提供了许多在线的仿真工具，包括滤波器仿真工具、光电二极管调理电路仿真工具、仪表放大器钻石图仿真工具、差分放大器离线仿真工具等。另外，ADI 也提供了基于 SPICE 模型的功能更强大的器件级仿真工具——LTspice。在众多的仿真工具中，LTspice 无疑是非常亮眼的，它没有仿真器件数量的限制，会不定期更新器件的模型库，尤其值得称道的是其强大的仿真功能。

作为一个工具，LTspice 可以帮助我们在设计电路之初进行仿真，验证电路设想的功能性。另外，LTspice 也能在实际电路碰到问题时，帮助我们通过仿真来分析问题的根源。荟民的书中，有很多这样的例子，都是客户碰到的实际问题，最后通过 LTspice 来仿真解决的。这正是理论与实践相结合，仿真和实际电路相互验证。

如果想了解运算放大器这种功能强大的模拟器件，那么阅读这本书会是一个好的开始。学而不思则罔，通过学习放大器的基本参数和掌握 LTspice 仿真工具，结合工作中的应用电路进行思考和分析，你会发现运算放大器的有趣之处，并进一步领略模拟电路的魅力。

ADI 公司中国区放大器 AE 团队负责人　郭剑

2020 年 5 月

于北京

前言

本书从起笔到完成主体内容的撰写历时半年。写作过程中感慨良多，往昔浮于眼前。2004 年，笔者正值大二，第一次接触到专业课程——模拟电路基础。当时冒出的想法是，“这会是我以后的看家本领吗？”答案是肯定的，对课程的认真学习很快有了点回报。准备 2007 年研究生入学考试时，专业课就是模拟电路基础。基于此前对课程的掌握，在复习期间没有投入过多的精力，为其他学科的复习争取了宝贵时间。在攻读研究生期间，参与电子工程师培训的课程设计，其中实战项目是工业测量仪表，而模拟信号调理是项目重点。2010 年毕业以来有过两段研发经历，均是模拟电路领域的设计工作，深刻体会到关键的信号调理离不开放大器。笔者虽有些基础，但在放大器从“理想”到“现实”的落差中，仍然走过不少弯路，其间往复苦恼该如何面对与使用那些放大器参数。跌跌撞撞中解决一些问题，欣欣然有少许成绩，但很少究其本质。

2016 年笔者来到世健公司，角色转换为技术支持，接触到更为广泛的放大器应用，涉及仪器仪表、环境检测、医疗、机器人、工业自动化、安防等诸多领域，累计支持过 130 余家企业、研发机构及创业团队，与 400 多位技术人员沟通过设计方案、电路故障，涉及 600 多个项目。在前期常常感叹对某些参数认识不够准确，特性了解不全面，应用条件掌握不深入，所以开始从放大器的应用角度，重新学习放大器的每项参数并整理笔记。

在技术支持过程中，笔者有幸遇到国内非标测量行业的飞速发展。市场需求急切，产品附加值高，这些让企业有充足的实力和勇气开展自主研发，产品频频对标国际知名品牌仪器。然而困扰这些企业发展的重要瓶颈都包括模拟电子工程师人才不足，以及模拟电子工程师的培养周期相比其他领域电子工程师长很多。所以，笔者一方面频繁参与工程师的新项目，提供设计方案，协助处理故障。在所积累的众多案例中，笔者将典型或者共性存在的问题与参数笔记相匹配。另一方面，对合作紧密的企业，时常组织专题培训或技术研讨会，帮助新、老工程师规避放大器设计的典型问题。

这种方式固然有效但是受制于笔者的精力，直到笔者接触了 LTspice 及一些辅助的设计工具，找到了“授人以渔”的方法。经过 1 年多实践，这些工具帮助笔者高效完成了技术支持工作，更重要的在于有效解决了工程师进行电路评估、芯片选型、故障分析中遇到的难题。尤其是 LTspice，在众多工程师的反馈中，它已经是不可或缺的辅助工具。

关于模拟工程师人才紧缺和培养周期长的问题，普遍存在而不仅局限于非标测量行业。所以笔者从 2019 年 8 月底开始再次整理笔记，结合多位国内外前辈的著作，以及 ADI（亚德诺）公司近 4 年来亚洲区技术培训、全球技术培训的经典内容。并以此为基础，系统梳理了放大器的参数，以工程师的设计为出发点，将理论联系典型案例，讲解参数的应用，再使用 LTspice 仿真完成参数的闭环验证，力争使本书成为工程师案头的常备参考书籍。

本书第 1 章是基础内容，介绍理想放大器的特性，放大器的种类、使用原则，以及放大器基础电路和电路分析方法。第 2 章参考实际放大器的数据手册，使用超大篇幅解析全部参数的意义、注意事项，并配合精典案例和仿真电路，帮助读者全面理解参数的意义与运用。第 3 章介绍仪表放大器、跨阻放大器、全差分放大器、电流检测放大器的使用注意事项和辅助设计工具。第 4 章介绍模拟电路系统设计，包括电源、传感器简介，放大器误差分析，滤波器设计和相应的辅助工具等。第 5 章介绍 LTspice 的基本使用方法。

时间仓促，加之笔者水平有限，书中难免有纰漏之处，敬请批评指正。

感谢 ADI 公司中国区放大器 AE 团队负责人郭剑先生，提供 LTspice 使用的诸多指导。感谢 ADI 公司南中国区技术支持团队、销售团队，以及世健公司领导与同事在工作中的支持。

感谢人民邮电出版社编辑黄汉兵先生，在书籍出版过程中给予的帮助。

最后感谢爱人丁宁宁一如既往的信任与鼓励，女儿贴心的陪伴和对未来的一份期许。家是我动力之源。

郑荟民

庚子年戊寅月辛丑日亥时

于深圳

关注公众号，输入 55838，
获取学习资源

目录

第 1 章 运算放大器基础

1.1 运算放大器概述

第一代运算放大器（Operational amplifier，Op-amp）芯片诞生于 20 世纪 60 年代，由仙童半导体公司（Fairchild Semiconductor）设计。与晶体管相比，其性能优良，易于使用，一经推出便迅速取代晶体管成为模拟电路的核心单元。

经过近 60 年的发展，运算放大器（以下简称放大器）经过几代技术革新，集成度大大提高，已经发展到与晶体管同等体积甚至更小体积，可靠性与稳定性进一步提升，并且具备微功耗、低噪声、低温漂、耐高压等优势，被广泛应用于自动控制、测量技术、航天通信等诸多领域。

1.2 理想放大器

理想放大器特性是学习放大器理论知识期间的重要内容，其特性简洁、易懂。以至于在实际项目里，很多工程师将放大器的某些参数默认为理想性能，常常导致输出误差甚至失真。

理想放大器的主要性能参数如下。

（1）开环差模电压增益无限大 $A_{odc}=\infty$；

（2）差模输入电阻无限大 $R_{id}=\infty$；

（3）没有输入偏置电流 $I_{B-}=I_{B+}=0$；

（4）没有输入失调电压 V_{os}；

（5）共模抑制比无限大 $K_{CMRR}=\infty$；

（6）输出电阻无限小 $R_O=0$；

（7）–3dB 截止频率无限高 $f_H=\infty$；

（8）内部没有电压，无电流噪声，不受温度影响。

真实放大器是由晶体管、CMOS 集成而来，受晶体管、CMOS 制造工艺水平的限制，上述理想放大器的参数在真实放大器中都不会出现，第 2 章将逐一分析真实放大器的参数指标，以帮助工程师在工作中更加科学有效地完成电路设计。

1.3 放大器的基本组成

放大器的种类多样，性能各异，但其内部结构如出一辙，主要由输入级、中间级、输出级和偏置电路四部分组成，如图 1-1 所示。

（1）输入级

输入级也称前置级，是由一组对称的差分放大电路组成。对输入级电路的要求是：输入阻抗高、共模抑制能力强、噪声抑制能力强、静态电流小。这几项均是放大器的重要参数。

（2）中间级

中间级多采用共射（共源）电路，且常使用复合管进行放大。它是放大器电压增益的主要来源，将输入信号放大，并输出送往下一级。对中间级电路要求是：放大能力强。

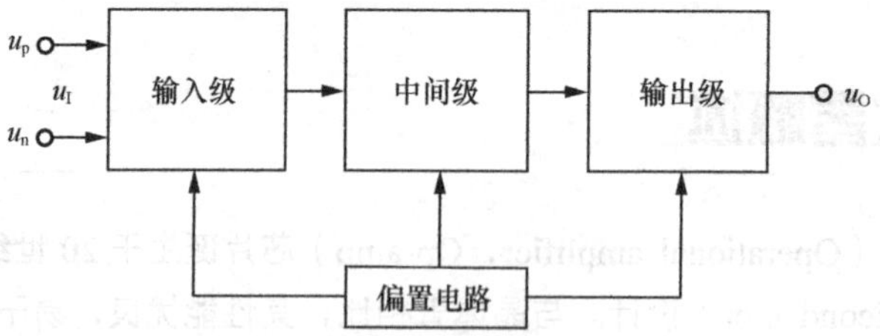

图 1-1 放大器组成框图

（3）输出级

输出级采用互补对称放大电路，实现低阻抗、高驱动能力以及具有限流和短路保护功能。对输出级的要求是：输出动态范围大、非线性失真小、带负载能力强（输出阻抗小）。

（4）偏置电路

由于集成电路与分立元件电路之间存在较大差异，集成电路常采用电流源电路作为输入级、中间级、输出级放大电路的直流偏置电路，为输入级、中间级、输出级放大电路提供适合的直流工作电流和电压（静态工作点），保证各放大电路具有良好的工作状态。

1.4 放大器分类

放大器的分类方式有多种，其中常见以制造工艺、产品性能进行分类。

（1）按生产工艺分类

放大器按生产工艺可分为双极型、Bi-FET 型、CMOS 型、组合结构的特殊型等。

1）双极型

双极型工艺包括通用双极型工艺、低压双极型工艺、PNP 和 NPN 相容工艺及超 β 工艺等。采用该工艺生产的放大器，输入偏置电流及器件功耗较大。

2）Bi-FET（场效应）型

场效应型工艺包括结型和MOS 型两种。使用该工艺生产的放大器输入阻抗高，信号频带宽，电压转化速率快。另外，输入失调电压和等效输入噪声均可得到改善。

3）CMOS 型

采用 CMOS 型工艺生产的放大器功耗低，可在低电源电压下工作。

4）组合结构的特殊型

组合结构的特殊型生产工艺放大器为冲破工艺相容性限制，如集成度、成品率或成本限制，采用了在特殊应用场景使用的生产工艺，例如高压放大器、高速放大器、高输出电流型放大器等。

（2）按产品参数性能分类

放大器按产品参数性能分为通用型放大器和专用型放大器。其中，专用型放大器包括仪表放大器、全差分放大器、跨阻放大器、电流检测放大器等。

1.5 放大器反馈方式

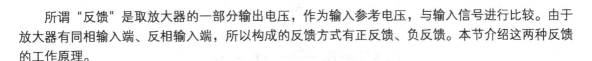

所谓“反馈”是取放大器的一部分输出电压，作为输入参考电压，与输入信号进行比较。由于放大器有同相输入端、反相输入端，所以构成的反馈方式有正反馈、负反馈。本节介绍这两种反馈的工作原理。

如图 1-2（a）所示，把输出信号的一部分引入同相输入端“+”为正反馈。如图 1-2（b）所示，把输出信号的一部分引入反相输入端“–”为负反馈。

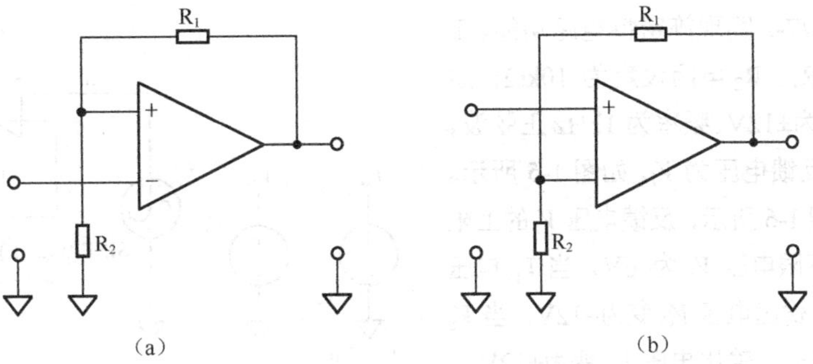

图 1-2　放大器的反馈方式

1.5.1 正反馈——施密特触发器

为了便于进行电路分析，将图 1-2（a）引入激励信号 V_S，其对应输出信号为 V_O。反馈电压 V_f 是基于电阻 R_2 在串联电阻 R_1、R_2 通路上对输出信号的分压，重新绘制的电路如图 1-3 所示，反馈电压的计算公式见式 1-1。

$$V_f = V_O \frac{R_2}{R_1 + R_2} \quad \text{（式 1-1）}$$

反相输入端电压是 V_-，同相输入端电压是 V_+，放大器输入的差分电压 V_{in} 为同相端输入电压与反相端输入电压之差，它们之间的计算公式见式 1-2。

$$V_{in} = V_+ - V_- \quad \text{（式 1-2）}$$

当放大器的供电电压为±V_{CC}，正反馈电路的工作方式如图 1-4 所示，从中得出两点结论：

（1）正反馈的输出信号 V_O，随输入信号 V_S 的变化，在+V_{CC}、–V_{CC} 两个电源轨电压处振荡。

（2）反馈电压 V_f 随输出信号 V_O 的变化而变化，变化公式见式 1-3。

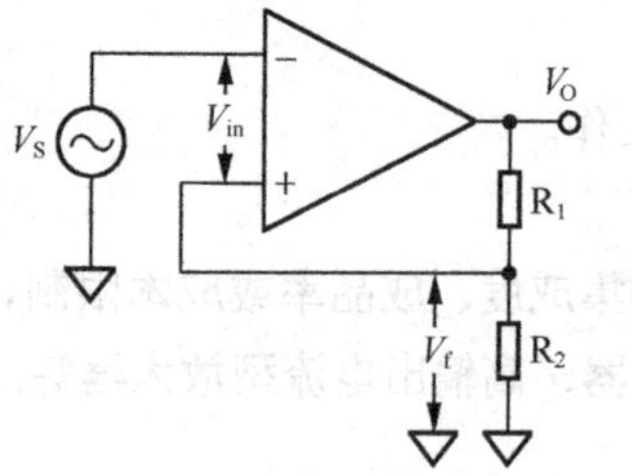

图 1-3　放大器的正反馈示意图

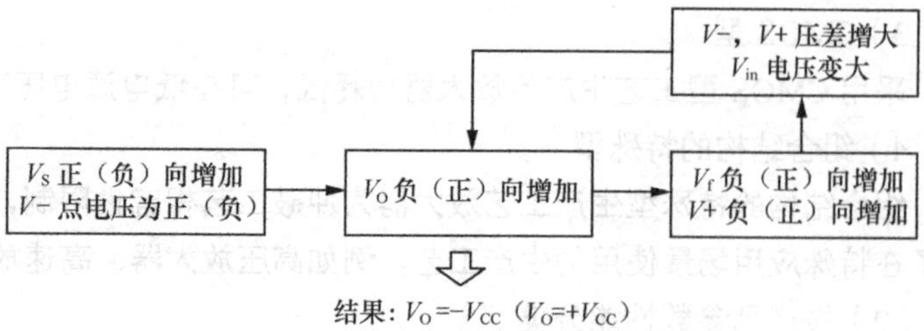

图 1-4　正反馈电路的工作方式

$$V_f = \pm V_{CC}\frac{R_2}{R_1+R_2} \qquad \text{（式 1-3）}$$

其中，V_S 信号电压正（反）向增加时，与反馈信号 V_f 电压进行比较，改变输出信号 V_O 极性的阈值电压称为上限电压 V_U（下限电压为 V_L），它们之间的关系见式 1-4。

$$\begin{cases} V_S > V_U = +V_{CC}\dfrac{R_2}{R_1+R_2} \rightarrow V_O = -V_{CC} \\ V_S < V_L = -V_{CC}\dfrac{R_2}{R_1+R_2} \rightarrow V_O = +V_{CC} \end{cases} \qquad \text{（式 1-4）}$$

上限电压 V_U 与下限电压 V_L 的差值称为滞后电压 V_H。这个电压比较的工作过程就是施密特触发器的工作原理。

使用 ADA4077-2 实现施密特电路功能，工作电压为±12V，R_1、R_2 电阻设定为 10kΩ，激励信号 V_s 是幅值为±12V、频率为 1kHz 正弦波，输出电压为 V_O，反馈电压为 V_f，如图 1-5 所示。

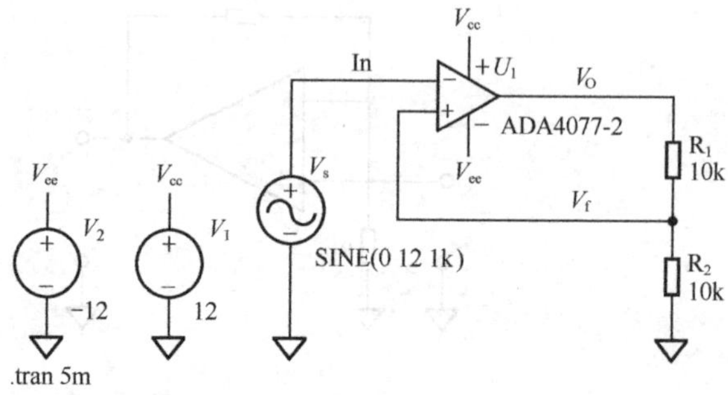

图 1-5　施密特电路仿真图

仿真结果如图 1-6 所示，反馈电压 V_f 的上限电压 V_U 为 6V，下限电压 V_L 为−6V，当 V_{in} 电压增加超过+6V 时，输出电压 V_O 变为−12V；当 V_S 电压下降低于−6V 时，输出电压 V_O 变为+12V。

正反馈工作中放大器的同相输入端、反相输入端保持非常大的电压差，使得放大器的输入级工作在饱和区或截止区，所以，施密特触发器适用于周期信号、脉冲信号与设定阈值电压的信号整形，或者延迟控制等方面。

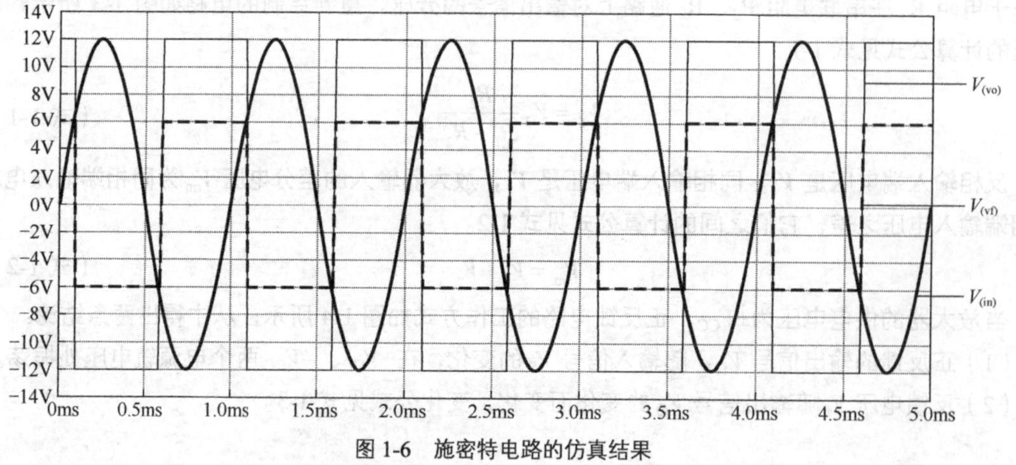

图 1-6　施密特电路的仿真结果

1.5.2 负反馈——输入端“虚短、虚断”特性

图 1-7 所示为负反馈工作中的放大器，V_S 为激励信号，V_O 为输出信号，V_f 为反馈信号，放大器两个输入端电压差为 V_{in}，放大器的增益 A 接近无限大，电源供电电压为±V_{CC}。负反馈电路的工作方式如图 1-8 所示。

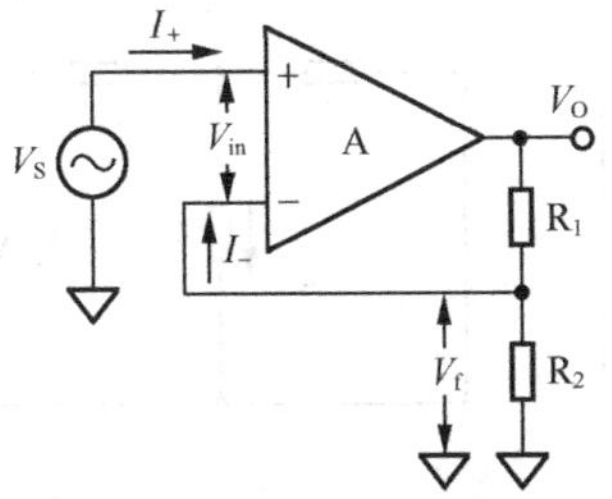

图 1-7　放大器的负反馈示意图

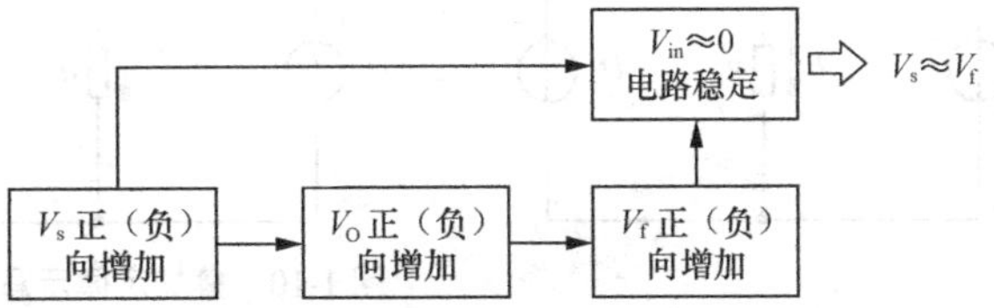

图 1-8　负反馈电路的工作方式

输出信号 V_O、反馈信号 V_f 随着输入信号的变化而变化。放大器对输入误差的增益 A 接近无限大，为保证放大器输出信号不失真，放大器两个输入端 V_+、V_- 的电压差接近 0V，即“虚短”。

“虚断”是指分别流入放大器两个输入端的电流 I_+，I_- 接近 0A，即放大器的两个输入端与外部电路近似断开。

在负反馈电路中，“虚短”和“虚断”原则是保证放大器实现线性放大的基本条件。

1.6 电路分析基础

在线性电路分析方法中，除了欧姆定律外，还需要掌握基尔霍夫定律、叠加定律、戴维南定理。

1.6.1 基尔霍夫定律

基尔霍夫电流定律（KCL）：电路中，任一瞬间流入任一节点的电流等于流出该节点的电流。即该节点的电流代数和等于零，见式 1-5。

$$\sum i = 0 \text{ 或 } \sum \text{入} = \sum \text{出} \quad \text{（式 1-5）}$$

图 1-9 所示的电路中，a 节点的电流关系见式 1-6。

$$I_1 = I_2 + I_3 \text{ 或 } I_1 - I_2 - I_3 = 0 \quad \text{（式 1-6）}$$

基尔霍夫电压定律（KVL）：在任一瞬间，从回路中任一点出发，沿回路环行一周，在这个方向上电位升之和等于电位降之和，即电位代数和恒等于零，见式 1-7。

$$\sum U = 0 \quad \text{（式 1-7）}$$

电压的极性与环路方向一致取正号，否则取负号。

图 1-9 所示电路中，U_1 回路的电压关系见式 1-8。

$$U_1 = I_1R_1 + I_2R_2 \text{ 或 } U_1 = I_1R_1 + I_3R_3 \quad \text{（式 1-8）}$$

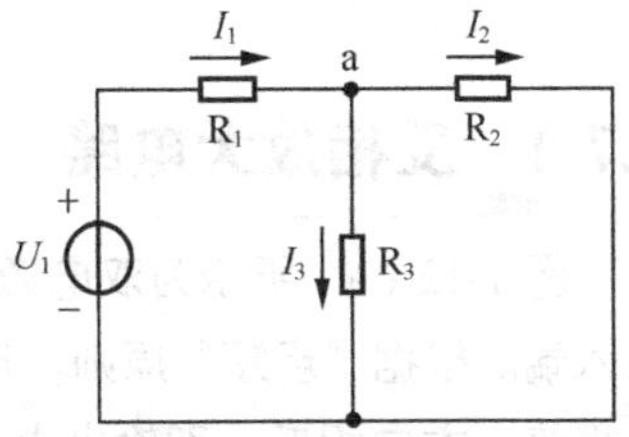

图 1-9　基尔霍夫定律示意图

1.6.2 叠加定律

在线性电路中，有多个信号源共同作用时，任一支路的电流或

电压，可看作是每个信号源单独作用在该支路所产生的电流或电压的代数和。当某信号源单独作用时，其他的信号源置为零，即电压源视为短路，电流源视为开路。

如图 1-10 所示，在由 U_1、U_2 两个电源共同作用的电路中，R_3 上呈现的电流 I_3 为 U_1、U_2 独立工作时在 R_3 上产生的电流为 I_{31} 和 I_{32} 之和，见式 1-9。

$$I_3 = I_{31} + I_{32} \quad \text{（式 1-9）}$$

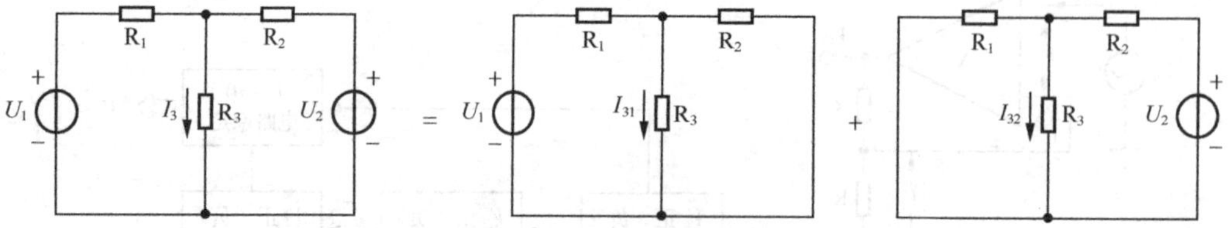

图 1-10　叠加定律示意图

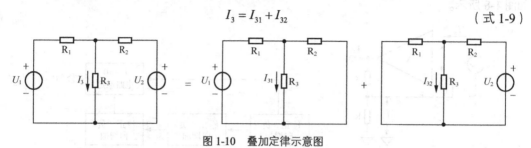

其中，I_{31} 满足式 1-10，I_{32} 满足式 1-11。

$$I_{31} = \frac{U_1R_2}{R_1R_2 + R_2R_3 + R_1R_3} \quad \text{（式 1-10）}$$

$$I_{32} = \frac{U_2R_1}{R_1R_2 + R_2R_3 + R_1R_3} \quad \text{（式 1-11）}$$

电压源的叠加可以理解为使用基尔霍夫定律分析每个电压源信号产生的响应的总和。

1.6.3　戴维南定理

如图 1-11 所示，使用戴维南定理可以将单口网络等效为一个电压源和电阻串联的单口网络。电压源的电压等于单口网络在负载开路时的电压 U_{OC}，电阻 R_{in} 是单口网络内全部独立电源为零值时的等效电阻。

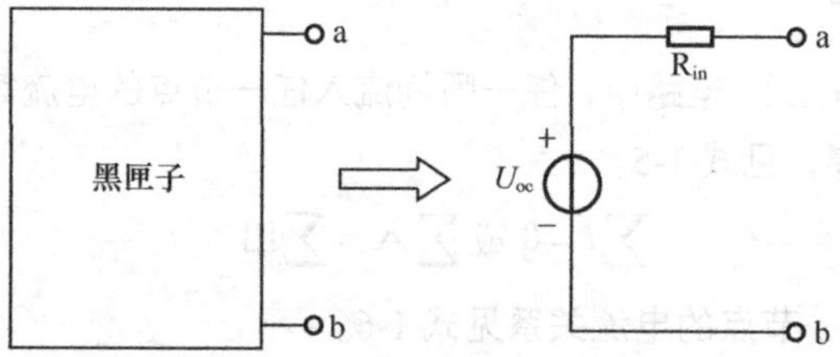

图 1-11　戴维南定律示意图

1.7　运算放大器基础电路

1.7.1　反相放大电路

图 1-12（a）所示为双电源供电的反相放大电路，输入信号 V_{in} 通过电阻 R_g 作用于放大器的反相输入端。根据“虚短”原则，反相输入端电压为 0V；再根据“虚断”原则，输入电流与输出电流大小相等，方向相反，即输出电压 V_O 与输入电压 V_{in} 的符号相反，它们之间的关系见式 1-12。

$$\frac{V_{in}}{R_g}=-\frac{V_O}{R_f} \qquad (式 1\text{-}12)$$

反相电路的增益 G 的计算公式见式 1-13。

$$G=\frac{V_O}{V_{in}}=-\frac{R_f}{R_g} \qquad (式 1\text{-}13)$$

反相放大电路的力学模型是杠杆，如图 1-12（b）所示。杠杆的支点是反相输入端的电压（0V），杠杆的长度是对应电阻（R_g、R_f）的阻值，杠杆的摆幅分别对应输入、输出电压（V_{in}、V_O）。

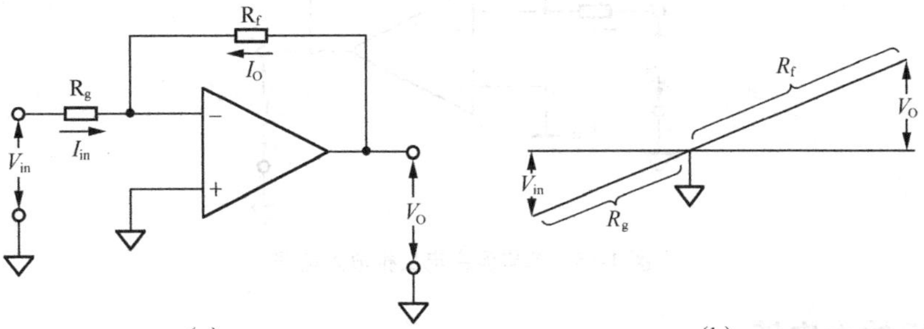

图 1-12　反相放大电路及力学模型

如图 1-13 所示，使用 ADA4077-2 组建反相放大电路，电源使用±15V，激励信号 V_{in} 是峰-峰值为 0.2V、频率为 10kHz 的正弦信号，通过 2kΩ电阻 R_1 连接到反相输入端，反馈电阻 R_2 为 10kΩ。

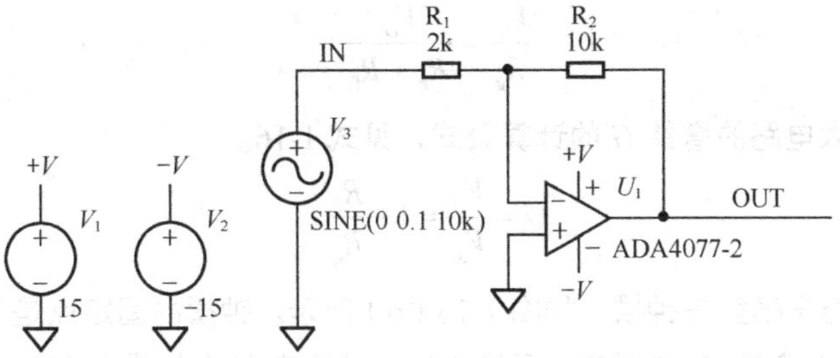

图 1-13　反相放大电路仿真图

电路瞬态分析结果如图 1-14 所示。输出 OUT 信号是频率为 10kHz、峰-峰值为 1V 的正弦信号。峰-峰值是输入信号的 5 倍，但是相位与输入信号相差半个周期。

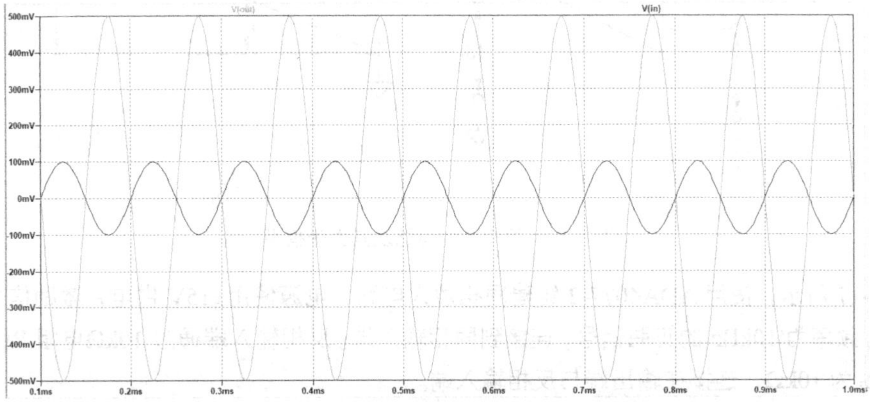

图 1-14　反相放大电路的瞬态分析结果

上述是双电源供电电路，在单电源供电电路中，同相输入端的“地”电位将由参考电压 V_{ref} 取代，典型取值为电源电压的一半，如图 1-15 所示。因此，输入电压和输出电压将以 V_{ref} 电压为参考，其输入电压与输出电压关系满足式 1-14。

$$V_{ref} - V_{out} = \frac{R_f}{R_g}\left(V_{in} - V_{ref}\right) \quad (式 1-14)$$

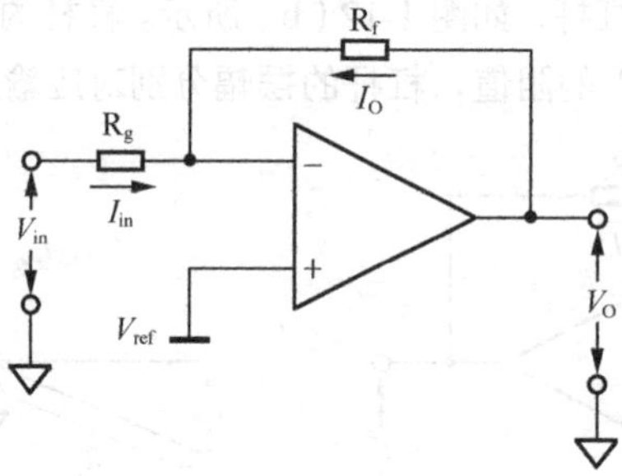

图 1-15　单电源供电反相放大电路

1.7.2　同相放大电路

图 1-16（a）所示为双电源供电的同相放大电路，输入信号 V_{in} 直接作用于放大器的同相输入端。根据“虚短”原则，反相输入端电压为 V_{in}；再根据“虚断”原则，输入电流与输出电流大小相等，方向相同，即输出信号 V_O 与输入信号 V_{in} 符号相同，它们之间的关系满足式 1-15。

$$\frac{V_{in}}{R_g} = \frac{V_O}{R_g + R_f} \quad (式 1-15)$$

整理得到同相放大电路的增益 G 的计算公式，见式 1-16。

$$G = \frac{V_O}{V_{in}} = 1 + \frac{R_f}{R_g} \quad (式 1-16)$$

同相放大电路的力学模型是钟摆，如图 1-16（b）所示。钟摆的固定点是地，上摆（R_g）的摆幅 V_{in}，带动下摆（R_g+R_f）产生 V_O 的摆幅，下摆（V_O）的方向跟随上摆（V_{in}）的方向。

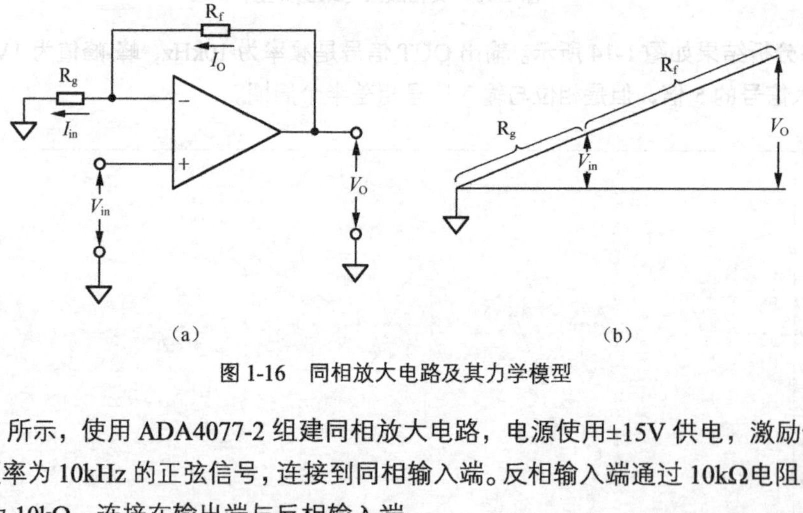

图 1-16　同相放大电路及其力学模型

如图 1-17 所示，使用 ADA4077-2 组建同相放大电路，电源使用±15V 供电，激励信号 V_{in} 是峰-峰值为 2V、频率为 10kHz 的正弦信号，连接到同相输入端。反相输入端通过 10kΩ电阻 R_1 连接到地，反馈电阻 R_2 为 10kΩ，连接在输出端与反相输入端。

同相放大电路的仿真结果如图 1-18 所示。输出信号是峰-峰值为 4V 的正弦信号，是输入信号幅值的 2 倍，并且与输入信号同频率、同相位。

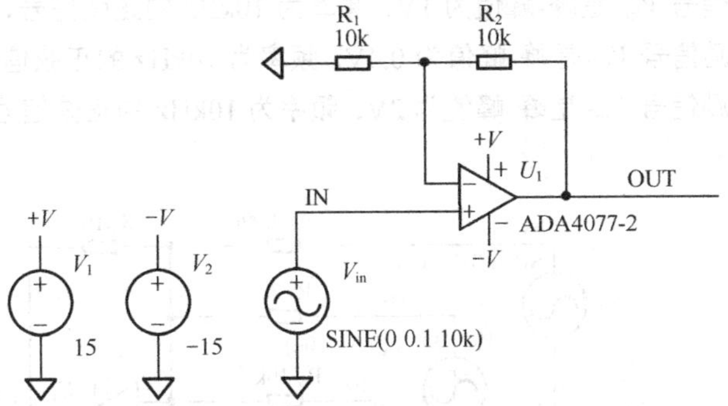

图 1-17　同相放大电路仿真图

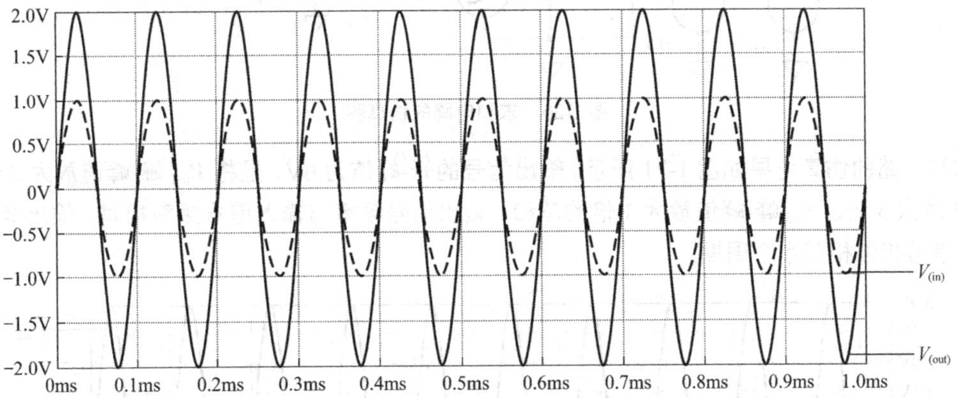

图 1-18　同相放大电路的仿真结果

1.7.3　求和电路

图 1-19 所示为双电源供电的求和电路，在反相放大电路基础上增加 V_{in2}、V_{in3} 两路信号源，分别通过 R_{g2}、R_{g3} 连接到反相输入端。根据叠加定律，电路的输出信号是输入信号 V_{in1}、V_{in2}、V_{in3} 单独作用时产生的输出信号 V_{O1}、V_{O2}、V_{O3} 的总和，见式 1-17。

$$V_O = V_{O1} + V_{O2} + V_{O3} = -\left(\frac{R_f}{R_{g1}}V_{in1} + \frac{R_f}{R_{g2}}V_{in2} + \frac{R_f}{R_{g3}}V_{in3}\right) \quad \text{（式 1-17）}$$

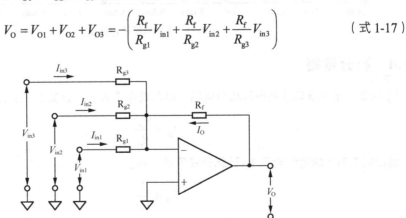

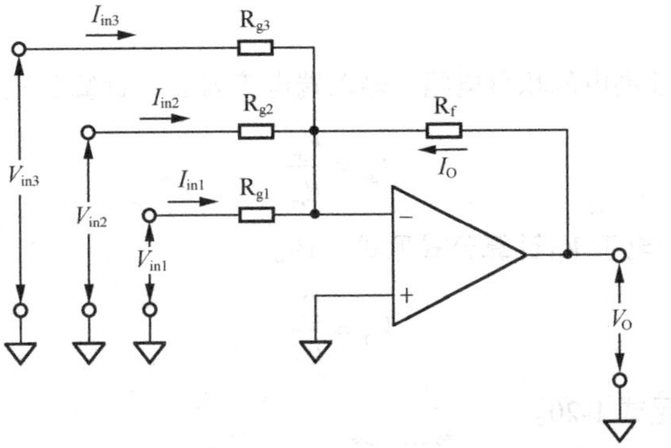

图 1-19　求和电路

如图 1-20 所示，使用 ADA4077-2 组建的 3 路输入信号的求和电路，电源使用±15V 供电，反馈电阻 R_2 为 10kΩ，激励信号 V_{in1} 是峰-峰值为 1V、频率为 10kHz 的正弦信号，通过电阻 R_1（4.99kΩ）连接到反相输入端；激励信号 V_{in2} 是峰-峰值为 0.4V、频率为 10kHz 的正弦信号，通过电阻 R_3（2kΩ）连接到反相输入端；激励信号 V_{in3} 是峰-峰值为 2V、频率为 10kHz 的正弦信号，通过电阻 R_4（10kΩ）连接到反相输入端。

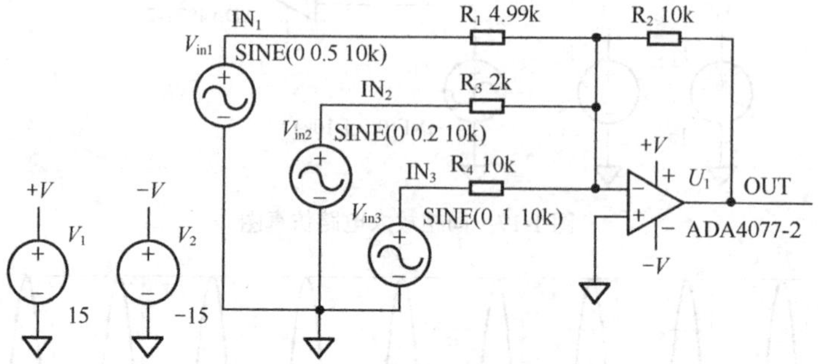

图 1-20　求和电路的仿真图

求和电路的仿真结果如图 1-21 所示。输出信号的峰-峰值为 6V，是将 V_{in1} 峰-峰值放大 2 倍、V_{in2} 峰-峰值放大 5 倍、V_{in3} 峰-峰值放大 1 倍的总和，输出信号频率与输入信号频率相同，输出信号相位与输入信号相位相差半个周期。

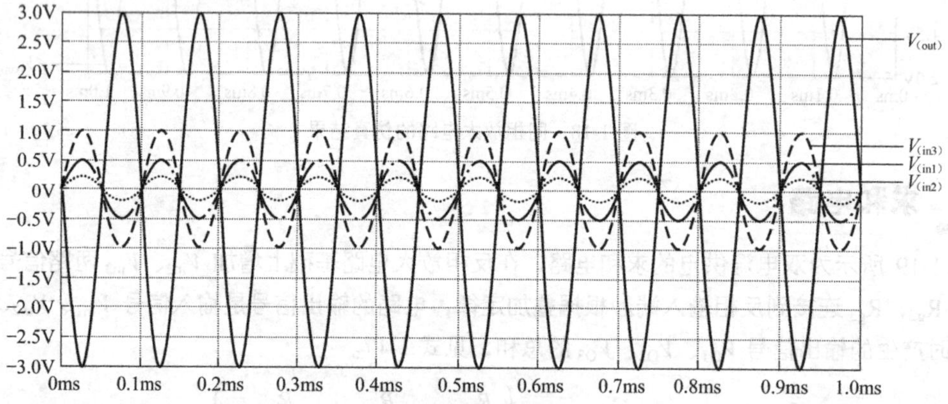

图 1-21　求和电路的仿真结果

1.7.4　积分电路

图 1-22 所示为双电源供电的积分电路，输入端电流为 I_{in}，计算公式见式 1-18。

$$I_{in} = \frac{V_{in}}{R_{in}} \qquad \text{（式 1-18）}$$

输出端电容上的蓄积电压 V_O 计算公式见式 1-19。

$$V_O = \frac{Q_C}{C_f} \qquad \text{（式 1-19）}$$

电容 C_f 的电荷量满足式 1-20。

$$Q_C = \int I_O \cdot dt \qquad \text{（式 1-20）}$$

根据“虚短、虚断”原则，输出信号 V_O 为输入信号 V_{in} 积分后的电压，计算公式见式 1-21。

$$V_O=\frac{1}{C_f}\int I_O\cdot dt=\frac{1}{R_{in}C_f}\int V_{in}\cdot dt \quad (式 1\text{-}21)$$

上述为理想积分器的电路，截止频率会跟随电路放大倍数的变化而变化，需要另外使用反馈电阻 R_f 给予放大器稳定的带宽，如图 1-23 所示。

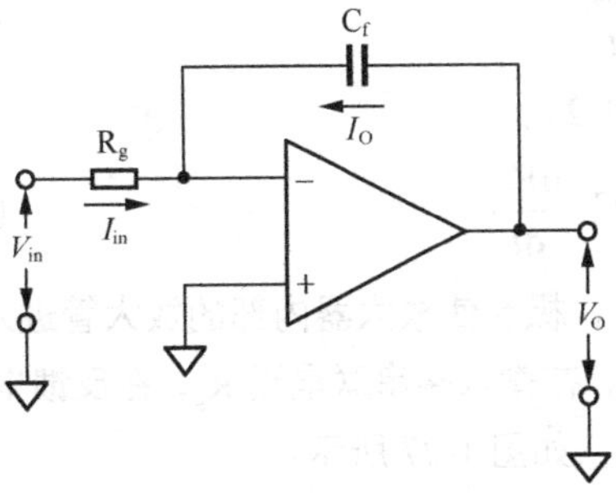

图 1-22　双电源供电的积分电路

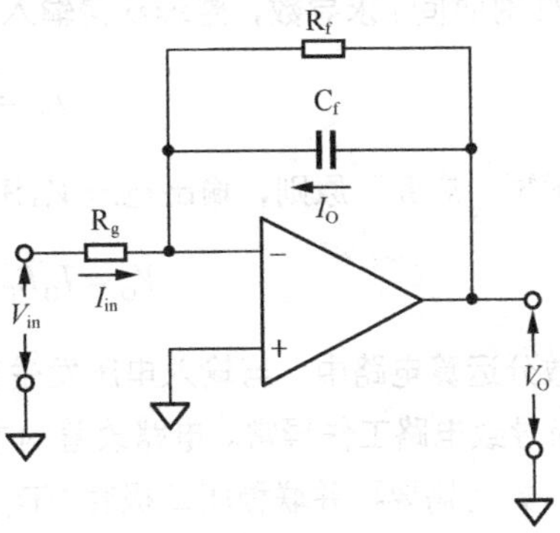

图 1-23　实用积分电路

如图 1-24 所示，使用 ADA4077-2 组建的积分电路，电源使用±15V 供电，反馈电阻 R_2 为 100kΩ，反馈电容 C_f 为 0.1μF，激励信号 V_{in} 是幅值为±5V、周期为 10ms 的方波信号。

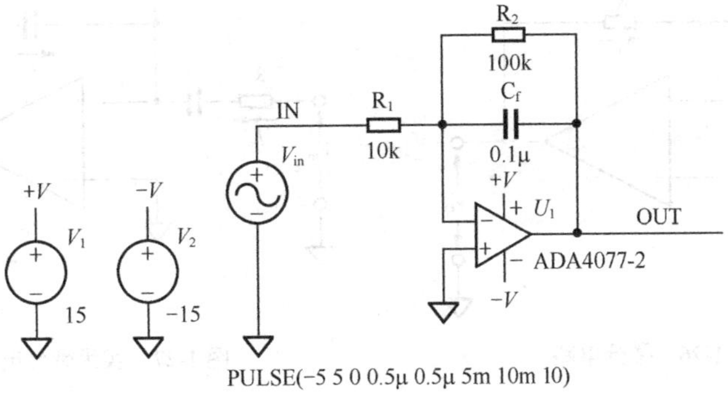

图 1-24　积分电路的仿真图

积分电路的仿真结果如图 1-25 所示，输出信号为锯齿波，是对输入信号的连续积分运算。

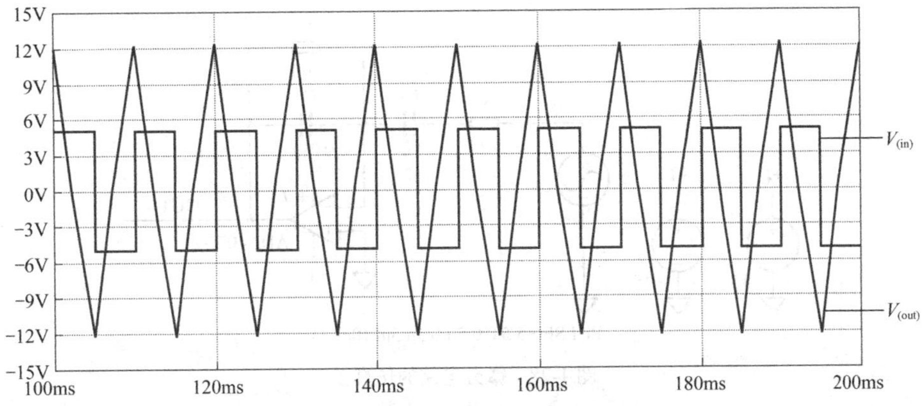

图 1-25　积分电路的仿真结果

1.7.5 微分电路

图 1-26 所示为双电源供电的微分电路，输入信号 V_{in}，计算公式见式 1-22。

$$V_{in}=\frac{1}{C_{in}}\int I_{in}\mathrm{d}t \quad （式 1-22）$$

将式 1-22 对时间 t 求导数，整理获得输入电流 I_{in}，计算公式见式 1-23。

$$I_{in}=C_{in}\frac{\mathrm{d}V_{in}}{\mathrm{d}t} \quad （式 1-23）$$

根据“虚短、虚断”原则，输出电压 V_O 满足式 1-24。

$$V_O=I_OR_f=-R_fC_{in}\frac{\mathrm{d}V_{in}}{\mathrm{d}t} \quad （式 1-24）$$

在实际微分运算电路中，当输入电压发生变化时，极易使放大器内部的放大管进入饱和或者截止状态，从而导致电路工作异常。电路改善的方法是，在输入端串联电阻 R_g，在反馈电阻 R_f 两端并联小电容 C_f，如有需要再并联稳压二极管 VD_1、VD_2，如图 1-27 所示。

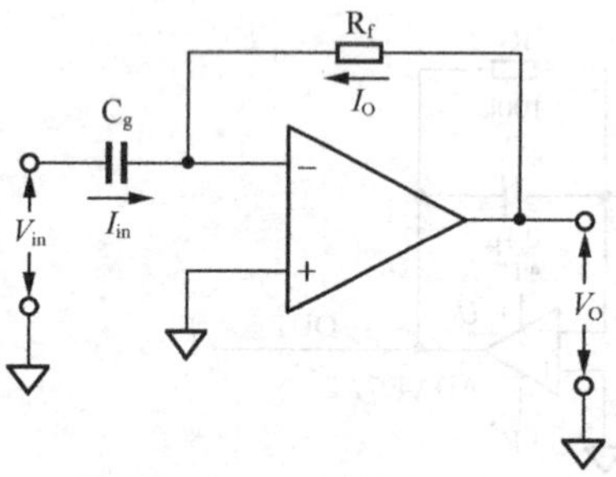

图 1-26 微分电路

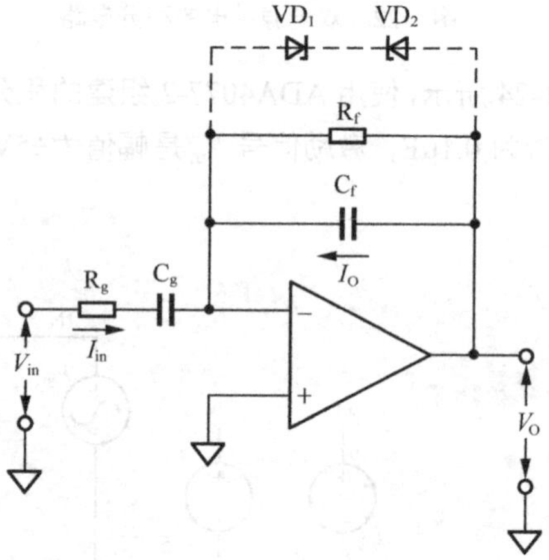

图 1-27 实用微分电路

如图 1-28 所示，使用 ADA4077-2 组建的微分电路，电源使用±15V 供电，反馈电阻 R_2 为 100Ω，反馈电容 C_1 为 0.01μF，输入端电阻 R_1 为 100Ω，输入端电容 C_2 为 1μF，激励信号 V_{in} 是峰-峰值为 10V、周期为 10ms 的方波信号。

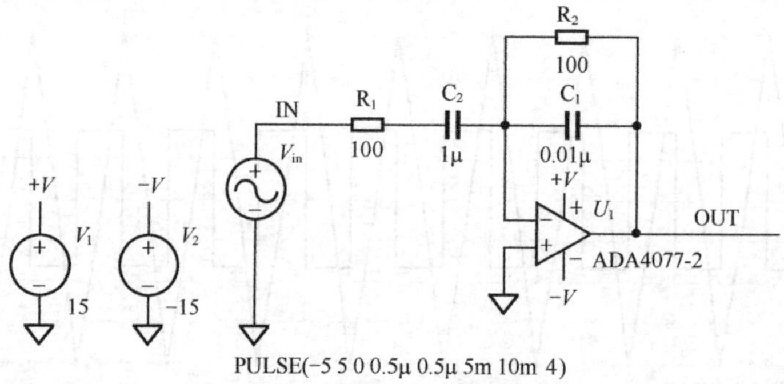

图 1-28 微分电路的仿真图

微分电路的仿真结果如图 1-29 所示，在输入信号电平转换时进行微分运算产生输出脉冲信号。

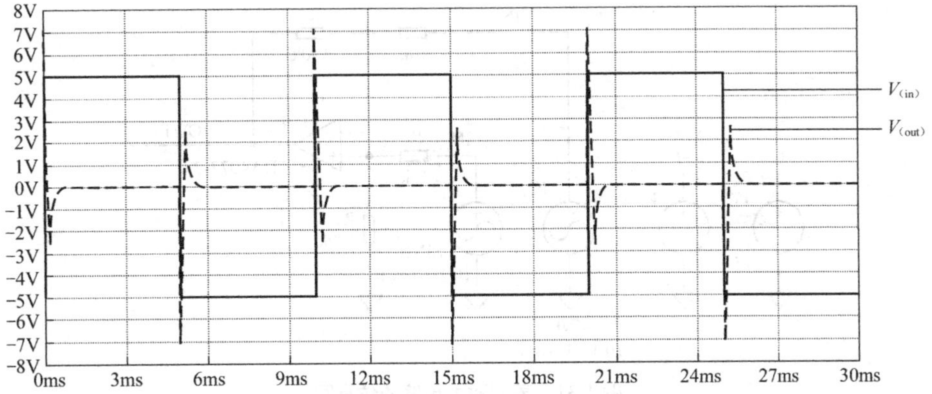

图 1-29 微分电路的仿真结果

1.7.6 差动放大电路

图 1-30 所示为双电源供电的差动放大电路，输入信号 V_{in1} 通过电阻 R_{g1} 作用于放大器的反相输入端，输出信号 V_O 通过反馈电阻 R_f 回馈到反相输入端；输入信号 V_{in2} 通过电阻 R_{g2} 作用于放大器的同相输入端，同相输入端通过电阻 R_{ref} 连接到参考电压。在双电源供电电路中，参考电压可接地处理，单端电源供电时参考电压为供电电压的一半。

根据“虚短”原则，放大器反相、同相端输入电压 V_a、V_b 计算公式见式 1-25。

$$V_a = V_b = V_{in2}\frac{R_{ref}}{R_{g2}+R_{ref}} \quad （式 1-25）$$

又根据“虚断”原则与基尔霍夫定律可得 I_{in1} 等于 I_O，见式 1-26。

$$\frac{V_{in1}-\left(V_{in2}\frac{R_{ref}}{R_{g2}+R_{ref}}\right)}{R_{g1}} = -\frac{V_O-\left(V_{in2}\frac{R_{ref}}{R_{g2}+R_{ref}}\right)}{R_f} \quad （式 1-26）$$

进一步整理可得式 1-27。

$$V_O = R_f\left(\frac{V_{in2}\frac{R_{ref}}{R_{g2}+R_{ref}}}{R_f} - \frac{V_{in1}-\left(V_{in2}\frac{R_{ref}}{R_{g2}+R_{ref}}\right)}{R_{g1}}\right) = \frac{V_{in2}\frac{R_{ref}}{R_{g2}+R_{ref}}\left(R_{g1}+R_f\right)-V_{in1}R_f}{R_{g1}} \quad （式 1-27）$$

当 R_{g2}=R_{g1}，R_f=R_{ref} 时，式 1-27 可简化为式 1-28。

$$V_O = \frac{V_{in2}R_f - V_{in1}R_f}{R_{g1}} = -\frac{R_f}{R_{g1}}\left(V_{in1}-V_{in2}\right) \quad （式 1-28）$$

如图 1-31 所示，使用 ADA4077-2 组建的差动放大电路，电源使用±15V 供电，反馈电阻 R_2 为 100kΩ，激励信号 V_{in1} 是峰-峰值为 2.7V、频率为 10kHz 的正弦信号，通过电阻 R_1（10kΩ）连接到反相输入端；激励信号 V_{in2} 是峰-峰值为 2.4V、频率为 10kHz 的正弦信号，通过电阻 R_3（10kΩ）连接到同相输入端，同相输入端通过电阻 R_4（100kΩ）连接到地。输入信号 V_{in1}、V_{in2} 的相位相同。

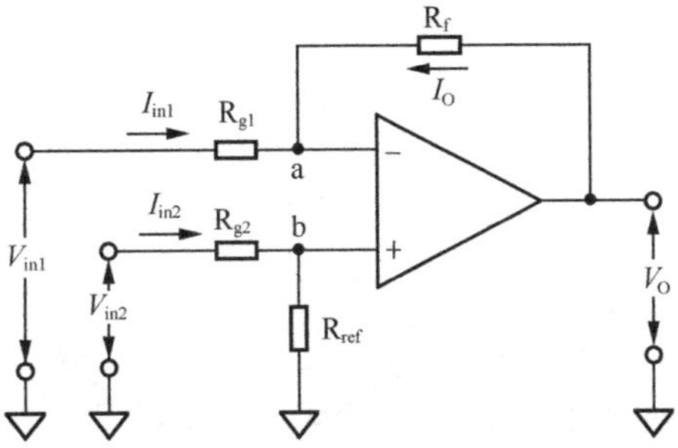

图 1-30 差动放大电路

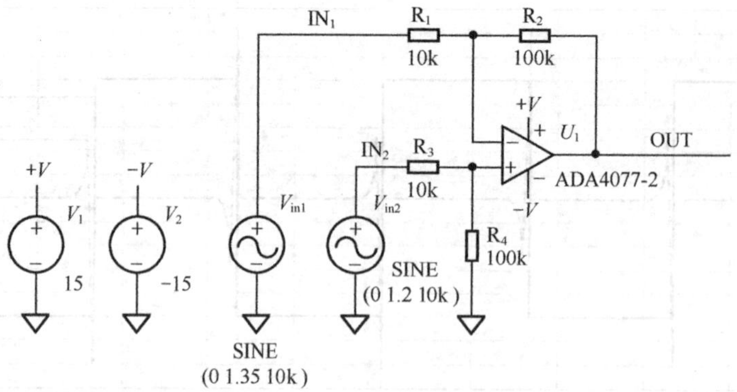

图 1-31　差动放大电路的仿真图

差动放大电路的仿真结果如图 1-32 所示，输出信号是峰-峰值为 3V、频率为 10kHz 的正弦波。幅值是输入信号 V_{in1}、V_{in2} 的差值的 10 倍。输出信号与输入信号的频率相同，相位相差半个周期。

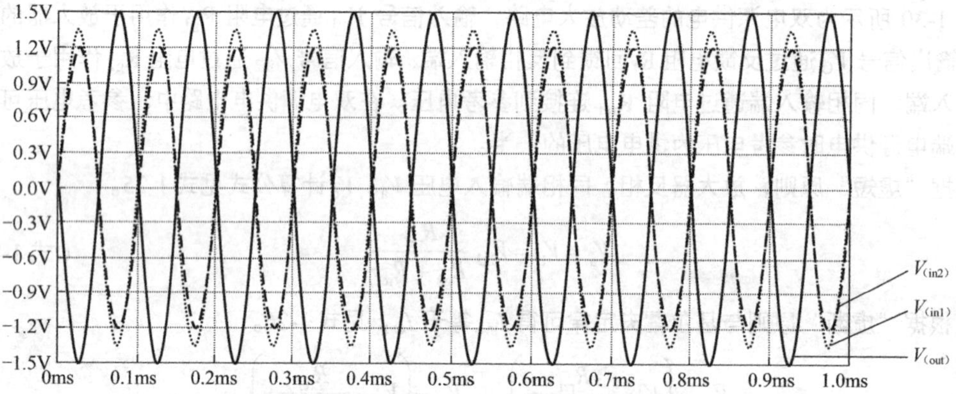

图 1-32　差动放大电路的仿真结果

第 2 章

放大器参数解析

第 1 章回顾了放大器的基本理论，所涉及放大器的分析多以理想放大器为模型。在实际工作中，真实放大器的设计必须考虑电气参数，本章以真实放大器型号为例详细介绍电气参数的使用方法，针对容易被忽视或者产生误解的参数，通过提供的典型案例进行讲解，以及配合 LTspice 仿真验证。

2.1 放大器数据手册概述

理想放大器特性包括：不存在失调电压（V_{os}），没有偏置电流（I_b），输入阻抗（R_{in}）无限大，共模抑制比（CMRR）无穷大，没有噪声（e_{np-p}），带宽（BW）无穷大，并且参数不受温度等条件的影响等，如此完美的放大器是不存在的。

实际工作中放大器的设计，不仅需要考虑这些参数，还需要关注参数相应的测试条件及影响因素。这些信息都来自放大器的数据手册（Data Sheet）。

阅读数据手册要注意使用方式，曾经遇到过工程师仅通过数据手册首页中特性描述，就“高效”地完成了放大器的评估选型并开展设计，但测试时出现了问题，笔者重新讲解了数据手册的使用方式，并定位设计漏洞，提供可行的整改方法。所以掌握阅读数据手册的方法，以及对参数的正确理解和运用，是完成放大器设计的首要任务。本章将对电压型反馈放大器的参数进行分析，希望帮助工程师在今后的工作中能顺利完成放大器的设计工作。

放大器数据手册的首页通常提供该芯片在同类型产品中特性最卓越的一面，以便工程师在第一时间初步评估是否满足自己的主要需求。图 2-1 所示为 ADA4077 数据手册首页中电气特性描述，它是一款增益带宽积为 4MHz，电压噪声为 $7\,nV/\sqrt{Hz}$ 的精密放大器。在 25℃环境中，A 级 SOIC 封装的失调电压最大值为 50μV，偏置电流最大值为 1nA，电源抑制比、共模抑制比、开环增益最小值为 120dB。看到这些信息完全可以确认 ADA4077 能够很好地应用在直流小信号或者低频率小信号的调理电路中。

但是在应用中如何设计才能发挥出上述性能，这需要准确掌握参数的工作、测试条件等信息。下面以 ADA4077 为例分析放大器的电气特性。

图 2-2 至图 2-6 中的电气参数，均是 ADA4077 在 25℃、±15V 电压供电、共模电压为 0V 的工作条件下的测试结果。在放大器数据手册中，根据放大器的供电电源范围不同，通常提供多组供电电压条件的参数详情，以便工程师根据需要选择合适的工作条件进行详细评估。

图 2-2 所示为 ADA4077 的输入特性，包括失调电压、失调电压漂移、输入偏置电流、输入失调电流、输入电压范围、共模抑制比、大信号电压增益、输入差模和共模电容、输入共模电阻。这些参数主要对信号的直流误差产生影响，在涉及直流信号、低频信号的处理中需要重点关注。对于具体参数的典型值与极限值（最小值、最大值）在设计中都需要覆盖。

ANALOG DEVICES

4 MHz, 7 nV/$\sqrt{\text{Hz}}$、低失调和漂移、高精度放大器

数据手册　ADA4077-1/ADA4077-2/ADA4077-4

产品特性

失调电压:
- 25μV（最大值，25℃,B级,8引脚SOIC,单/双通道）
- 50μV（最大值，25℃,A级,8引脚SOIC,单/双通道）
- 50μV（最大值，25℃,A级,14引脚SOIC,四通道）

失调电压漂移:
- 0.25μV/℃（最大值，B级,8引脚SOIC,单/双通道）
- 0.55μV/℃（最大值，A级,8引脚SOIC,单/双通道）
- 0.75μV/℃（最大值，A级,14引脚SOIC,四通道）

额定MSL1

低输入偏置电流：1nA（最大值，T_A=25℃）

低电压噪声密度：6.9nV/$\sqrt{\text{Hz}}$（典型值，f=1000Hz）

CMRR、PSRR和A_V＞120dB（最小值）

低供电电流：每个放大器400μA（典型值）

宽增益带宽积：3.9MHz（±5V）

双电源供电:
- 额定值为±5V至±15V
- 工作电压为±2.5V至±15V

单位增益稳定

无相位反转

长期失调电压漂移（10000小时）；0.5mV（典型值）

温度迟滞：1μV（典型值）

引脚接线图

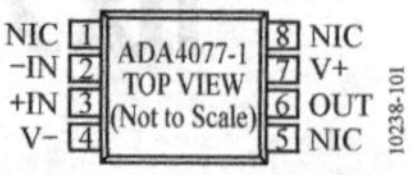

NIC=NOT INTERNALLY CONNECTED.

图1.ADA4077-1，8引脚SOIC和8引脚MSOP

图2.ADA4077-2，8引脚MSOP和8引脚SOIC

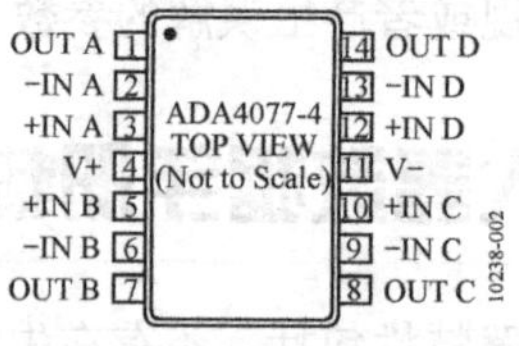

图3.ADA4077-4，14引脚TSSOP和14引脚SOIC

图 2-1　ADA4077 数据手册首页特性描述

电气特性±15V

除非另有说明，V_{SY}=±15V，V_{CM}=0V，T_A=25℃

表3

参数	符号	测试条件/注释	最小值	典型值	最大值	单位
输入特性						
失调电压	V_{OS}					
ADA4077-1/ADA4077-2						
B级，SOIC		-40 C＜T_A＜+125 C		10	36	μV
					65	μV
A级，SOIC		-40℃＜T_A＜+125℃		15	50	μV
					105	μV
A级，MSOP		-40℃＜T_A＜+125℃		50	90	μV
					220	μV
ADA4077-4						
A级，SOIC				15	50	μV
		-40℃＜T_A＜+125℃			105	μV
A级，TSSOP				15	120	μV
		-40℃＜T_A＜+125℃			220	μV
失调电压漂移	$\Delta V_{OS}/\Delta T$					
ADA4077-1/ADA4077-2						
B级，SOIC		-40℃＜T_A＜+125℃		0.1	0.25	μV/℃
A级，SOIC		-40℃＜T_A＜+125℃		0.25	0.55	μV/℃
输入偏置电流	I_B		-1	-0.4	+1	nA
		-40℃＜T_A＜+125℃	-1.5		+1.5	nA
输入失调电流	I_{OS}		-0.5	+0.1	+0.5	nA
		-40℃＜T_A＜+125℃	-1		+1	nA
输入电压范围			-13.8		+13	V
共模抑制比	CMRR	V_{CM}=+13.8V～+13V	132	150		dB
		-40℃＜T_A＜+125℃	130			dB
大信号电压增益	A_V					
ADA4077-1/ADA4077-2（SOIC、MSOP）		R_L=2kΩ，V_o=-13.0V～+13.0V	125	130		dB
		-40℃＜T_A＜+125℃	120			dB
ADA4077-4（SOIC、TSSOP）		R_L=2kΩ，V_o=-13.0V～+13.0V	122	130		dB
		-40℃＜T_A＜+125℃	120			dB
输入电容	C_{INDM}	差模		3		pF
	C_{INDM}	共模		5		pF
输入电阻	R_{IN}	共模		70		GΩ

图 2-2　ADA4077 输入特性

图 2-3 所示为 ADA4077 的输出特性，包括高电平输出电压、低电平输出电压、输出电流、短路电流、闭环输出阻抗。其中，高电平输出电压、低电平输出电压用于确认输出信号是否因为该限制而导致失真。输出短路电流限制放大器最大的负载能力。输出电流对放大器输出级晶体管的功耗产生影响，进而影响放大器的内部电路总功耗，导致放大器温度上升影响全部参数特性。由于开环输出阻抗测试难度大，通常通过测试闭环输出阻抗进行间接计算。开环输出阻抗在容性负载电路的稳定性、SAR 型 ADC 驱动电路等应用中具有重要影响。

输出特性						
输出高电压	V_{OH}	I_L=1mA	13.8			V
		−40 ℃ < T_A < +125 ℃	13.7			V
输出低电压	V_{OL}	I_L=1mA			−13.8	V
		−40 ℃ < T_A < +125 ℃			−13.7	V
输出电流	I_{OUT}	$V_{DROPOUT}$ < 1.2V		±10		mA
短路电流	I_{SC}	T_A=25 ℃		22		mA
闭环输出阻抗	Z_{OUT}	f=1kHz，A_V=+1		0.05		Ω

图 2-3　ADA4077 的输出特性

图 2-4 所示为 ADA4077 的电源特性，包括电源抑制比和每个放大器的电源电流。供电系统电源的纹波噪声过大，将导致放大器信号处理时误差增加。每个放大器电源电流用于评估放大器的静态功耗，在高压摆率的放大器中通常需要注意该参数。

图 2-5 所示为 ADA4077 的动态性能，包括压摆率、建立时间、增益带宽积、单位增益交越带宽、−3dB 闭环带宽、相位裕度、总谐波失真加噪声。其中，压摆率用于评估交流大信号、阶跃大信号的（全功率）带宽。而增益带宽积、单位增益交越、−3dB 闭环带宽都可以用于评估交流小信号、阶跃小信号的带宽。建立时间在 SAR 型 ADC 驱动电路中需要重点考虑。相位裕度关系到放大器的稳定性，在直流与交流信号处理电路中都需要评估。总谐波失真加噪声是放大器线性度的重要指标。

电源						
电源抑制比	PSRR	V_S= ±2.5V～±18V	123	128		dB
		−40℃ < T_A < +125℃	120			dB
电源电流（每个放大器）	I_{SY}	V_0= 0V		400	500	μA
		−40℃ < T_A < +125℃			650	μA

图 2-4　ADA4077 的电源特性

动态性能				
压摆率	SR	R_L=2kΩ	1.2	V/μs
0.01%建立时间	t_s	V_{IN}=10 Vp-p，R_L=2kΩ，A_V=−1	1.6	μs
0.1%建立时间	t_s	V_{IN}=10 Vp-p，R_L=2kΩ，A_V=−1	1.0	μs
增益带宽积	GBP	V_{IN}=10m Vp-p，R_L=2kΩ，A_V=+100	3.6	MHz
单位增益交越	UGC	V_{IN}=10m Vp-p，R_L=2kΩ，A_V=+1	3.9	MHz
−3dB闭环带宽	−3dB	A_V=+1，V_{IN}=10m Vp-p，R_L=2kΩ	5.5	MHz
相位裕量	ϕM	V_{IN}=10m Vp-p，R_L=2kΩ，A_V=+1	58	度
总谐波失真加噪声	THD+N	V_{IN}=1V rms，A_V+1，R_L=2kΩ，f=1kHz	0.004	%

图 2-5　ADA4077 的动态性能

图 2-6 所示为 ADA4077 的噪声与隔离度性能。噪声性能提供 0.1 ~ 10Hz 电压噪声的峰-峰值、电压噪声密度和电流噪声密度。在宽带噪声评估中，首先将噪声密度换算为噪声电压 RMS 值，然后计算为噪声电压峰-峰值，最后用于评估电路的信噪比或者总谐波失真加噪声等参数。如何区分电流噪声与电压噪声影响的比重，需要依据电路具体的设计。多通道放大器隔离度性能用于评估放大器通道之间形成串扰的影响程度。

噪声性能				
电压噪声	e_n p-p	0.1Hz～10Hz	0.25	μV p-p
电压噪声密度	e_n	f=1Hz	13	nV/$\sqrt{Hz}$
		f=100Hz	7	nV/$\sqrt{Hz}$
		f=1000Hz	6.9	nV/$\sqrt{Hz}$
电流噪声密度	i_n	f=1kHz	0.2	pA/$\sqrt{Hz}$
多路放大器通道隔离度	C_S	f=1kHz，R_L=10kΩ	−125	dB

图 2-6　ADA4077 的噪声与隔离度性能

如上所述，是以 ADA4077 为例的放大器参数特性表。在放大器设计中，电路的需求必须符合特性参数表中的指标，但是如果仅考虑参数特性表，也会遗漏众多信息，下面详细介绍放大器参数所涉及的应用要点。

2.2 失调电压与漂移

失调电压是工程师在直流信号调理电路中最常遇到的问题。第 1 章分析负反馈放大电路的重要原则“虚短”，工程师都会记得“短”，即放大器的输入两端电压相等，而容易忽略“虚”，即相等是近似的。其中的差异来自于失调电压，我们通过案例了解一下它的存在。

2.2.1 失调电压案例分析

2019 年 8 月 11 日(星期日)晚上，笔者接到负责电源领域同事的信息，一家上市公司在汽车电子领域首款产品的小批量生产测试中出现异常，其中使用 ADI 放大器设计的电路发生“失效”问题，急需申请失效分析。8 月 12 日上午到该企业，工程师检查电路设计不存在问题，并通过 ADI 官方指定渠道购买了 15 片 ADA4851-1，其中 2 片芯片所在的板卡出现“失效”，将“失效”板卡中 ADA4851-1 芯片与正常工作板卡的 ADA4851-1 芯片进行互换，“失效”现象跟随“异常芯片”继续复现，因此要求进行失效分析。

面对上述问题的现象描述，笔者无法定位问题的根源，与项目组负责人详细了解电路图和测试过程。如图 2-7 所示，使用 ADA4851-1 组建差动放大电路，电路由+5V 单电源供电，TP1000 由参考电压源提供。工作中，输入端 TP1001 与 TP1006 连接到地，如果 ADA4851-1 的输出端（TP1011）电压超出±38.7mV 时，系统判定电路出现异常并终止工作，上述 2 片“问题”芯片的输出电压均超过±38.7mV。

这是一起由放大器失调电压为主要因素导致故障的典型案例。针对 ADA4851-1 的电气参数进行分析，如图 2-8 所示。在 25℃环境中，+5V 供电，电路增益为 1 时，输入失调电压典型值为 0.6mV，最大值为 3.4mV。

假定比例电阻完全匹配，即 R1000 与 R1010 为 220Ω，R1001 与 R1011 为 12kΩ。如 1.7.6 小节所述，由差动放大电路传递函数（式 1-28）得到该差动放大电路的增益为 54.4 倍。输入失调电压经过放大后的输出应为 32.7mV(典型值)，此时电路正常工作，但是失调电压最大值对应的输出值为 185.5mV，已经超出判定故障的门限电压。而+5V 电压供电时失调电压的分布如图 2-9 所示，输入失调电压为±1mV 的比例明显，而此时对应的输出电压为±54.4mV，同样超出系统判定的阈值。

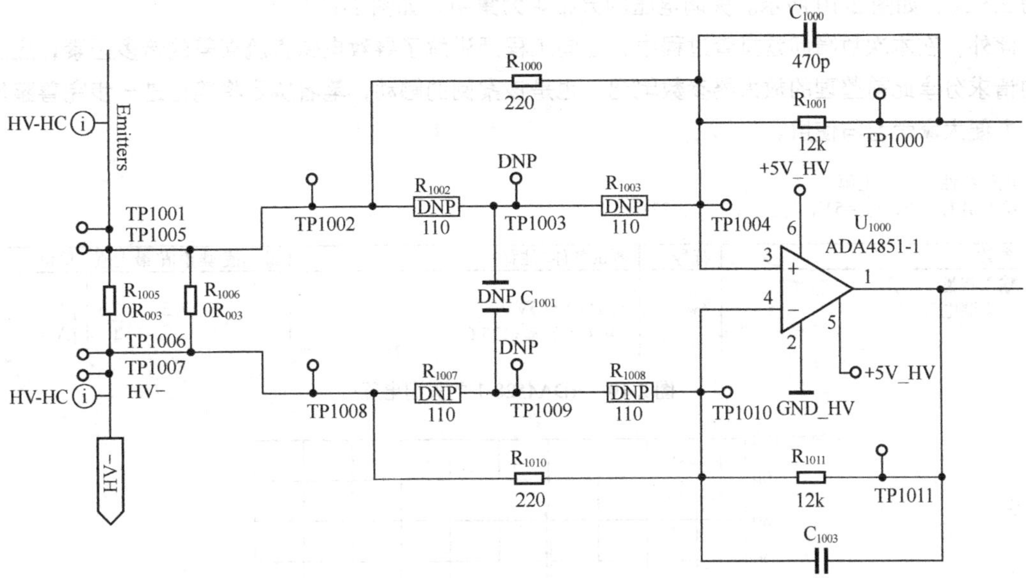

图 2-7　ADA4851-1 应用电路

采用+5V电源时的技术规格

除非另有说明，T_A=25℃，R_F=0Ω（G=+1），R_F=1kΩ（G>+1），R_L=1kΩ。

参数	条件	最小值	典型值	最大值	单位
直流性能					
输入失调电压			0.6	3.4	mV
	仅限 ADA4851-1W/2W/4W：T_{MIN} ～ T_{MAX}			7.4	mV

图 2-8　ADA4851-1 输入失调电压

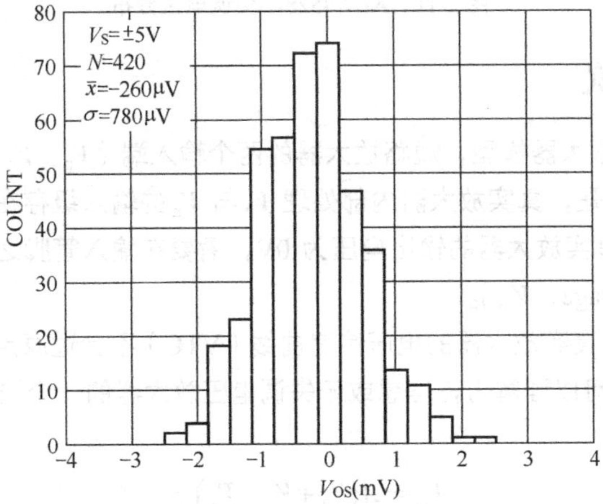

图 2-9　ADA4851-1 输入失调电压分布

所以笔者与工程师确认，将现有 ADA4851-1 应用电路的输出电压折算到输入端，均在数据手册参数范围内，工作不存在失效问题，该电路的软件判定阈值设计不合理，建议整改办法如下。

（1）调整判定故障的阈值电压。

（2）使用低失调电压的放大器，类比 ADA4528，在 25℃环境中，+5V 供电，失调电压最大值仅为 2.5μV，如图 2-10 所示。失调电压的分布更为集中，如图 2-11 所示。

此外，在本次故障问题排查过程中，还向工程师讲解了导致电路直流误差的诸多因素，应工程师的请求分享此前整理的放大器参数笔记。也是该案例的触动，笔者决定将笔记进一步完善整理成册，方便大家学习与使用。

电气特性——5V电源

除非另有说明，V_{SY}=5V，V_{CM}=V_{SY}/2，T_A=25℃。

参数	符号	测试条件/注释	最小值	典型值	最大值	单位
输入特性						
失调电压	V_{OS}	V_{CM}=0V～5V		0.3	2.5	μV
		−40℃≤T_A≤+125℃			4	μV

图 2-10　ADA4528-1 的失调电压

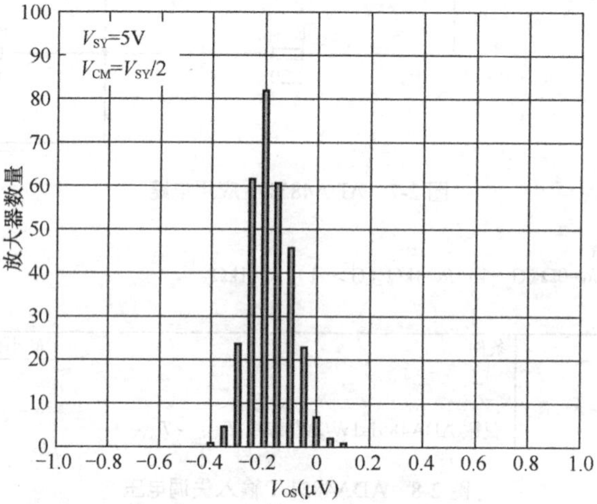

图 2-11　ADA4528-1 失调电压分布

2.2.2　失调电压定义

图 2-12（a）所示为放大器模型，短路放大器的两个输入端（V_p、V_n），如果是理想放大器，其输出电压 V_O 应为 0V。但是，真实放大器内部处理 V_p 与 V_n 的输入级存在失配，导致放大器的输出电压不为 0V。为了实现真实放大器的输出电压为 0V，需要在输入管脚之间增加适合的校正电压，称为失调电压（Offset voltage，V_{os}）。

如图 2-12（b）所示，真实放大器的电压传递曲线（VTC）不会过原点，它无论向左移还是向右移都由失配的方向决定。可以理解为在理想或无失调电压放大器的一个输入端串联一个电压源 V_{os}，其电压传递曲线见式 2-1。

$$V_O = A(V_P + V_{os} - V_n) \quad \text{（式 2-1）}$$

为了实现输出电压为 0V，需要满足式 2-2。

$$V_P + V_{os} = V_n \quad \text{（式 2-2）}$$

由此，再次确认放大器的两个输入端电压关系是近似相等，即“虚短”。V_{os} 的取值范围在毫伏到微伏。

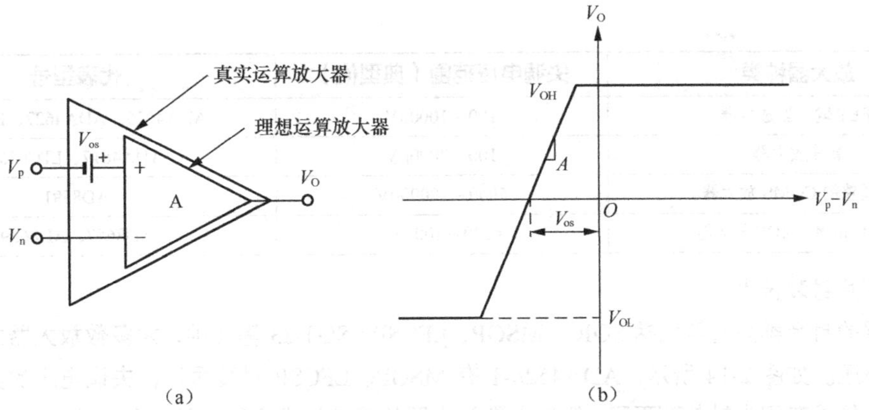

图 2-12 具有失调电压的放大器模型和电压传递曲线

2.2.3 失调电压产生原因

（1）输入级的制造工艺

放大器输入失调电压的产生主要因为输入级对称三极管晶圆的不匹配。如图 2-13 所示，三极管（VT_1，VT_2）的匹配度，在一定范围内和晶圆面积的平方根成正比，就是说匹配度提高到原来的 2 倍，晶圆面积就是原来的 4 倍。当达到一定水平后，增加晶圆面积也不能改善输入失调，另外增加面积会直接增加芯片的制造成本。所以，常用的方法是在放大器生产后再进行测试与校准，或者在输出级使用斩波等技术改善放大器的失调电压。

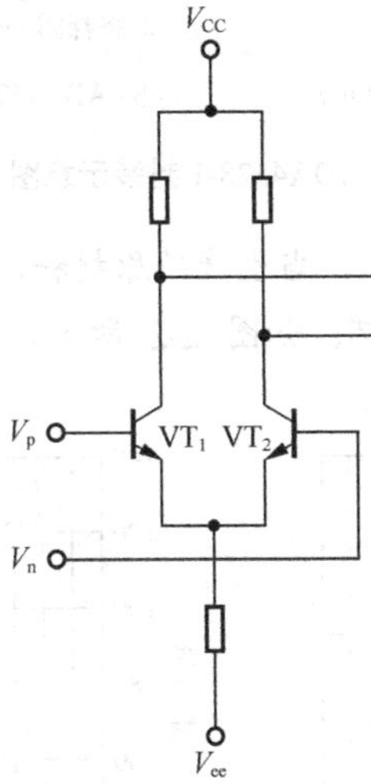

图 2-13 放大器输入级电路

表 2-1 所示为 ADI 不同种类放大器的失调电压范围和代表型号。

表 2-1 ADI 不同种类放大器的失调电压范围和代表型号

放大器种类	失调电压范围（典型值）	代表型号
斩波自稳零型放大器	<10μV	ADA4522、ADA4528、LT2057
通用精密放大器	50～500μV	ADA4004、ADA4084、LT1494
双极型放大器	10～25μV	ADA4077、ADA4177、LT6016

续表

放大器种类	失调电压范围（典型值）	代表型号
JFET 输入型放大器	100 ~ 1000μV	ADA4625、ADA4627、LT1792
高速放大器	100 ~ 2000μV	ADA4817、LTC6268
未调整的 COMS 放大器	5000 ~ 50000μV	AD8591
DigiTrim™ CMOS 放大器	<100 ~ 1000μV	AD8657、AD8659

（2）芯片封装技术

放大器的封装类型通常包括 SOIC、MSOP、LFCSP、SOT-23 等几种，大多数放大器的封装不会影响失调电压。如图 2-14 所示，ADA4528-1 有 MSOP、LFCSP 封装两种，失调电压的典型值、最大值和最小值没有因为封装而不同。但是少数放大器的封装技术会影响放大器的失调电压。如图 2-2 所示，ADA4077-2 A 级的 MSOP 封装芯片的失调电压最大值为 90μV，典型值为 50μV。同等条件下，SOIC 封装的 ADA4077-2 A 级芯片的失调电压最大值为 50μV，典型值为 15μV。两种封装失调电压的分布也存在明显区别，其中 SOIC 封装的失调电压分布相对集中，如图 2-15 所示。

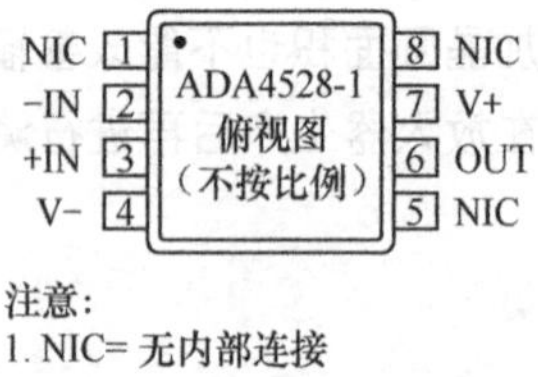

（a）ADA4528-1引脚配置（8引脚MSOP）

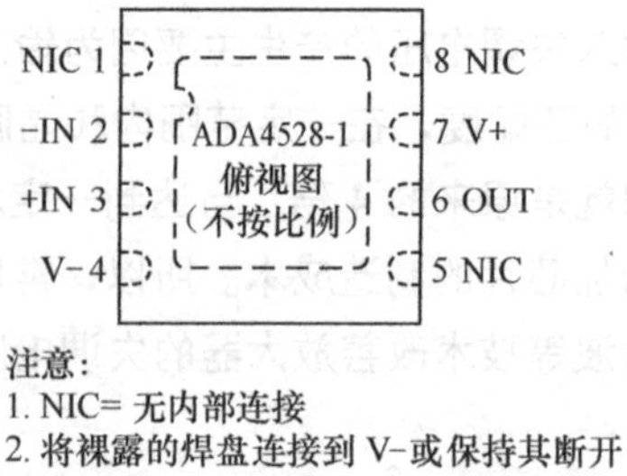

（b）ADA4528-1引脚配置（8引脚LFCSP）

图 2-14　ADA4528-1 封装示意图

注意：芯片规格中常见 A 级、B 级产品，当生产的原材料、制造过程完全一致时，区别在封装测试完成以后，将个别较好的参数进行标记。如图 2-2 所示，除失调电压、失调电压漂移以外，ADA4077-2 中 A 级与 B 级的电气参数相同。

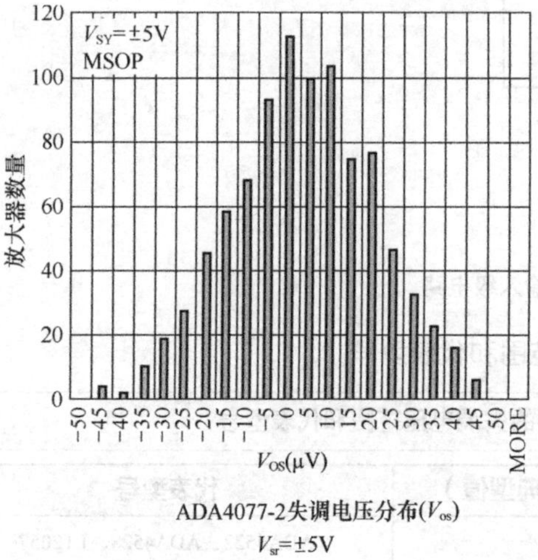

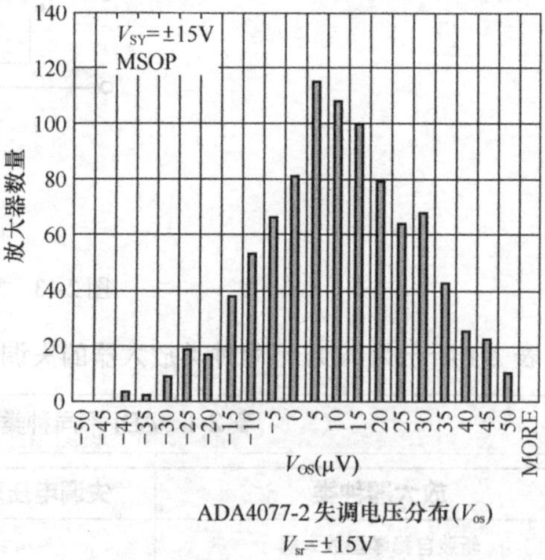

图 2-15　ADA4077-2 MSOP 与 SOIC 封装的失调电压分布

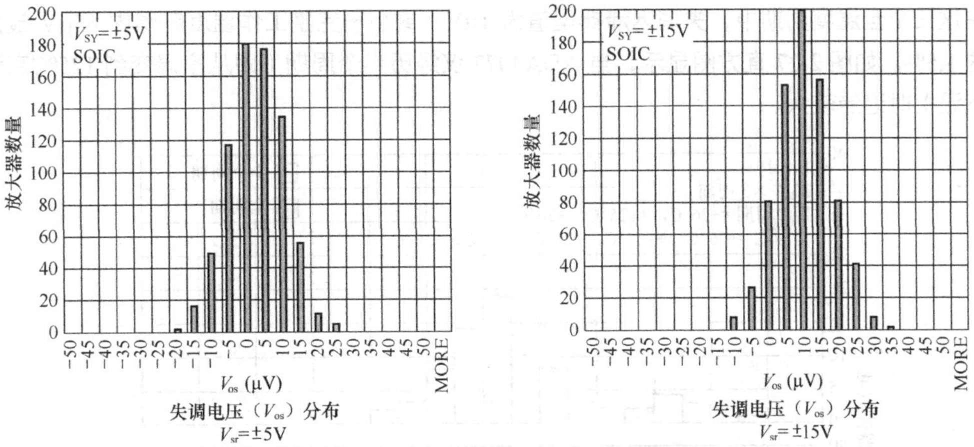

图 2-15　ADA4077-2 MSOP 与 SOIC 封装的失调电压分布（续）

2.2.4 失调电压漂移定义

失调电压漂移（Offset Voltage Drift）定义为因温度、工作时间变量变化时，输入失调电压随其变化量的比值。

（1）变量为温度，表示输入失调电压的变化量与导致该变化的温度变化量的比值。数据手册提供的参数为测量温度范围内的平均值，单位是 μV/℃，符号为 $\Delta V_{os}/\Delta T$，或者为 dV_{os}/dT。

温漂移的失调电压的计算公式见式 2-3。

$$V_{os}=V_{os}\big|_{t=25℃}+\frac{\Delta V_{os}}{\Delta T}(T-25℃) \qquad \text{（式 2-3）}$$

以 ADA4077-1 SOIC 封装 B 级芯片为例，在 25℃环境中，供电电压为±15V，失调电压最大值为 35μV，失调电压漂移最大值为 0.25μV/℃。当芯片温度上升到 75℃时，将参数代入式 2-3 计算失调电压变化为 47.5μV。

需要注意温度变化带来的失调电压迟滞效应，即稳定性与温度周期变化。在环境温度改变并随后回到室温时，失调电压在很大程度上将回到起始幅度。如图 2-16 所示，温度从室温变为+125℃到−40℃循环三次，最后回到室温时的输入失调电压变化。虚线表示初始预调理周期，用以消除 ADA4077 在生产时回流焊温度下引起的最初温度相关失调偏移。

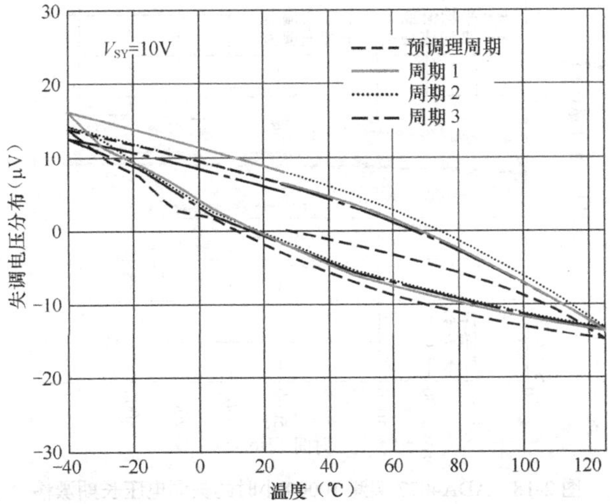

图 2-16　ADA4077 全温度周期内失调电压的变化

在这三个全温度周期中，失调迟滞典型值为 1μV，或小于完整工作温度范围内 65μV 最大失调电压的 1.5%。如图 2-17 直方图显示，当 ADA4077 仅经历半个周期（即从室温变到 125℃高温，再回到室温）时迟滞较大。

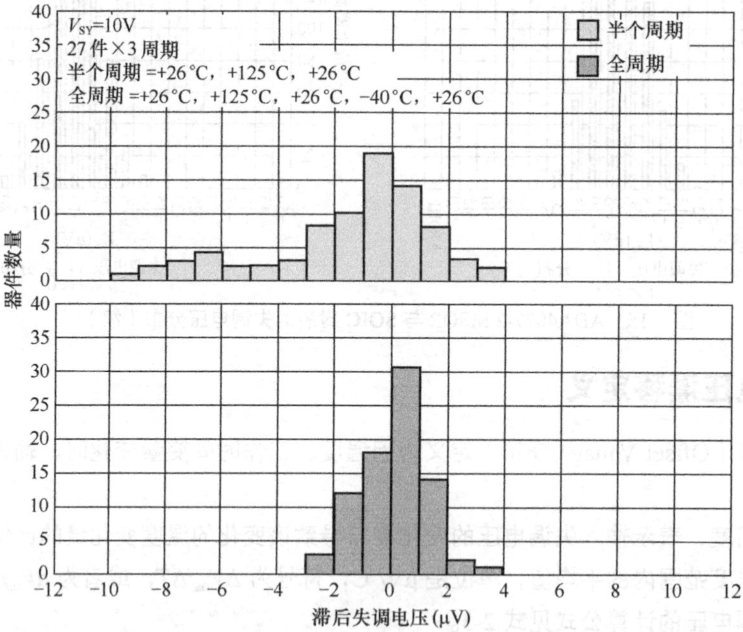

图 2-17　ADA4077 三个全周期内和三个半周期内失调电压的温度迟滞直方图

（2）变量为时间，失调电压漂移的单位是μV/Mo，表示失调电压每月变化多少微伏。其代表放大器在长期工作中失调电压的稳定性。

图 2-18 所示为 ADA4077 实测 10000 小时，失调电压长期漂移的平均漂移小于 0.5μV。通过模拟系统长期运行测试，工程师可以评估该放大器在长期运行设备中的稳定情况。

漂移是放大器难以处理的参数，因为它的存在随时会产生新的失调电压，所以常见的处理方法是使用漂移参数小的放大器，或者使用自稳零技术的放大器。

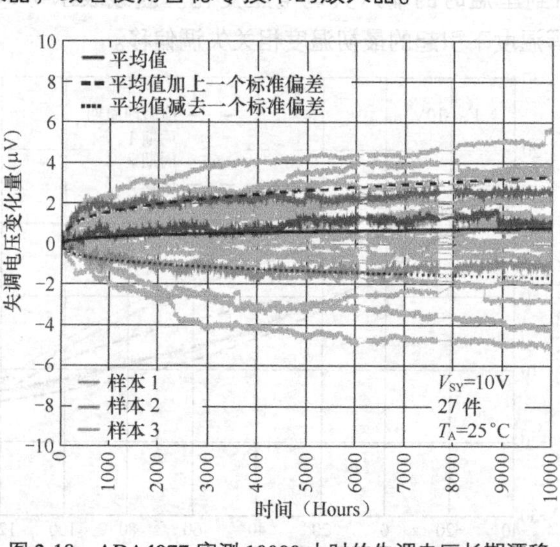

图 2-18　ADA4077 实测 10000 小时的失调电压长期漂移

2.2.5 失调电压测量与仿真

测量微伏至毫伏范围的输入失调电压，要求测试电路产生的误差远远低于失调电压本身。如图 2-19 所示，使用 ADA4077-2 组建反相放大电路，提供±15V 电源供电，并将输入端信号接地，电阻 R_1 阻值为 10Ω。放大器的其余参数对失调电压的影响可以忽略，同相输入端匹配电阻 R_3 为 10Ω。该电路的噪声增益为 1001 倍。测试中使用高精度电压表测量放大器输出端（V_O）的电压。最后，将输出电压除以电路噪声增益，得到 ADA4077 输入侧的失调电压。

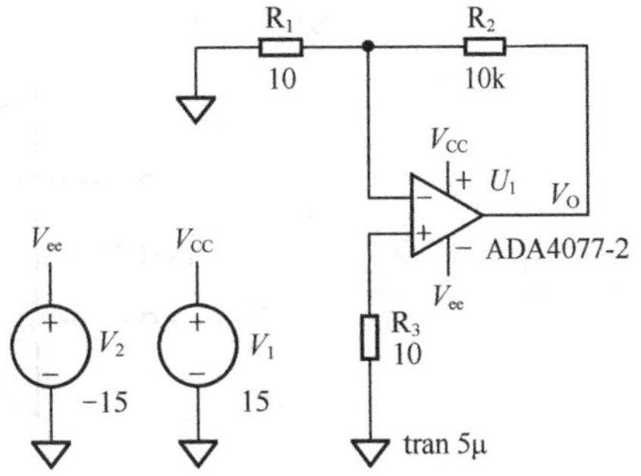

图 2-19 ADA4077-2 输入失调电压测试电路

实测放大器输入失调电压时，需要注意如下几个问题。

（1）供电电源要求低纹波、低噪声，例如电池。

（2）电路的工作温度保证在 25℃，并远离发热源。当电路上电工作稳定，板卡温度没有变化后进行测量。

（3）失调电压测试误差可能来自寄生热电偶结点，这是两种不同金属连接的时候形成的。例如，电路同相输入端的电阻 R_3，可以匹配反相输入路径中的热电偶结点。热电偶电压范围通常在 2～40μV/℃以上，并且随温度变化有明显变化。

（4）电阻的两个引脚焊接在相同的金属（PCB 铜走线）上会产生两个大小相等、极性相反的热电电压。在两者温度完全相同时，这两个热电电压会相互抵消。所以，控制焊盘和 PCB 走线长度，减小温度梯度可以提高测量精度。

使用 LTspice 对图 2-19 所示的电路进行瞬态分析，仿真结果如图 2-20 所示。ADA4077-2 输出电压为−35.268mV，折算到输入端的失调电压为−35.233μV。对比图 2-2 数据手册，仿真结果在 ADA4077 失调电压范围内。

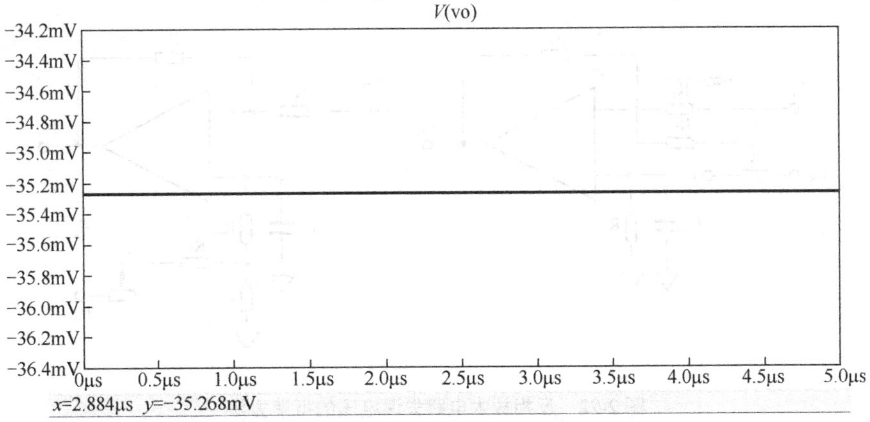

图 2-20 ADA4077-2 失调电压的仿真结果

2.2.6 失调电压处理方法

早期单通道放大器具有失调电压校准的引脚。例如，很多工程师熟知的 OP07，其失调电压调整电路如图 2-21 所示。使用电位计连接具有失调电压校准功能的 1 脚、8 脚，电位器的分压处连接到电源。如果放大电路设计完善，失调调整范围不会超过最低等级器件的最大失调电压的 2～3 倍。然而，在实际电路中，无法保证这些引脚没有噪声，或者避免使用长导线将该引脚连接到相距较远的电位计，以及放大器失调调整引脚的电压增益可能大于信号输入端的增益，这些因素增加了失调电压校正的难度。所以，该引脚功能使用并不理想。OP07 最新一代替换产品 ADA4077-1 中 1、8 脚都定义为 NIC，即内部不连接管脚。

目前主流的失调电压处理方法是外部方法，即使用可编程电压实现对失调电压的调整，例如使用数模转化器或者数字电位器。

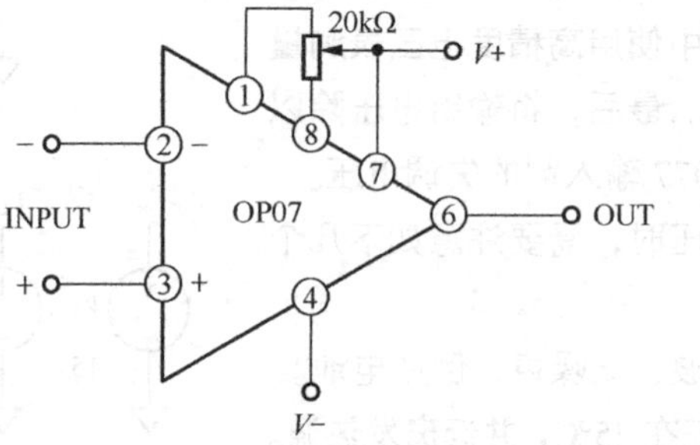

图 2-21　OP07 失调电压的调整电路

如图 2-22（a）所示，采用反相配置的放大电路，在反相端提供失调电压调节电路。当 R_b 大于 R_1 的 100 倍以上时，放大器的输出失调电压 V_{os} 满足式 2-4。

$$-\frac{R_2}{R_b}V_{R-} \geqslant V_{os} \geqslant -\frac{R_2}{R_b}V_{R+} \quad \text{（式 2-4）}$$

如图 2-22（b）所示，采用反相配置的放大电路，在同相端提供失调电压调节电路。其中 C_1 用于降低电阻引起的噪声。R_a 阻值为 R_{a1} 与 R_{a2} 之和，它等于 R_1 与 R_2 的等效并联阻值。R_{a2} 阻值范围为 100Ω ~ 1kΩ，R_b 阻值是 R_{a2} 阻值的 100 倍以上，输出失调电压 V_{os} 满足式 2-5。

$$\frac{R_{a2}}{R_{a2}+R_b}\frac{R_1+R_2}{R_1}V_{R+} \geqslant V_{os} \geqslant \frac{R_{a2}}{R_{a2}+R_b}\frac{R_1+R_2}{R_1}V_{R-} \quad \text{（式 2-5）}$$

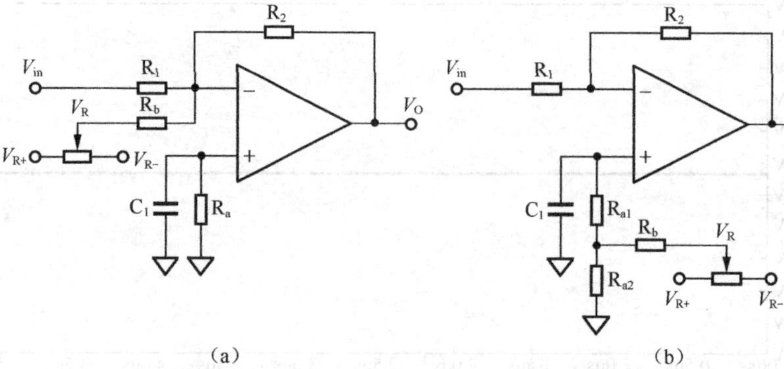

图 2-22　反相放大电路失调电压的抵消方法

图 2-23 所示为采用同相配置的放大电路使用的失调电压抵消电路，应该避免对反馈回路的增益产生影响。R_2 阻值为 R_{2a} 与 R_{2b} 之和，R_{2b} 小于 R_{2a} 的 10%，R_b 为 R_{2b} 的 100 倍以上，输出失调电压 V_{os} 满足式 2-6。

$$-\frac{R_{2b}}{R_{2b}+R_b}\frac{R_1}{R_2}V_{R-} \geqslant V_{os} \geqslant -\frac{R_{2b}}{R_{2b}+R_b}\frac{R_1}{R_2}V_{R+} \quad \text{（式 2-6）}$$

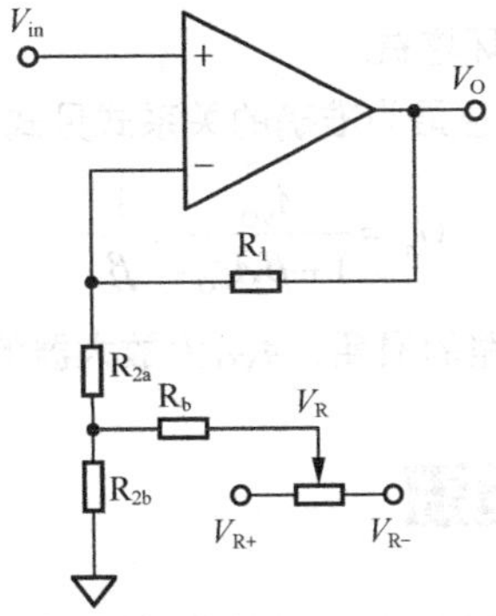

图 2-23　同相放大电路失调电压的抵消方法

2.2.7　噪声增益评估输出失调电压

笔者常常遇到工程师在评估放大器的输入失调电压对其输出失调电压的影响时，使用电路闭环增益 G，即输出失调电压视为输入失调电压与闭环增益的乘积。这种方式并不正确，因为在负反馈电路中，输出失调电压、噪声不能被电路减小。

如图 2-24（a）所示，同相放大电路的闭环增益为式 1-16，而将放大器的同相信号输入端与地短接时，输出电压（V_O）见式 2-7。

$$V_O = \left(1+\frac{R_f}{R_g}\right)(V_{os}+V_n) \quad \text{（式 2-7）}$$

同理，如图 2-24（b）所示，反相放大电路的闭环增益为式 1-13，将放大器的反相信号输入端与地短接时，输出电压（V_O）见式 2-8。

$$V_O = \left(1+\frac{R_f}{R_g}\right)(V_{os}+V_n) \quad \text{（式 2-8）}$$

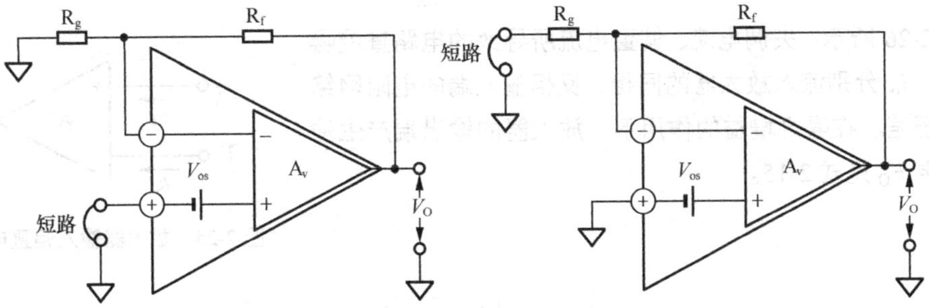

（a）同相放大电路　　（b）反相放大电路

图 2-24　噪声增益电路示意图

由此可见，放大器的输出失调电压在电路没有输入信号时，仍能输出某个直流电压（E_o），把这种不希望出现的输出电压当成一个误差，比较贴切的名称为“输出直流噪声”或者“输出直流误差”。评估“输出直流噪声”时，使用噪声增益更加合理。所谓噪声增益（G_n）就是放大电器用于同相放大电路时的闭环增益，见式 2-9。

$$G_n = G_{IN+} = 1+\frac{R_f}{R_g} \quad \text{（式 2-9）}$$

其中，G_{IN+}为同相放大电路的闭环增益。

考虑放大器的其他参数，噪声增益最为准确的关系式见式 2-10。

$$G_n = \frac{A_{VO}}{1+\beta A_{VO}} \approx \frac{1}{\beta} \quad \text{（式 2-10）}$$

式中，β 为反馈系数，即反馈回路的损耗，A_{VO} 为放大器的开环增益。

2.3 偏置电流与失调电流

放大器存在失调电压会呈现“虚短”，而“虚断”则与放大器的偏置电流相关。

2.3.1 偏置电流与失调电流的定义

真实放大器在输入管脚都会吸收少量电流。在某些应用中，这些电流可能导致误差而影响电路的精度，或者导致电路工作异常。

如图 2-25 所示，放大器的同相输入端流过的电流为 I_{b+}，反相输入端流过电流为 I_{b-}。放大器的输入偏置电流（Input Bias Current，I_b）定义为流过两个输入端电流的均值，见式 2-11。

$$I_b = \frac{I_{b+} + I_{b-}}{2} \quad \text{（式 2-11）}$$

放大器的输入失调电流（Input Offset Current，I_{os}）定义为流过两个输入端电流之差，见式 2-12。

$$I_{os} = I_{b+} - I_{b-} \quad \text{（式 2-12）}$$

由失调电流 I_{os}、偏置电流 I_b 关系式，可推导 I_{b+}、I_{b-}，分别见式 2-13、式 2-14。

$$I_{b+} = I_b + \frac{I_{os}}{2} \quad \text{（式 2-13）}$$

$$I_{b-} = I_b - \frac{I_{os}}{2} \quad \text{（式 2-14）}$$

如图 2-26 所示，失调电流、偏置电流所导致的电路直流噪声，是 I_{b+}、I_{b-}分别流入放大器的同相、反相输入端的电阻网络形成的电压差。在噪声增益的作用下，放大器的输出端产生输出直流噪声 E_O 见式 2-15。

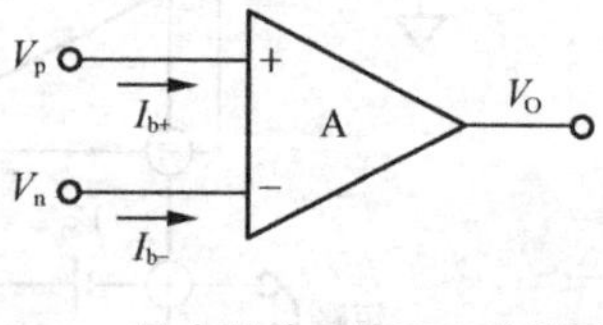

图 2-25　放大器输入偏置电流模型图

$$E_O = V_O = \left(1+\frac{R_2}{R_1}\right)\left[\left(\frac{R_1R_2}{R_1+R_2}\right)I_{b-} - R_pI_{b+}\right] \quad \text{（式 2-15）}$$

将式 2-13、式 2-14 代入式 2-15 得到式 2-16。

$$V_O = \left(1+\frac{R_2}{R_1}\right)\left\{\left[\left(\frac{R_1R_2}{R_1+R_2}\right)-R_p\right]I_b - \left[\left(\frac{R_1R_2}{R_1+R_2}\right)+R_p\right]\frac{I_{os}}{2}\right\} \quad \text{（式 2-16）}$$

如果电路中电阻 R_p 的阻值为 R_1 与 R_2 并联的阻值时，则可抵消 I_b 的影响，简化为式 2-17。

$$V_O = -\left(1+\frac{R_2}{R_1}\right)\left[\left(\frac{R_1R_2}{R_1+R_2}\right)+R_p\right]\frac{I_{os}}{2} \quad \text{（式 2-17）}$$

放大器偏置电流的值大小不一，新一代静电计类 ADA4530 放大器的偏置电流的最大值为 20 fA（25℃），高速放大器偏置电流可达数十微安，普通的精密放大器偏置电流约在纳安级。失调电流值通常小于偏置电流值。如表 2-2 所示，在 25℃环境下，以±15V 为工作电源时，对比第一代精密放大器 OP07 与第六代精密放大器 ADA4077 的偏置电流与失调电流。在相同电路中，如果使用封装兼容的 ADA4077 替换 OP07，由失调电流、偏置电流引起的输出直流误差将显著下降。

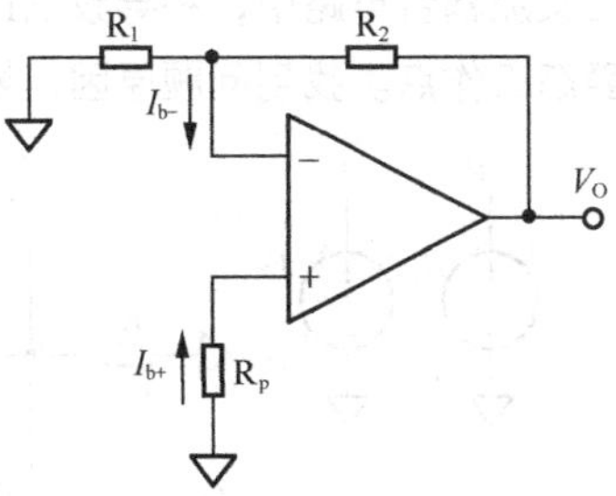

图 2-26 输入偏置电流工作示意图

表 2-2 OP07 与 ADA4077 偏置电流、失调电流对比

Vs=±15V（25℃）	I_b(nA)			I_{os}(nA)		
	Min	Tpy	Max	Min	Tpy	Max
OP07		±1.2	4		0.5	3.8
ADA4077	−1	−0.4	1	−0.5	0.1	0.5

偏置电流参数也会随温度变化，在工作温度范围较大的应用中需要结合温度条件评估偏置电流的参数。图 2-27 所示为 ADA4077 的输入偏置电流与温度关系，当电路使用±5V 电源供电，在 25℃环境工作时，I_{b-}为−0.21nA、I_{b+}为−0.39nA；温度上升到 75℃后，I_{b-}变为−0.26nA、I_{b+}变为−0.47nA。

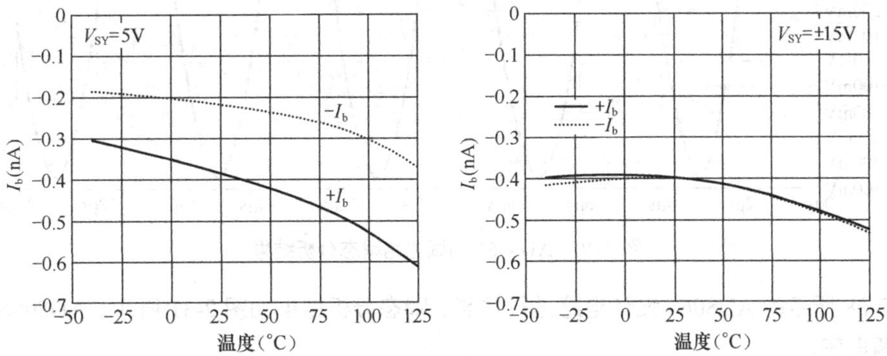

图 2-27 ADA4077 的输入偏置电流与温度关系

2.3.2 偏置电流案例分析

如上述偏置电流、失调电流经过输入端电阻网络形成一个失调电压，看起来只要匹配好的电阻网络，就可以有效降低偏置电流对电路的影响，其实不然，偏置电流的存在本身就值得关注，通过下面案例进一步理解。

2018 年 8 月中旬，一位工程师反馈所设计的 250kHz 信号处理电路出现异常，电路第一级放大器输出信号是峰-峰值为 0.2V、频率为 250kHz 的正弦信号。第二级电路如图 2-28 所示，使用 AD8066 设计为缓冲器电路，发现在输出端存在严重的失调电压。工程师认为电路使用交流耦合方式，应该避免了第一级放大器直流噪声的影响。

检视 AD8066 电路时未察觉异常情况，而故障复现的测试中，发现工程师所使用的 AD8066 测试电路如图 2-29 所示。即图 2-28 所示的电路中 AD8066 同相输入端 IN 网络里的电阻 R_4 没有焊接。

在交流耦合电路中，将导致 AD8066 偏置电流没有完整的直流回路，放大器内部晶体管缺少正确的静态工作点。找到问题原因，恢复焊接电阻 R_4，电路运行正常。

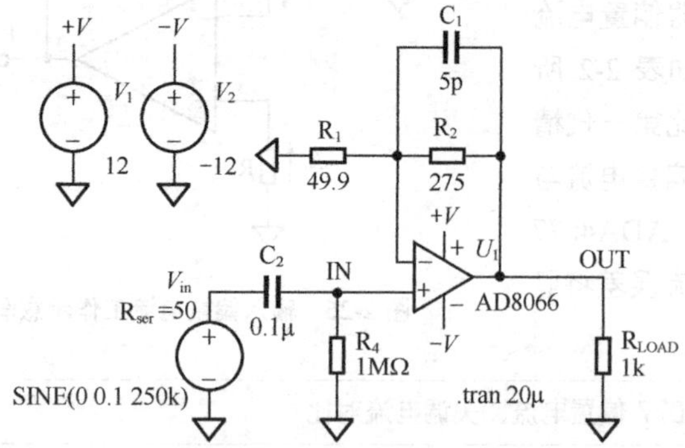

图 2-28　AD8066 设计电路图

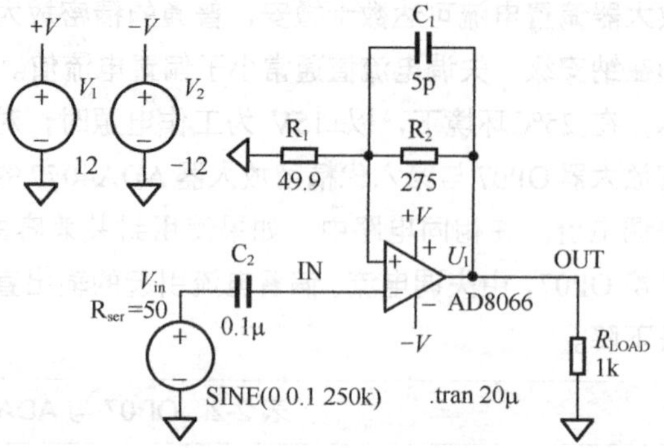

图 2-29　AD8066 测试电路图

使用 LTspice 仿真图 2-29 所示的 AD8066 测试电路，瞬态分析结果如图 2-30 所示，缺少电阻 R_4 的电路中，AD8066 输出信号存在 200mV 的失调电压。

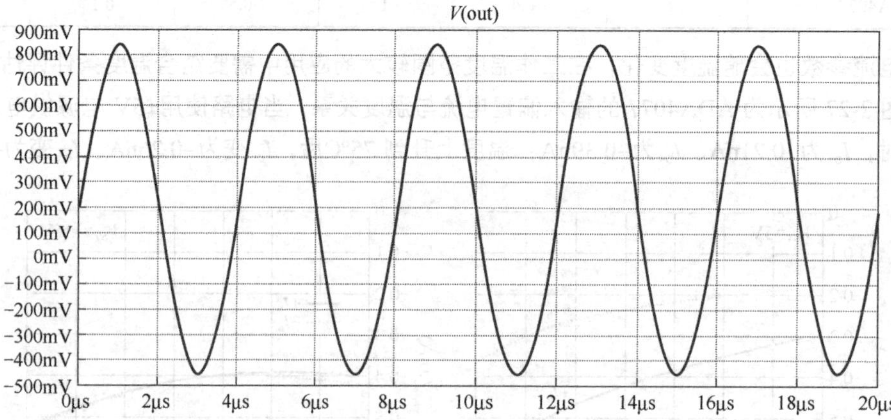

图 2-30　AD8066 测试电路瞬态分析结果

对图 2-28 所示的 AD8066 设计电路进行仿真，瞬态分析结果如图 2-31 所示。AD8066 的输出不再复现失调电压。

所以在放大器的设计中，必须保证偏置电流具有完整的直流回路。

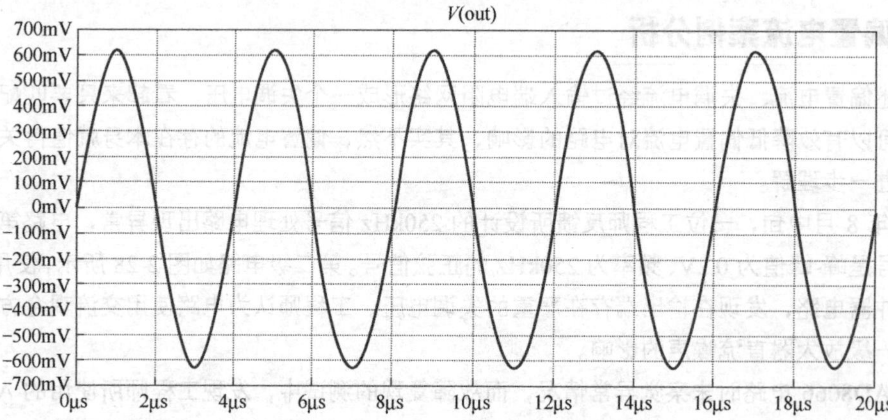

图 2-31　AD8066 设计电路瞬态分析结果

2.3.3 偏置电流产生的原因

电压型反馈放大器的差分输入级晶体管包括双极性晶体管（BJT）和场效应晶体管（FET）。以双极性晶体管为例，为保证放大器内部晶体管工作在线性区，必须提供基级偏置电压，或者提供基级电流，这是偏置电流产生的原因。与失调电压产生的原因相同，半导体工艺上难以做到输入级两个晶体管完全匹配，导致输入级晶体管的电流有差别，这就是失调电流。另外，在大规模生产中，放大器偏置电流的参数近似正态分布。图 2-32 所示为 ADA4077 的输入偏置电流分布。

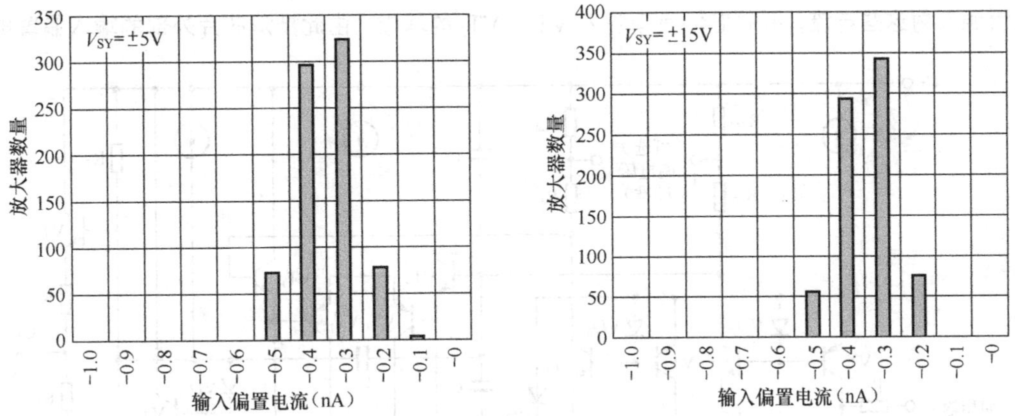

图 2-32　ADA4077 的输入偏置电流分布

偏置电流的流向（极性）：偏置电流在简单输入结构的放大器中是单向流动，它与输入级晶体管的类型有关。若输入级晶体管是 NPN BJT 型或 P 沟道 JFET 型时，I_{b+}、I_{b-}方向为流入晶体管体，如图 2-33 所示。若输入级晶体管是 PNP 结构双极性晶体管，或者 N 沟道 JEFT 型时，I_{b+}、I_{b-}方向为流出晶体管体。在复杂的输入结构时（如偏置补偿和电流反馈运算放大器），偏置电流可能是两个或以上内部电流源之间的差分电流，并且可能是双向流动。

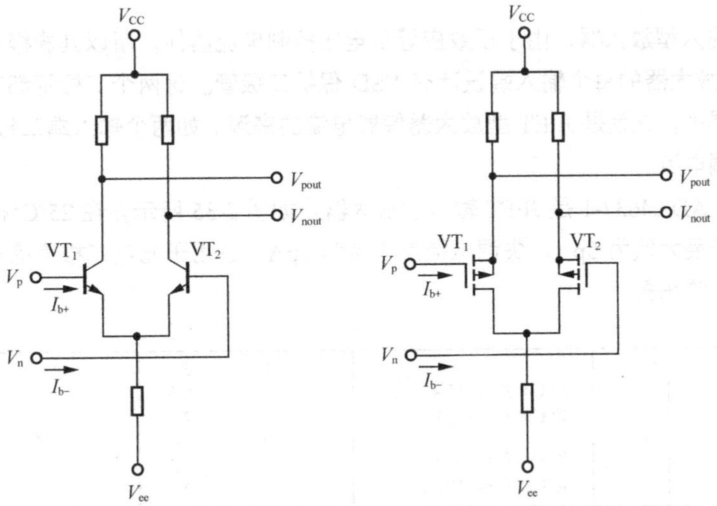

（a）NPN BJT 型输入　　（b）P 沟道 JFET 型输入

图 2-33　NPN BJT 与 P 沟道 JFET 型晶体管输入端 I_b 流向

最初的 BJT 型放大器的 I_{b+}、I_{b-}值较大。例如，LM741 工作在 25℃环境中，偏置电流最大值为 500nA，在电路设计中需要详细评估偏置电流对输出信号的影响。随着半导体工艺技术的发展，芯片内部降低偏置电流的技术已经成熟。由特定电路预估输入晶体管所需的基极电流，然后通过晶体管内部提供这些电流，使得在芯片外部看来好像放大器没有任何输入电流。OP07 是使用内部偏置电流消除电路的第一代产品。在 25℃环境中，OP07 偏置电流最大值降低到 4nA。

图 2-34 为 OP07 内部电路示意图，放大器输入级的核心差分对管是 VT_1、VT_2，二者的基极电流被复制到共基极晶体管 VT_3、VT_4 的基极，然后被镜像电流源 VT_5/VT_7、VT_6/VT_8 检测到。这些镜像电流源反射这些电流，并将它们重新注入 VT_1、VT_2 的基极，由此抵消芯片外部的输入偏置电流。

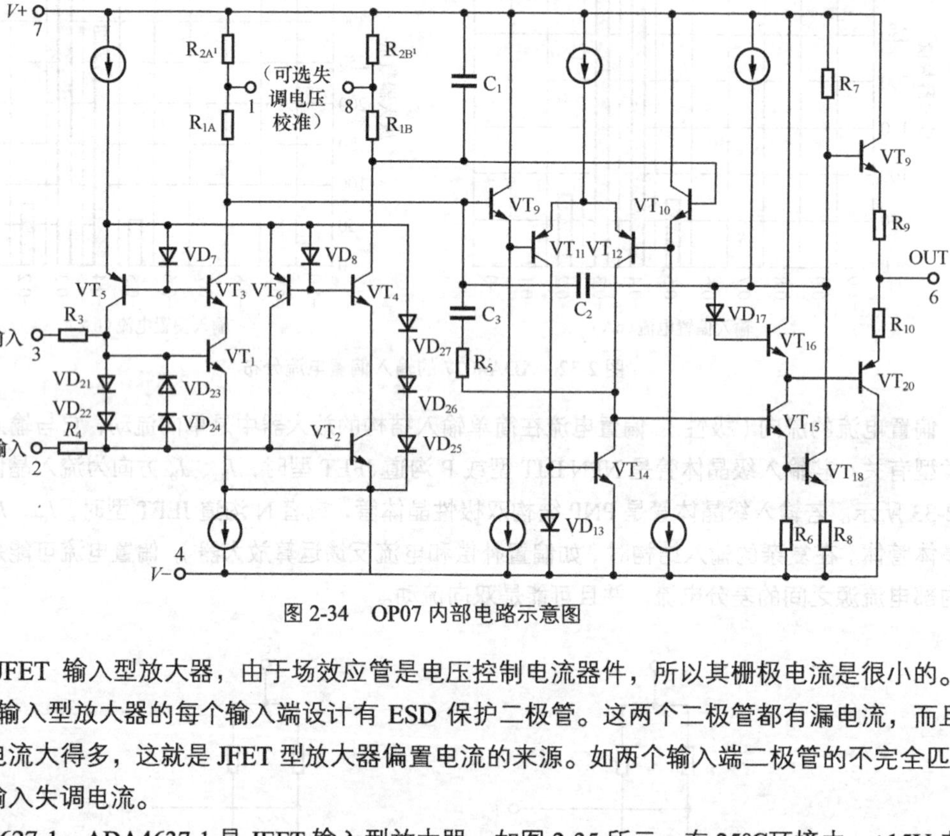

图 2-34　OP07 内部电路示意图

对于 JFET 输入型放大器，由于场效应管是电压控制电流器件，所以其栅极电流是很小的。目前，JFET 输入型放大器的每个输入端设计有 ESD 保护二极管。这两个二极管都有漏电流，而且一般比栅极电流大得多，这就是 JFET 型放大器偏置电流的来源。如两个输入端二极管的不完全匹配，还会造成输入失调电流。

ADA4627-1、ADA4637-1 是 JEFT 输入型放大器。如图 2-35 所示，在 25℃环境中，±15V 电源供电时，偏置电流最大值为 5pA，失调电流最大值为 5pA，适用于光电二极管信号处理电路、自动测试设备以及医疗等场景。

输入偏置电流[2]	I_b		1	5	1	5	pA
		$-40℃\leqslant T_A\leqslant+85℃$		0.5		0.5	nA
		$-40℃\leqslant T_A\leqslant+125℃$		2		2	nA
输入失调电流	I_{OS}		0.5	5	0.5	5	pA
		$-40℃\leqslant T_A\leqslant+85℃$		0.5		0.5	nA
		$-40℃\leqslant T_A\leqslant+125℃$		2		2	nA

图 2-35　ADA4627-1、ADA4637-1 偏置电流与失调电流

2.3.4　偏置电流、失调电流的测量与仿真

偏置电流测量方法有多种，工程师倾向于在现有电路中实现测量的方法，避免增加额外测试电路。

图 2-36 所示为 ADA4077 的偏置电流与失调电流测试电路，R_1、R_2 是串联在放大器输入端的 1MΩ 电阻，用于感应 I_{b-}与 I_{b+}，通过控制开关 S_1 和 S_2 通断的状态分别测量 V_{os}、I_{b+}、I_{b-}单独或者组合情况下，作为激励产生的相应输出直流噪声，进而计算出 I_{b+}、I_{b-}，并最终得到 I_b、I_{os}，测试操作步骤如下。

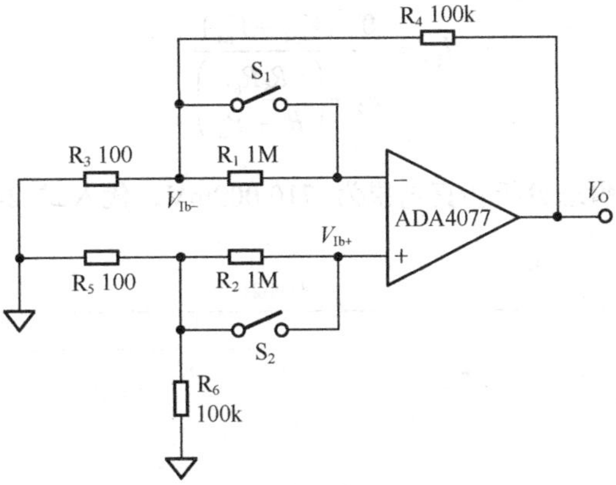

图 2-36　偏置电流测试电路

步骤一，测试放大器的输入失调电压对输出直流误差电压的影响。将开关 S_1 和 S_2 全部闭合，由于兆欧级电阻 R_1、R_2 被开关短路，I_{b-}流经 R_3、I_{b+}流经 R_5 所引起的误差电压比失调电压误差通常小 1%。因此，认为该状态下测量的放大器输出电压 V_{o1} 是由输入失调电压 V_{os} 所导致，其关系见式 2-18。

$$V_{os}=V_{o1}\frac{1}{G_n}=V_{o1}\frac{R_3}{R_3+R_4} \quad \text{（式 2-18）}$$

如图 2-37 所示，V_{o1} 瞬态分析结果为−34.347mV，由于 G_n 为 1001，代入式 2-18，计算得出 V_{os} 为−34.312μV。

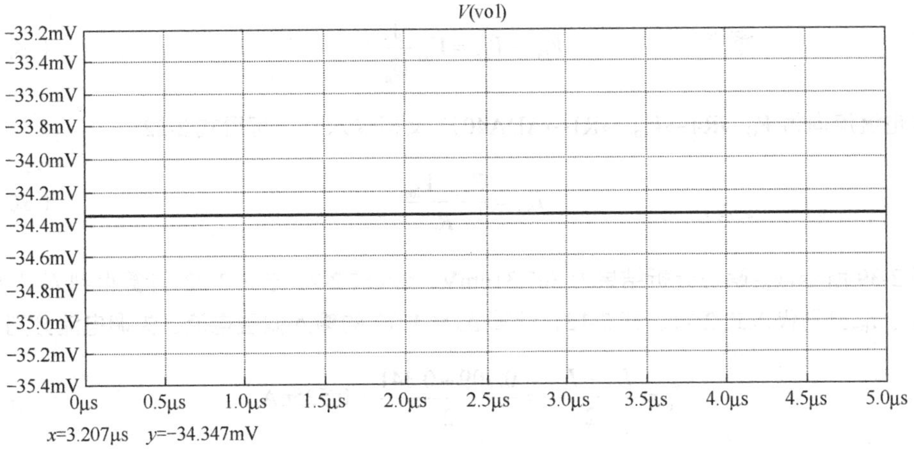

图 2-37　ADA4077 V_{os} 导致的输出直流误差电压瞬态分析结果

步骤二，断开开关 S_2，开关 S_1 保持闭合，此时待测放大器的 I_{b+}流入 R_2，在放大器的同相输入端形成一个附加失调电压 V_{Ib+}，它与放大器 V_{os} 在电路噪声增益的作用下，共同产生输出直流误差电压为 V_{o2}，见式 2-19。

$$V_{\text{Ib+}}+V_{\text{os}}=V_{\text{o2}}\frac{1}{G_{\text{n}}} \quad \text{（式 2-19）}$$

$I_{\text{b+}}$的电流流向为：地→R_5 并联 R_6→R_2→ADA4077 同相输入端，$I_{\text{b+}}$的计算见式 2-20。

$$I_{\text{b+}}=\frac{0-\left(V_{\text{Ib+}}+V_{\text{os}}\right)}{R_2+\left(\dfrac{R_5R_6}{R_5+R_6}\right)} \quad \text{（式 2-20）}$$

如图 2-38 所示，V_{o2} 瞬态分析仿真结果为−710.009mV，代入式 2-19 与式 2-20，得出 $I_{\text{b+}}$为 0.709nA。

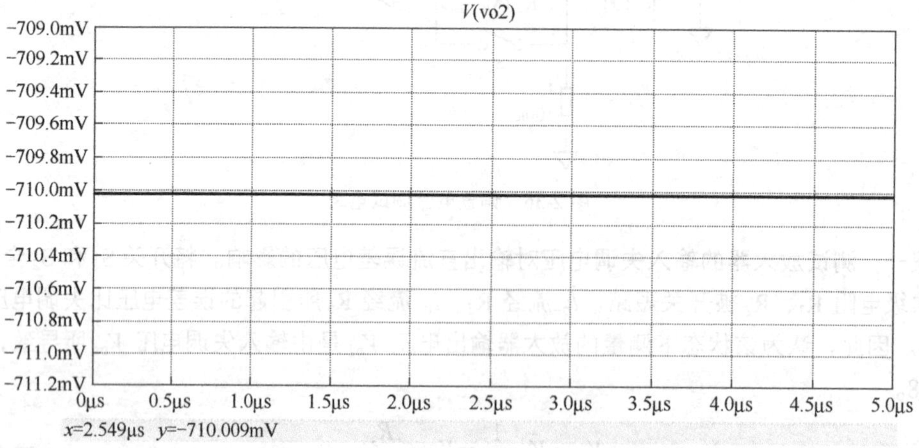

图 2-38　ADA4077 V_{os}与 $I_{\text{b+}}$导致的输出直流误差电压瞬态分析结果

步骤三，闭合开关 S_2，断开开关 S_1，而 $I_{\text{b-}}$在 R_3 与 R_1 连接端形成另一个附加失调电压 $V_{\text{Ib-}}$，它与放大器的 V_{os} 在电路噪声增益的作用下，共同产生输出直流误差电压为 V_{o3}，见式 2-21。

$$V_{\text{Ib-}}-V_{\text{os}}=V_{\text{o3}}\frac{1}{G_{\text{n}}} \quad \text{（式 2-21）}$$

$I_{\text{b-}}$的电流流向为 V_{O}→R4→$V_{\text{Ib-}}$→R1→ADA4077 反相输入端，可得式 2-22。

$$I_{\text{b-}}=\frac{V_{\text{Ib}}-V_{\text{Ios}}}{R_1} \quad \text{（式 2-22）}$$

如图 2-39 所示，V_{o3} 瞬态分析结果为 307.316mV，代入式 2-21 与式 2-22，计算得到 $I_{\text{b-}}$为 0.341nA。将 $I_{\text{b-}}$、$I_{\text{b+}}$分别代入式 2-11、式 2-12，计算 ADA4077 的输入偏置电流、失调电流分别为：

$$I_{\text{b}}=\frac{I_{\text{b+}}+I_{\text{b-}}}{2}=\frac{0.709+0.341}{2}=0.525\text{nA}$$

$$I_{\text{os}}=I_{\text{b+}}-I_{\text{b-}}=0.709-0.341=0.368\text{nA}$$

对照图 2-2，仿真计算结果在 ADA4077 输入偏置电流、失调电流的范围中。

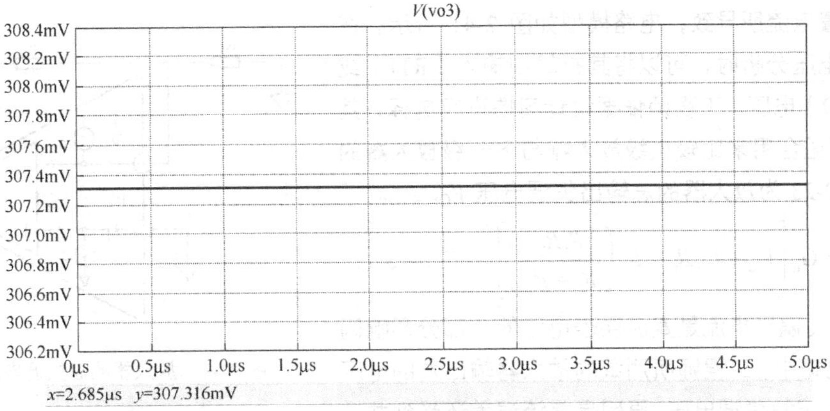

图 2-39 ADA4077 V_{os} 与 I_{b-} 导致的输出直流误差电压瞬态分析结果

2.3.5 偏置电流处理方法

如 2.3.2 小节案例所述，处理偏置电流首先要保证偏置电流的直流回路完整。在仪表放大器应用中，有众多传感器信号需要隔离处理。耦合方式包括电容耦合、电感耦合，在这些电路中偏置电流处理不当将引发电路异常。如图 2-40 所示，对比错误与正确的仪表放大器耦合电路结构图，以便工程师使用。关于仪表放大器使用方式的更多介绍可参阅 3.1 节。

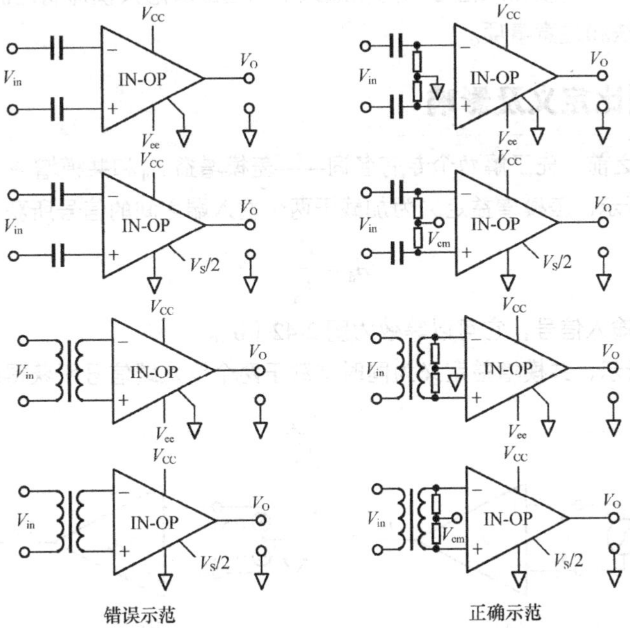

图 2-40 错误与正确的仪表放大器交流耦合电路结构图

其次，放大器输入端电阻匹配。如图 2-26 所示，使 I_{b+} 流过同相输入端电阻 R_p 引起的电压与 I_{b-} 流过反相输入端电阻 R_1 和 R_2 产生的电压相同来实现补偿。这样可以最大限度地减少直流误差，但是当偏置电流匹配不佳时，这种消除偏置方式适得其反。

第三，控制 I_{b+}、I_{b-} 流经回路的电阻阻值，或者选择低偏置电流的放大器。

2.3.6 放大器的总失调电压

通过 2.3.4 小节讲解偏置电流的测量方法，可以看出放大器的总失调电压是由放大器的输入端失调电压、偏置电流所导致，电路模型如图 2-41 所示。在进行总失调电压分析时，可以将其折算到输入（RTI）或者输出（RTO）电压。工程师依据设计习惯进行选择，其中 RTO 值更适合用来比较该级放大器与下一级放大器的净误差。式 2-23 为放大器的总输出失调电压 V_{OS_RTO}。

$$V_{OS\_RTO}=G_n\left[V_{os}+I_{b+}R_p-I_{b-}\left(\frac{R_1R_2}{R_1+R_2}\right)\right]\quad（式 2-23）$$

失调电压、偏置电流是直流误差电压的一部分影响因素。在实际电路中，工程师所测试的放大器输出端的电压值可能超过输出总失调电压，原因是直流误差还受到共模抑制比、电源抑制比、开环增益等因素的影响。

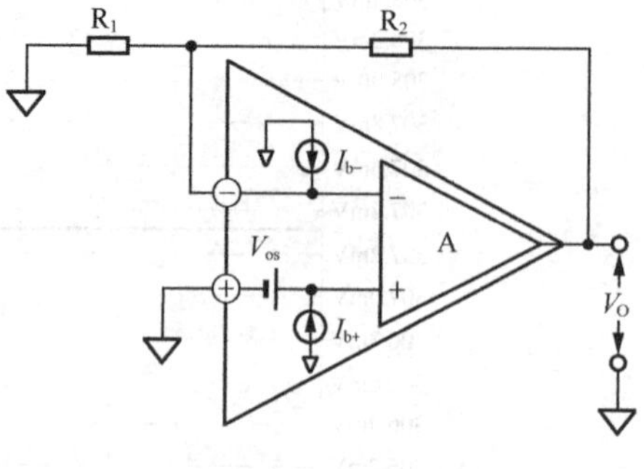

图 2-41　放大器的总失调电压电路模型

2.4　共模抑制比

在应用电路中，差动放大器、仪表放大器、电流检测放大器将两个输入端的信号差值进行放大，理想情况下两个输入端共模信号不能放大，而实际电路对共模信号仍会放大，因此引入共模抑制比来评估其影响。对于具有共模输入信号的同相放大电路也应考虑共模抑制比的参数。本节主要介绍共模抑制比的使用方法和注意事项。

2.4.1　共模抑制比定义及影响

分析共模抑制比之前，先了解两个专有名词——差模增益 A_d 和共模增益 A_c。

如图 2-42（a）所示，差模增益定义为加载于两个输入端之间的信号所获得的增益，见式 2-24。

$$A_d=\frac{V_{o1}}{V_d}\quad（式 2-24）$$

其中，V_d 为差模输入信号，它可以等效为图 2-42（b）。

如图 2-42（c）所示，共模增益定义为同时加载于两个输入端信号所获得的增益，见式 2-25。

$$A_c=\frac{V_{o2}}{V_c}\quad（式 2-25）$$

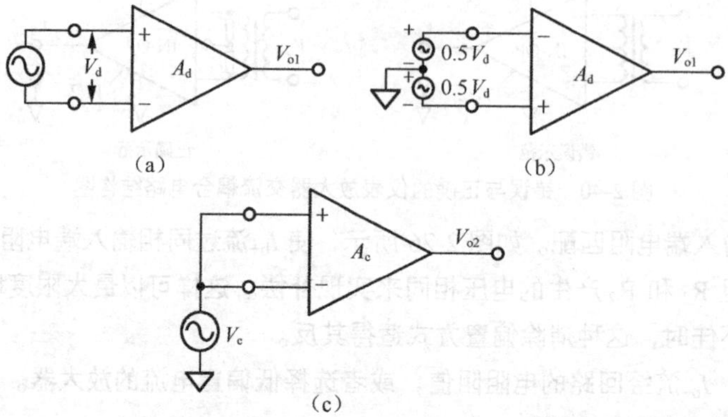

图 2-42　差模输入与共模输入信号增益示意图

放大器的差模增益是电路所需要的增益，而共模增益将放大直流噪声。共模抑制比（Common Mode Rejection Ratio，CMRR）定义为差模增益与共模增益的比值，见式 2-26。

$$CMRR = \left|\frac{A_d}{A_c}\right| \quad （式 2-26）$$

通常 A_d 值很大，而 A_c 值趋近于零，所以 $CMRR$ 很大，数据手册中通常使用 dB 为单位，计算公式见式 2-27。

$$CMRR(\mathrm{dB}) = 20\log_{10} CMRR \quad （式 2-27）$$

从应用的角度，共模抑制比可看作输入共模电压变化引起的输入直流误差，见式 2-28。

$$V_{\mathrm{er\_CMRR}} = \frac{1}{CMRR} \cdot V_{\mathrm{cm}} \quad （式 2-28）$$

式中，V_{cm} 为输入共模电压，$V_{\mathrm{er\_CMRR}}$ 为共模电压所引起的输入直流误差。

老一代精密放大器的共模抑制比通常为 70～120dB，新一代精密放大器的共模抑制比性能大幅提升。如图 2-43 所示，OP07 在 25℃环境中，供电电压为±15V，共模电压为±13V 时，共模抑制比最小值为 100dB，典型值为 120dB；而 ADA4077 在同等工作环境和工作电压下，共模电压为−13.8～13V 时，共模抑制比最小值为 132dB，典型值为 150dB。

除非另有说明 V_{SY}=±15V，T_A=25℃

运算放大器	参数	符号	测试条件/注释	最小值	典型值	最大值	单位
ADA4077	共模抑制比	CMRR	V_{CM}=−13.8V～+13V	132	150		dB
OP07		CMRR	V_{CM}=±13V	100	120		dB

图 2-43　ADA4077 与 OP07 共模抑制比性能

如图 2-44 所示，在相同电路中对比 OP07、ADA4077 共模抑制比的性能，假定电阻完全匹配（R_1=R_3，R_2=R_4），共模电压为 10V。

将 OP07 共模抑制比的典型值 120dB 代入式 2-28，共模电压在输入端将产生的输入直流误差为 10μV。而将 ADA4077 共模抑制比的典型值 150dB 代入式 2-28，共模电压在输入端将产生的输入直流误差为 0.316μV。

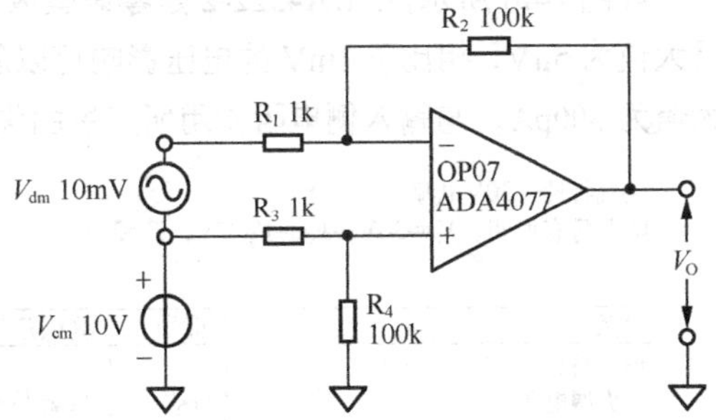

图 2-44　OP07 与 ADA4077 组建差动放大电路图

由此可见，在该差分电路中，可以使用 ADA4077 替换 OP07，由放大器共模抑制比限制所产生的直流误差明显改善。

若该电路的输出连接到一个 2.5V 基准电压的 24 位∑ΔADC 采集系统时，一个 LSB 电压值为 0.149μV。由 ADA4077 共模抑制比限制产生的输出直流噪声为 31.9μV，相当于 214 个 LSB 值。由 OP07 共模抑制比限制产生的输出直流噪声为 1.01mV，相当于 6778 个 LSB 值，这可以直观对比两者在采集系统中的影响。

2.4.2 共模抑制比案例分析

2017 年 10 月中旬，笔者接到一位异地项目负责人的特急求助电话，其研发的设备在核心客户试用期间出现异常，将影响核心客户产品的生产品质，已经收到限期整改通知。由 ADA4522-2 组建的差动电路如图 2-45 所示，工程师使用 2 片 ADA4522-2 组建差动电路，第一级电路 U8A、U8B 实现差动电路的输入缓冲器功能，第二级电路 U5A 实现差动信号放大电路，其中，R_6、R_7 阻值为 30kΩ，误差为 1%，R_5、R_{74} 阻值为 3kΩ，误差为 1%，电路预期的增益设计为 10 倍。

核心客户在 25℃恒温环境下使用该设备，测试点 TP76、TP77 对地的共模电压为 7V，在 TP76、TP77 之间输入 26.5mV 差模信号时，电路输出（U5A 1 脚）为 259mV，接近电路预期设计，但是当 TP76、TP77 输入差模信号为 1mV 时，电路输出（U5A 1 脚）只有 5mV，误差过大。

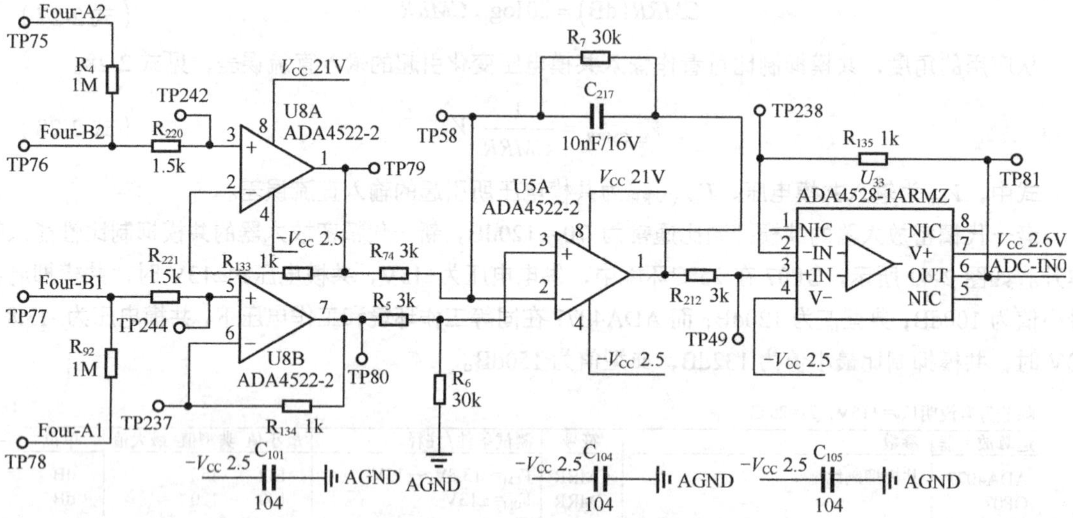

图 2-45　ADA4522-2 组建的差动电路

笔者即时给出电路分级测量定位故障的方法，而项目负责人当时不能完全理解逐级测试原理。坚持认为电路只有放大器和电阻，并且电阻的误差为 1%，电路在处理 1mV 的差分信号误差达到 50%，笃定是 ADA4522 芯片出现问题，没有使用推荐的测试方法。所以次日凌晨笔者邮件回复如下电路分析过程。

如图 2-46 所示，ADA4522-2 是零偏型放大器，在 25℃环境中，供电电源为 30V 时，失调电压最大值为 5μV，相比于 1mV 的电压影响可以忽略，输入偏置电流最大值为 150pA，输入失调电流最大值为 300pA，与输入侧电阻作用所产生的失调电压也可以忽略。

电气特性—30V电源

除非另有说明，V_{SY}=30V，V_{CM}=V_{SY}/2V，T_A=25℃

参数	符号	测试条件/注释	最小值	典型值	最大值	单位
输入特性						
失调电压	V_{OS}	$V_{CM}=V_{SY}/2$		1	5	μV
		$-40℃\leqslant T_A\leqslant+125℃$			7.2	μV
失调电压漂移	$\Delta V_{OS}/\Delta T$			4	22	nV/℃
输入偏置电流	I_b			50	150	pA
		$-40℃\leqslant T_A\leqslant+85℃$			300	pA
		$-40℃\leqslant T_A\leqslant+125℃$			3	nA
输入失调电流	I_{OS}			80	300	pA
		$-40℃\leqslant T_A\leqslant+85℃$			400	pA
		$-40℃\leqslant T_A\leqslant+125℃$			500	pA

图 2-46　ADA4522-2 的失调电压与偏置电流规格

根据图 2-45 所示第二级差动电路的传递函数推导如图 2-47 所示。如步骤三，关于项目负责人认为电路增益为 R_7 与 R_{74} 比值，建立条件为 R_5 与 R_{74}、R_6 与 R_7 完全一致。那么这四个匹配电阻使用 1%误差的器件，所导致电路的误差还会是 1%吗？

① $$\frac{V_{\text{out\_TP79}}}{R_7} = -\frac{V_{\text{TP79}}}{R_{74}} \Rightarrow V_{\text{out\_TP79}} = -\frac{R_7}{R_{74}} V_{\text{TP79}}$$

② $$\frac{V_{\text{out\_TP80}}}{R_7+R_{74}} = V_{\text{out\_TP80}} \cdot \frac{R_6}{R_5+R_6} \cdot \frac{1}{R_{74}} \Rightarrow V_{\text{out\_TP80}} = V_{\text{TP80}} \cdot \frac{R_6}{R_5+R_6} \cdot \frac{R_7+R_{74}}{R_{74}}$$

③ $$V_{\text{out}} = V_{\text{out\_TP79}} + V_{\text{out\_TP80}} = -\frac{R_7}{R_{74}} V_{\text{TP79}} + \frac{R_6}{R_5+R_6} \cdot \frac{R_7+R_{74}}{R_{74}} \cdot V_{\text{TP80}}$$

式③的化简条件为 $R_5=R_{74}$，$R_6=R_7$ $\Rightarrow$ $V_{\text{out}} = \frac{R_7}{R_{74}} \cdot (V_{\text{TP79}} - V_{\text{TP80}})$

图 2-47　第二级差动电路传递函数推导

通过 Excel 生成简化之前的电路传递函数，模拟测试点 TP79 输入 7V，TP80 输入 7.001V，R_5、R_{74} 保持为理想电阻，分组调整 R_6、R_7 的误差，计算差动电路标准传递函数的输出值（V_{o1}）和差动电路化简之后传递函数的输出值（V_{o2}），如图 2-48 所示。

结论如下。

（1）R_6、R_7 使用理想电阻，V_{o1} 与 V_{o2} 相同。

（2）R_6、R_7 调整为 1%误差电阻时，V_{o1} 为 0.136V，V_{o2} 为 0.0099V，两者差异巨大。

（3）R_6、R_7 调整为 0.1%误差电阻时，V_{o1} 为 0.0227V，V_{o2} 为 0.00999V，两者仍存在明显差异。

（4）R_6、R_7 调整为 0.01%误差电阻时（如 LT5400A），V_{o1} 为 0.01127V，V_{o2} 为 0.009999V，两者误差为 11%。

（5）R_6、R_7 调整为 0.0025%误差的精密电阻时（如 LT5400B 为例），V_{o1} 为 0.01031797V，V_{o2} 为 0.00999975V，两者误差为 3%。

H2　=(E2/(G2+E2))*((D2+F2)/F2)*B2-D2*A2/F2

	A	B	C	D	E	F	G	H	I	J
1	TP79对地电压 V	TP80对地电压 V	TP79,TP80差模计算值 V	R7 K	R6 K	R74 K	R5 K	U5A输出理论值 Vo1	B5A化简理论值 Vo2	备注
2	7	7.001	0.0010	30	30	3	3	0.01	0.01	理想电阻
3	7	7.001	0.0010	29.7	30.3	3	3	0.136044144	0.0099	1% 常规电阻
4	7	7.001	0.0010	29.97	30.03	3	3	0.02270753	0.00999	0.1% 精密电阻
5	7	7.001	0.0010	29.997	30.003	3	3	0.011271793	0.009999	0.01% 精密电阻 LT5400A
6	7	7.001	0.0010	29.99925	30.00075	3	3	0.01031797	0.00999975	0.0025%精密电阻 LT5400B

图 2-48　计算差动电路标准传递函数的输出值和电路简化后传递函数的输出值

项目负责人在原机型中，使用 LT5400 精密电阻替代原误差为 1%的电阻 R_5、R_{74}、R_6、R_7，整改设备顺利完成核心客户的测试验收。

该案例并非放大器自身共模抑制比不足导致的故障，而是由于差动电路的匹配电阻失配导致整个电路的共模抑制比远低于预期。共模抑制比的影响因素一部分来源于放大器内部，另一部分来源于应用电路，将在后面的小节分别介绍放大器内部影响共模抑制比的因素和放大电路中影响共模抑制比的因素。

2.4.3 影响放大器共模抑制比的因素

放大器内部电路对共模抑制比产生影响的因素，有如下几项。

（1）放大器输入级对称电路失配

图 2-49（a）所示为 P 沟道型放大器差分输入级电路。在于理想状态下，ΔR_D、Δg_m 恒为零，所以 V_{out1}、V_{out2} 针对于输入共模信号 $V_{in,CM}$ 的响应相同，使 V_{out1}、V_{out2} 之间差分输出为零。真实

放大器的源极或漏极电阻、正向跨导均存在失配情况。因此，在共模信号输入时，电路会在 V_{out1}、V_{out2} 中产生一个差模电压 ΔV_{out}。在电路工作过程中，ΔV_{out} 将叠加到输出端影响输出信号的质量，如图 2-49（b）所示。所以，每款放大器的数据手册中，共模抑制比都作为重要参数提供，以便工程师评估使用。

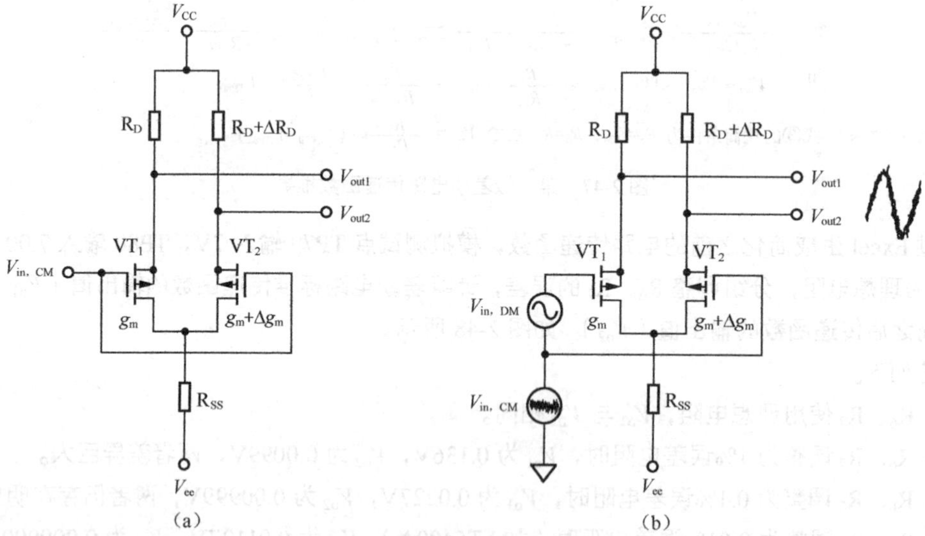

图 2-49　P 沟道型放大器的差分输入级电路

（2）拖尾恒流源寄生电容随频率变化而变化

如图 2-49 所示，R_{ss} 作为放大器输入级的拖尾电路结构，用于降低输入级电路不对称度的影响。R_{ss} 阻值越大电路性能越好，但是电阻阻值不能无穷大，且有小电流经它到地，所以可以使用恒流源电路代替 R_{ss}，如图 2-50 所示，由此提高拖尾电阻的阻值进而改善电路的不对称性能。但是拖尾恒流源存在寄生电容 C_1，它随频率变化而变化，会引起恒流源电流的变化，降低差分输入端的共模抑制能力。

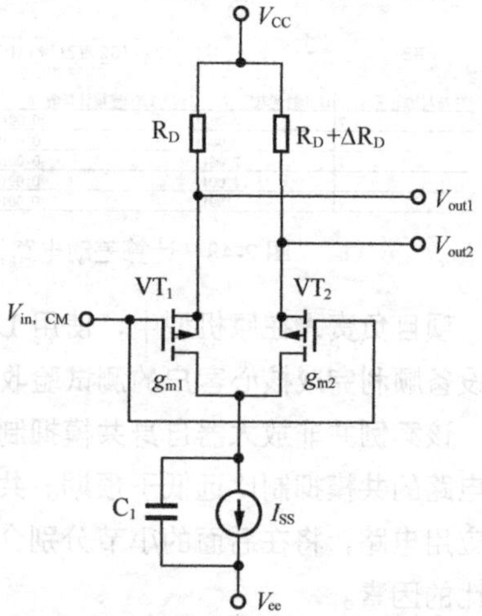

图 2-50　具有拖尾恒流源差分输入级的 P 沟道型放大器

图 2-51 所示为 ADA4077、OP07 数据手册中共模抑制比随频率变化的关系，在 10kHz 频率处 ADA4077 的共模抑制比保持在 100dB，OP07 的共模抑制比仅有 73dB。在同相放大电路中，输入信号幅值为 1V，频率为 10kHz，将会在此处产生的一个误差电压 V_{er_CMRR}，如图 2-52 所示，如果使用 ADA4077，V_{er_CMRR} 幅值为 10μV；如果电路使用 OP07，V_{er_CMRR} 幅值为 224μV，考虑电路的噪声增益，在输出端信号幅值分别为 20μV、448μV。

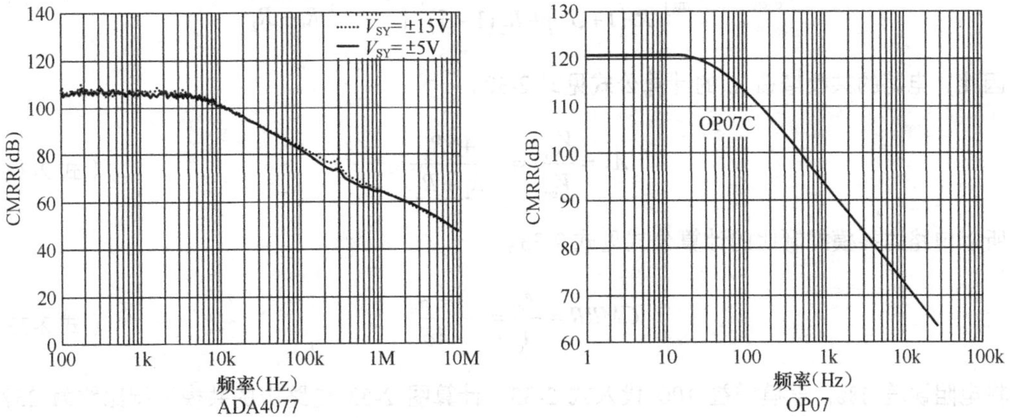

图 2-51　ADA4077、OP07 共模抑制比随频率变化的关系

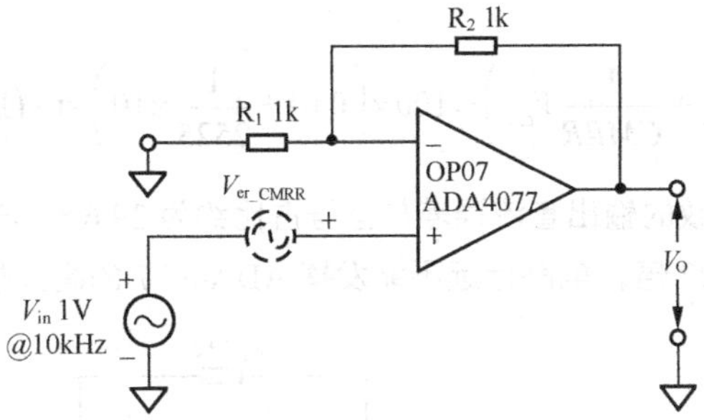

图 2-52　OP07 与 ADA4077 同相放大电路

2.4.4　电路共模抑制比与电阻误差

如 2.4.2 中案例分析所述，电阻误差导致电路共模抑制能力下降，是使用通用放大器组建差动放大电路和仪表放大电路的常见问题之一。工程师常常疑惑 1%误差的电阻对共模抑制比产生的影响有多大？本小节假定电路差模增益为 100 倍进行详细讨论。

如图 2-44 所示，假定电阻 $R_1 \sim R_4$ 是没有误差的电阻，则电路的 CMRR 值取决于放大器本身。输出信号计算公式见式 2-29。

$$V_O = A_d\left(V_{dm} + \frac{1}{CMRR}V_{cm}\right) \quad \text{（式 2-29）}$$

将 ADA4077 共模抑制比的典型值 150dB 代入式 2-29，可得误差与信号占比约为 0.0316‰。

$$V_O = 100\times\left(0.01\text{V} + \frac{1}{10^{7.5}}\times 10\text{V}\right) = 1\text{V}\times(1+0.0316‰)$$

将图 2-44 中电阻 $R_1 \sim R_4$ 的阻值误差设定为δ，电路如图 2-53 所示。由于δ远小于 1，故电路的差模增益 A_d 仍为 R_2 与 R_1 的比值，但是共模增益 A_c 变化很大。在共模输入信号 V_{cm} 作用下，输出信号 V_{o_cm} 的计算公式见式 2-30。

$$V_{o\_cm} = V_{cm}\left[\frac{R_2(1-\delta)}{R_1(1+\delta)+R_2(1-\delta)}\right]\left[1+\frac{R_2(1+\delta)}{R_1(1-\delta)}\right] - V_{cm}\left[\frac{R_2(1+\delta)}{R_1(1-\delta)}\right] \quad \text{（式 2-30）}$$

整理后，可得式 2-31。

$$V_{\mathrm{o\_cm}}=-V_{\mathrm{cm}}\left[\frac{4\delta R_2}{R_1\left(1+\delta^2\right)+R_2\left(1-\delta\right)^2}\right]\approx-V_{\mathrm{cm}}\frac{4\delta R_2}{R_1+R_2}\qquad\text{（式 2-31）}$$

因此，电路的共模增益 A_c 的计算公式见式 2-32。

$$A_C=\frac{V_{\mathrm{o\_cm}}}{V_{\mathrm{cm}}}=-\frac{4\delta R_2}{R_1+R_2}\qquad\text{（式 2-32）}$$

所以电路的共模抑制比的计算公式见式 2-33。

$$CMRR=\frac{A_d}{A_c}=-\frac{1+A_d}{4\delta}\qquad\text{（式 2-33）}$$

将电阻误差 1%，差模增益 100 代入式 2-33，计算图 2-53 电路中的共模抑制比约为 2525 倍（68dB）。

电路实际输出信号为：

$$V_O=A_d\left(V_{\mathrm{dm}}+\frac{1}{CMRR}V_{\mathrm{cm}}\right)=100\times\left(0.01+\frac{1}{2525}\times10\right)=1\times\left(1+39.6\%\right)$$

可见，由于电阻误差导致的输出直流误差与信号占比约为 39.6%，与 ADA4077 自身共模抑制比导致的误差相比增大了 12522 倍，电路远远不能发挥 ADA4077 的高共模抑制比的优势。

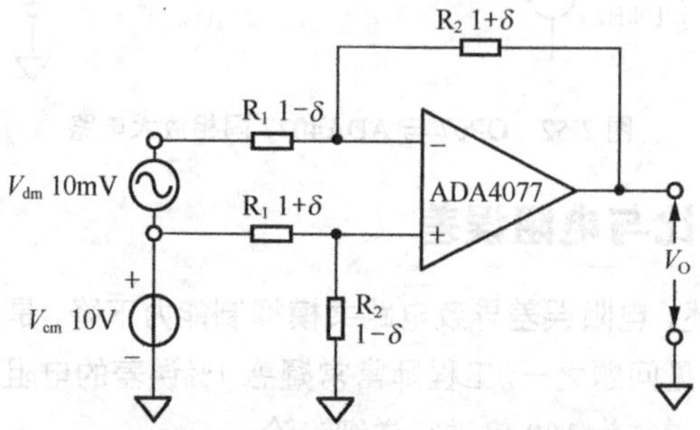

图 2-53　含有电阻误差的差动电路

2.4.5　电路共模抑制比与信号源阻抗

尽管新一代精密放大器的共模抑制比提升至 100 ~ 150dB，但是在设计中要实现数据手册中的性能，还需要下一番功夫。上一节已经介绍在差动放大电路设计中需要慎重处理匹配的电阻，而在差动电路设计中还有一个不可忽略的重点——信号源内阻。

如图 2-54 所示，将 R_{g1} 与 R_{g2} 值设定为 R_g，R_{f1} 与 R_{f2} 值设定为 R_f，电路差模增益 A_d（常态增益 A_{NF}）为 R_f 与 R_g 之比。当考虑信号源的输入阻抗因素时，电路实际的输出电压应由 A_{NF-}、A_{NF+}决定，两者满足式 2-34、式 2-35。

$$A_{NF-}=-\frac{R_{f1}}{R_{g1}+R_{s1}}\qquad\text{（式 2-34）}$$

$$A_{NF+}=\frac{R_{f2}}{R_{s2}+R_{g2}+R_{f2}}\cdot\frac{R_{s1}+R_{g1}+R_{f1}}{R_{g1}+R_{s1}}\qquad\text{（式 2-35）}$$

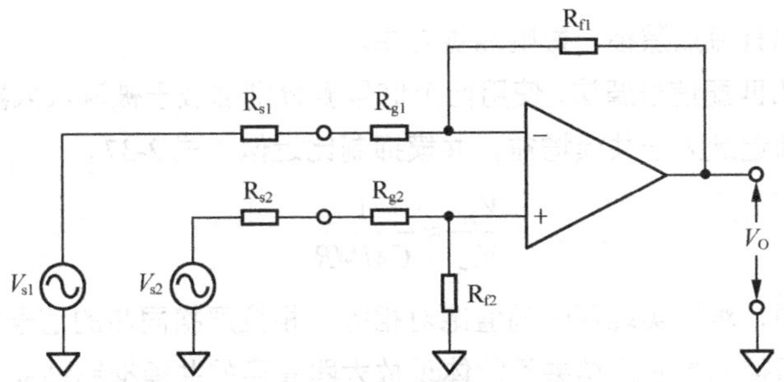

图 2-54 差分放大电路的信号源阻抗分析

假定信号源内阻 R_{s1}、R_{s2} 远小于 R_g 与 R_f 之和，电路的共模抑制比见式 2-36。

$$CMRR=\left|\frac{A_d}{A_c}\right|=\left|\frac{A_{NF-}}{A_{NF-}+A_{NF+}}\right|=\left|\frac{R_g+R_f+R_{s2}}{R_{s1}-R_{s2}}\right|\approx\left|\frac{R_g}{R_{s1}-R_{s2}}\right|\cdot(1+A_{NF}) \qquad (式 2-36)$$

当信号源内阻 R_{s1} 与 R_{s2} 的差值与 R_g 比值为 1%，A_{NF} 为 1 时，系统共模抑制比约为 40dB；A_{NF} 为 100 时，系统共模抑制比约为 80dB。

由此可见，信号源内阻之差越小，电路的共模抑制比越高，降低信号源内阻影响的方式为增加放大器的输入阻抗。但是直接增大 R_g、R_f，由温漂带来的失调电压也会随工作温度上升增大。所以有效降低信号源内阻影响的方式，是使用两个放大器作为输入缓冲器提高输入阻抗，如图 2-55 所示，改善后的差动电路与信号源构建系统的共模抑制比仅由 R_{g1}、R_{g2}、R_{f1}、R_{f2} 的误差 δ 决定。

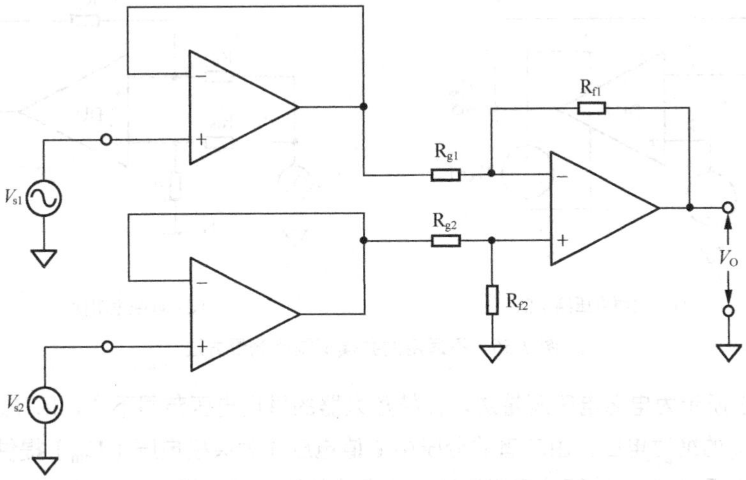

图 2-55 高输入阻抗差动电路

2.4.6 共模抑制比测量方法

放大器失调电压、偏置电流对电路造成的影响，可以在测试中调整设计电路完成对它们的检测。而共模抑制比测试的方法相对复杂，必须依靠辅助电路才能实现有效测量。

图 2-56 所示的 4 组共模抑制比测试电路，测试原理没有异议，但是在实际测量中无法得到有效的测量结果，主要原因在于对电路配套器件的规格要求极其苛刻，使这些测量方法缺乏可操作性。

例如，图 2-56（a）采用直接定义测量法测量差模增益和共模增益，再根据定义计算共模抑制比。电路中使用电感和电容形成低通滤波器，用作通直流、阻交流。在 CMOS 放大器电路中，常使用 1GΩ 电阻代替电感。如果双极型晶体管作为输入级的放大器，较大的基极电流在反馈电阻上的压降会导致整个环路产生很大的直流点漂移，影响测量结果。

图 2-56（b）所示为匹配信号源法，使用两个信号源分别加载于被测放大器的同相、反相输入端，由于放大器的差模增益远远大于共模增益，共模抑制比近似为式 2-37。

$$\frac{V_{\text{out}}}{V_{\text{cm}}} \approx \frac{1}{CMMR} \qquad \text{（式 2-37）}$$

但是在实际测试中，难以实现两个幅值绝对相等、相位严格同步的信号作为激励信号。而在失配的信号源激励下，所得到的测量结果不能体现放大器真实的共模抑制性能。

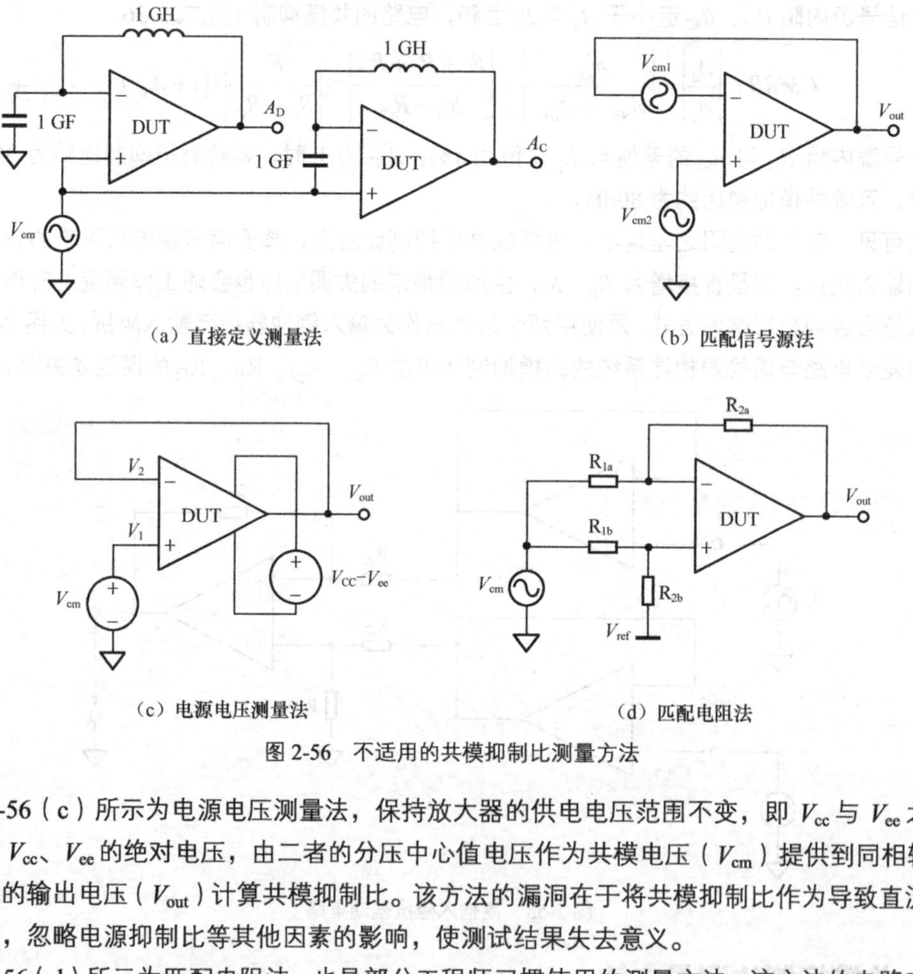

（a）直接定义测量法　　（b）匹配信号源法

（c）电源电压测量法　　（d）匹配电阻法

图 2-56　不适用的共模抑制比测量方法

图 2-56（c）所示为电源电压测量法，保持放大器的供电电压范围不变，即 V_{cc} 与 V_{ee} 之差为常量，调节 V_{cc}、V_{ee} 的绝对电压，由二者的分压中心值电压作为共模电压（V_{cm}）提供到同相输入端，根据对应的输出电压（V_{out}）计算共模抑制比。该方法的漏洞在于将共模抑制比作为导致直流误差的唯一因素，忽略电源抑制比等其他因素的影响，使测试结果失去意义。

图 2-56（d）所示为匹配电阻法，也是部分工程师习惯使用的测量方法，该方法的电路工作原理与测量误差分析已在 2.4.4 中阐述，本节不再赘述。如果使用该法测量 *CMRR* 大于 100dB 的放大器，需要误差小于 1ppm 的电阻进行匹配才能实现。

相比上述测量方法的不足，图 2-57 所示电路增加一款高开环增益、低失调电压、低偏置电流的辅助放大器 AMP，无须精密电阻就能实现放大器的共模抑制比的准确测量。

待测放大器（DUT）工作电压范围保持 30V 不变，但 V_{cc}、V_{ee} 的绝对电压通过开关 S_1、S_2 控制，由−25/+5V 切换到−5/+25V，由此为 DUT 提供±10V 输入共模电压，分别测量开关 S_1、S_2 切换前后的输出电压 V_{out}，并标记为 V_{out1}、V_{out2}，结合电路的噪声增益计算共模抑制比，见式 2-38。

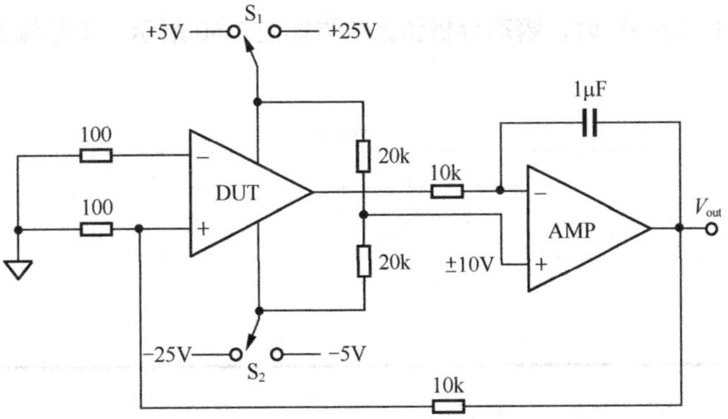

图 2-57 辅助运放-电源法测量共模抑制比电路

$$CMMR(\mathrm{dB}) = 20\log_{10}\left(G_{\mathrm{n}}\frac{V_{\mathrm{cc}}-V_{\mathrm{ee}}}{\left|V_{\mathrm{out1}}-V_{\mathrm{out2}}\right|}\right) \qquad \text{（式 2-38）}$$

针对图 2-57 共模抑制比测试电路，将 ADA4077 作为待测放大器（DUT），辅助放大器使用 LT1012AI，电阻误差为 1%。如图 2-58 所示，在 25℃环境中，电源电压±15V 工作时，LT1012IA 失调电压最大值为 25μV，偏置电流最大值为 100pA，开环电压增益典型值为 2000。

电气特性 除非另有说明，V_S=±15V，V_{CM}=0V，T_A=25℃

符号	参数	注释	LT1012AM/AC/AI 最小值	典型值	最大值	LT1012M/I 最小值	典型值	最大值	LT1012C 最小值	典型值	最大值	单位
V_{OS}	输入失调电压	(Note 3)		8 20	25 90		8 20	35 90		10 25	50 120	μV μV
I_b	输入偏置电流	(Note 3)		±25 ±35	±100 ±150		±25 ±35	±100 ±150		±30 ±40	±150 ±200	pA pA
A_{VOL}	开环电压增益	V_{OUT}=±12V，R_L≥10kΩ V_{OUT}=±10V，R_L≥2kΩ	300 300	2000 1000		300 300	2000 1000		200 200	2000 1000		V/mV V/mV

图 2-58 LT1012 失调电压、偏置电流与开环增益参数

使用 LTspice 进行仿真，当 V_{cc} 为+5V，V_{ee} 为−25V 时，瞬态分析仿真结果如图 2-59 所示。电路输出 V_{out1} 为 3.535mV。

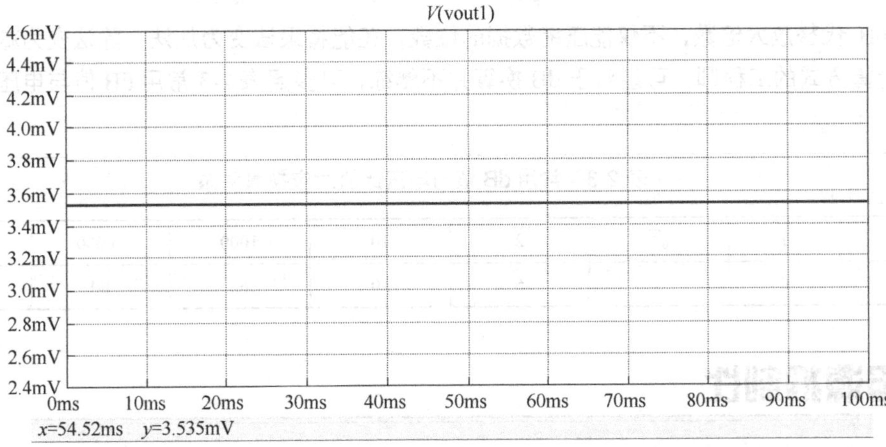

图 2-59 ADA4077 共模抑制比测试 V_{out1} 瞬态分析仿真结果

当 V_{cc} 为+25V，V_{ee} 为–5V 时，瞬态分析仿真结果如图 2-60 所示。电路输出 V_{out2} 为 3.609mV。

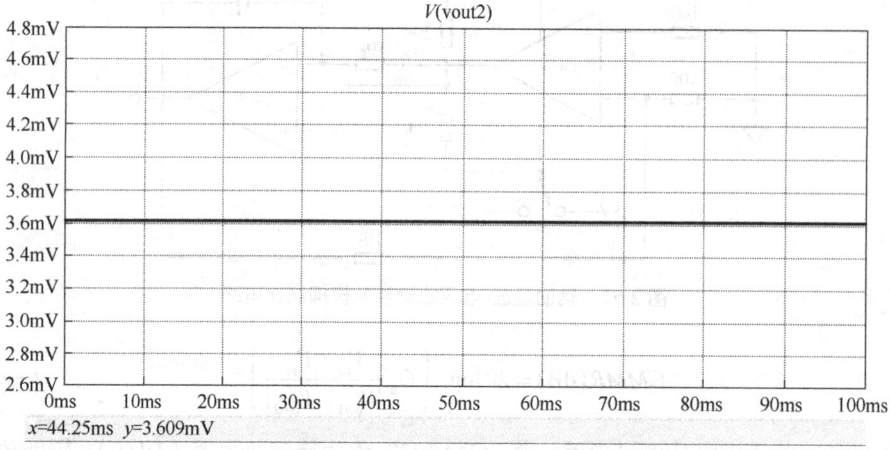

图 2-60 ADA4077 共模抑制比测试 V_{out2} 瞬态分析仿真结果

将上述仿真结果代入式 2-38，计算出 ADA4077 的共模抑制比为：

$$CMMR(\mathrm{dB})_{\mathrm{ADA4077}} = 20\log_{10}\left(101\times\frac{20\mathrm{V}}{|0.003535-0.003609|}\right) = 148.7\mathrm{dB}$$

仿真计算结果为 148.7dB，接近图 2-2 所示的 ADA4077 数据手册中共模抑制比的典型值 150dB。

2.4.7 单位——分贝

早期分贝（dB）用于衡量电话通信线路的损耗，经过一系列的演化之后，在放大器参数中成为共模抑制比、电源抑制比、开环增益的常用单位之一。在电路分析中对电压 V、电流 I、功率 P 计算 dB 值的方法见式 2-39。

$$\mathrm{dB}值 = 20\log_{10}\left(\frac{V_1}{V_2}\right) = 20\log_{10}\left(\frac{I_1}{I_2}\right) = 10\log_{10}\left(\frac{P_1}{P_2}\right) \qquad （式 2-39）$$

使用 dB 代替放大倍数，不仅能压缩数据的位数，还能将乘法变为加法，除法变为减法。习惯运用线性计算方式的工程师，可能对于 dB 换算并不熟练，可参照表 2-3 常用 dB 值与电压比值对应换算关系。

表 2-3 常用 dB 值与电压比值对应换算关系

V_1/V_2	1	$\sqrt{2}$	2	10	1000	10000	1000000
dB 值	0	3	6	20	60	80	120

2.5 电源抑制比

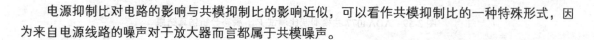

电源抑制比对电路的影响与共模抑制比的影响近似，可以看作共模抑制比的一种特殊形式，因为来自电源线路的噪声对于放大器而言都属于共模噪声。

2.5.1 电源抑制比定义及特性

电源抑制比（Power Supply Rejection Ratio，PSRR）定义为放大器的电源电压发生变化与所引起放大器输入误差变化的比值。以 dB 为单位，关系见式 2-40。

$$PSRR(\text{dB}) = 20\log_{10}\left|\frac{\Delta V_{\text{supply}}}{\Delta V_{\text{er\_PSRR}}}\right| \quad (式 2-40)$$

式中，ΔV_{supply} 代表放大器电源的变化量，对于双电源供电的放大器，分别代表正、负电源的变化量。$\Delta V_{\text{er\_PSRR}}$ 代表电源变化引起输入误差电压的变化量。如图 2-4 所示，ADA4077 电源抑制比为 128dB，代表电源变化 1V 时，输入误差电压变化 0.398μV。

放大器电源抑制比具有两个特点：

（1）电源抑制比随频率的上升而明显下降；

（2）放大器正、负电源的共模抑制比，随频率的上升抑制能力存在差异。

图 2-61 所示为 ADA4077 电源抑制比与频率的关系，从图中可以看出，正电源抑制比和负电源抑制比的曲线不重合。在±15V 电源供电时，在 100Hz 处的负电源电源抑制比约为 100dB，正电源电源抑制比约为 90dB。当频率超过 100kHz 时，正、负电源抑制比大幅下降 40～60dB。

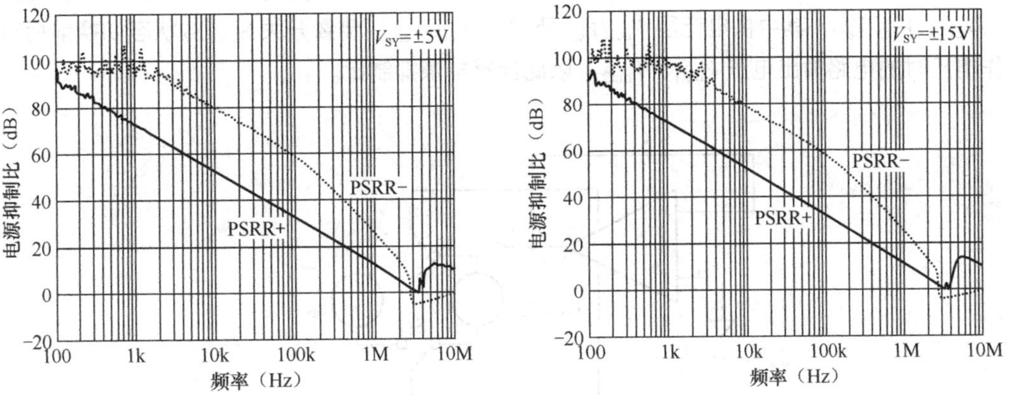

图 2-61　ADA4077 电源抑制比与频率的关系

如图 2-62 所示，使用频率为 400kHz 的开关电源，产生具有 20mV 纹波的+5V 电压为 ADA4077 供电。参阅图 2-61，ADA4077 在 400kHz 处的电源抑制比约为 20dB。所以在 ADA4077 输入端产生幅值为 2mV，频率为 400kHz 的噪声，折算到输出端是幅值为 4mV、频率为 400kHz 噪声。

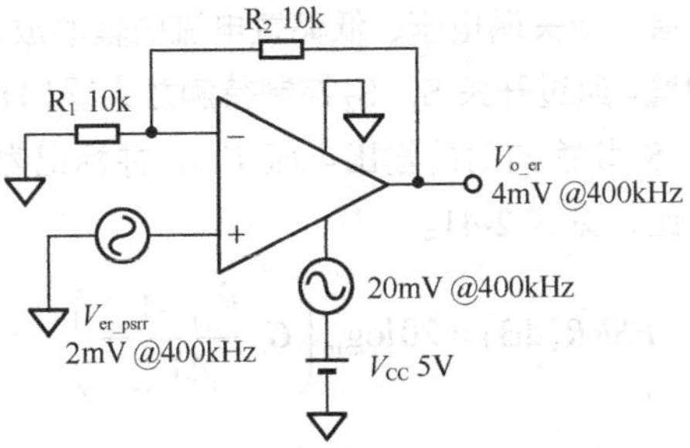

图 2-62　ADA4077 电源抑制比的评估电路

2.5.2 电源抑制比测量与仿真

2017 年 12 月初，一位负责测试设备的研发工程师希望寻找一款精密放大器代替当时使用的 OP27G，要求替代型号的工作电压范围兼容 OP27G，V_{os}、I_b、*CMMR* 近似或者优化，*PSRR* 需要明显改善。当时提供 ADA4522-2 和 ADA4177-1 的数据手册供工程师评估，相应参数对比如表 2-4 所示。

表 2-4 OP27G、ADA4177-1、ADA4522-2 直流参数对比

型号	25℃ *V*sy=±15V 典型值			
	PSRR（dB）	V_{os}（μV）	I_b（nA）	*CMRR*（dB）
OP27G	114	30	±10	120
ADA4177-1	145	2	–0.3	120
ADA4522-1	160	1	0.05	160

这是笔者接触到的第一个对放大器的电源抑制比有要求的案例。后期询问工程师需要提升该指标的缘由，工程师回复因为电源抑制比随频率上升而变差，在现有电路中，电源纹波已经影响放大器的输出信号，使用电源法测试 OP27G 的电源抑制比为 20dB 左右。

图 2-63 所示为电源法测量电源抑制比电路的原理。通过开关 S_1、S_2 控制放大器的工作电压分别为 V_{cc1}/V_{ee1}、V_{cc2}/V_{ee2}，其中供电范围 V_{cc1}/V_{ee1} 不同于 V_{cc2}/V_{ee2}，测量开关 S_1、S_2 状态切换前后对应不同工作电压时的电路输出电压 V_{out1}、V_{out2}，以此计算电源抑制比。

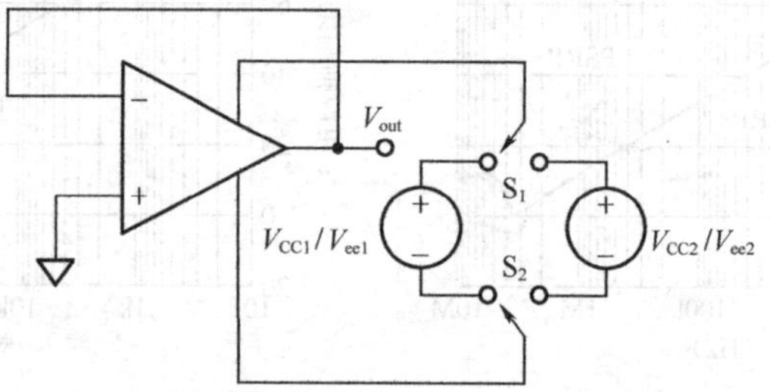

图 2-63 电源法测量电源抑制比电路的原理

该方法的问题在于将放大器电源抑制比因素视为导致误差的唯一原因，所以测量结果与真实情况相差甚远。另外，工程师其实清楚问题的根源在于开关电源工作中的纹波过大，对于该频率点的开关纹波，放大器已经丧失抑制噪声的能力。所以笔者建议改善电源性能。

另外，与工程师分析可行的电源抑制比测量方法，如图 2-64 所示。同样借助辅助放大器测量电源抑制比，需要使用高开环增益、低失调电压、低偏置电流的辅助放大器 AMP，无须精密电阻，实现放大器电源抑制比的准确测量。通过开关 S_1、S_2 控制待测放大器（DUT）的工作电压范围，由±15V 变为±14V。分别测量开关 S_1、S_2 切换前后的输出电压 V_{out}，并标记为 V_{out1}、V_{out2}，结合电路的噪声增益，计算放大器的电源抑制比，见式 2-41。

$$PSRR(\text{dB}) = 20\log_{10}\left(G_n \frac{V_{cc1}-V_{cc2}}{|\Delta V_{out}|}\right) \quad （式 2-41）$$

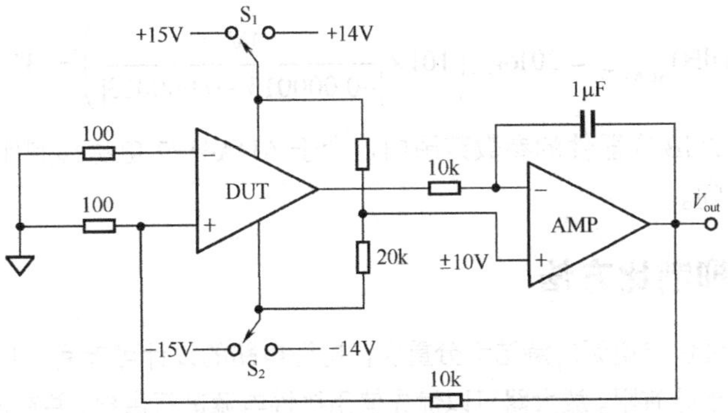

图 2-64　辅助运放-电源法测量电源抑制比电路

在图 2-64 中，将 ADA4177 作为待测器件，使用 LT1012 作为辅助放大器，电阻的误差为 1%。如图 2-58 所示，LT1012IA 在 25℃环境中，工作电压为±15V 时，V_{OS} 最大值为 25μV，I_b 最大值为 100pA，开环电压增益典型值为 2000。

当 ADA4177 供电电压 V_{cc1} 为+15V、V_{ee1} 为−15V 时，V_{out1} 瞬态分析仿真结果为−0.013mV，如图 2-65 所示。

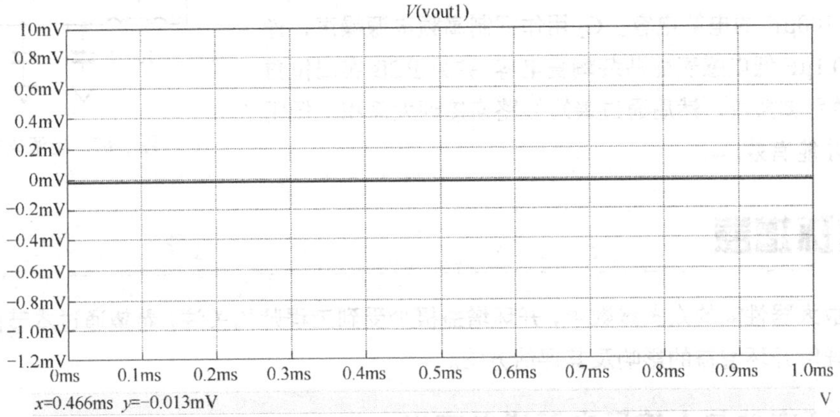

图 2-65　ADA4177 电源抑制比测试 V_{out1} 瞬态分析仿真结果

当 ADA4177 供电电压 V_{cc2} 为+14V、V_{ee2} 为−14V 时，V_{out2} 瞬态分析仿真结果为 0.013mV，如图 2-66 所示。

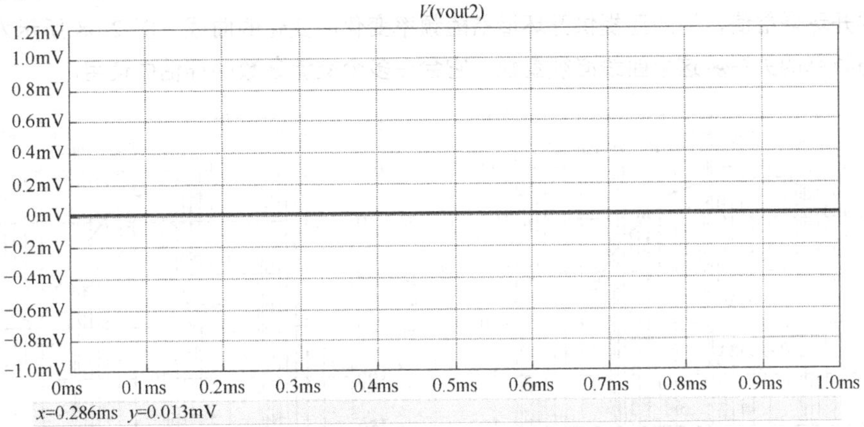

图 2-66　ADA4177 电源抑制比测试 V_{out2} 瞬态分析仿真结果

将上述结果，代入式 2-41，计算 ADA4177 的电源抑制比为:

$$PSRR(\text{dB})_{\text{ADA4177}} = 20\log_{10}\left(101\times\frac{1\text{V}}{|-0.000013-0.000013|}\right) = 131.7\text{dB}$$

仿真计算结果 131.7dB 在器件的参数范围内，介于 ADA4177 电源抑制比参数典型值（145dB）与最小值（125dB）之间。

2.5.3 提高电源抑制比方法

在模拟系统中，保证供电电源的清洁十分重要，电源电路的设计可参阅 4.1 节。在既定的电路中，提高电源抑制比的方式十分有限。放大器可以优先使用线性电源进行供电，并在电源路径增加滤波元件。

在复杂系统中为提高效率、降低功耗，常常使用开关电源作为系统电源。然而开关电源的频率通常在 50kHz 到 MHz 级，并且伴有纹波。放大器在高频率段的电源抑制比下降速度非常快。所以，开关电源产生的电压不能直接供给放大器，需要使用高电源抑制比的线性电源抑制纹波。

同时，为防止电源线路上无用能量耦合至放大器的输出，电源线路必须使用去耦电路，如图 2-67 所示。通常为电解电容、陶瓷电容的组合，部分情况下可能增加铁氧体磁珠。其中，C_1 用作瞬态电流的电荷库抑制低频噪声，通常为 10～100μF 的电解电容。C_2 用作抑制高频电源噪声，通常为 0.01～0.1μF 低电感表面贴装陶瓷电容，并且 PCB 布局位置紧邻 IC 电源引脚摆放，然后通过最短线路连接到大面积、低阻抗的地平面才能有效。

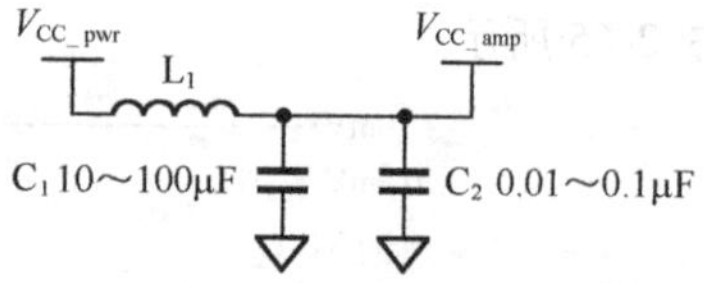

图 2-67 电源去耦电路

2.6 开环增益

在影响放大器性能的众多参数中，开环增益极少受到工程师的关注，希望通过本节内容的介绍，帮助工程师理解开环增益的影响及其评估方法。

2.6.1 开环增益与大信号电压增益定义

开环增益（Open-Loop Gain，A_{VO} 或 A_{vol}）是指不具负反馈情况下(开环状态)，放大器的输出电压改变量与两个输入端之间电压改变量之比，常以 dB 为单位。数据手册的参数表中，通常给出直流条件下的开环增益值，另外还提供开环增益随频率变化而变化的曲线。图 2-68 所示为 ADA4077 开环增益与频率的关系。这个曲线必须重视，它会在多个交流参数的评估中使用。

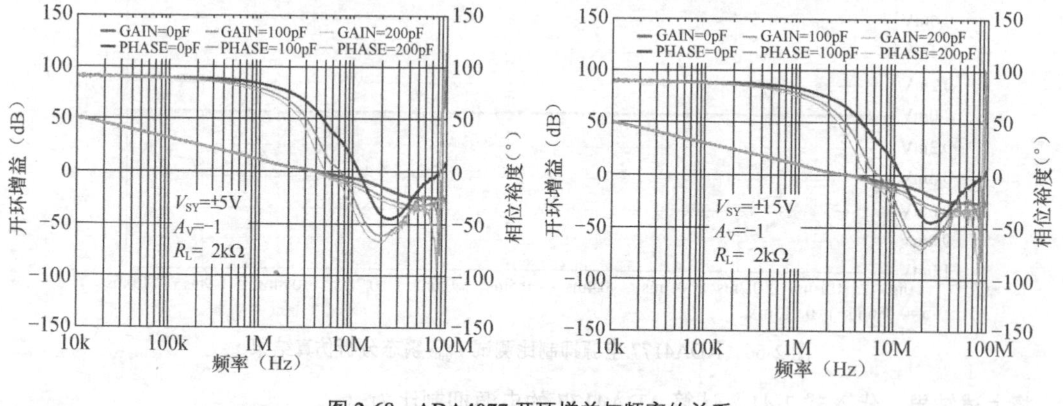

图 2-68 ADA4077 开环增益与频率的关系

与开环增益近似的参数是大信号电压增益（Large Signal Voltage Gain，A_V），定义为电路开环状态下，输出电压变化量与两个输入端之间电压变化量的比值。如图 2-2 所示，ADA4077 的大信号电压增益为 130dB（典型值）。两者的区别在于大信号电压增益 A_V 默认为有输出负载。它通常作为一种测试条件，用于输出阻抗、总谐波失真加噪声等参数的测试。

2.6.2 开环增益仿真

在开环增益的电路仿真中，使用通用放大器模型，与真实放大器模型存在明显的区别。图 2-69 所示为通用放大器模型，增益为–1 倍，反相输入端网络 b，与反馈端网络 a 处于断开状态。

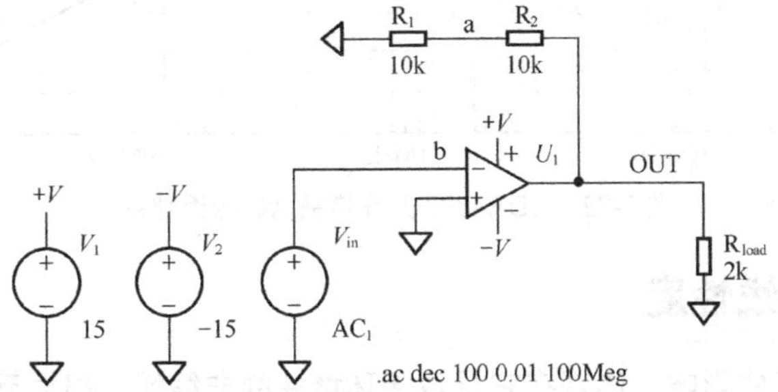

图 2-69　通用放大器模型开环增益的仿真电路

AC 分析结果如图 2-70 所示，从 10mHz 至 3Hz 范围的开环增益为 120dB；频率超过 10Hz 之后，频率每增加 10 倍，开环增益衰减 20dB，频率到 10MHz 处开环增益为 0dB。

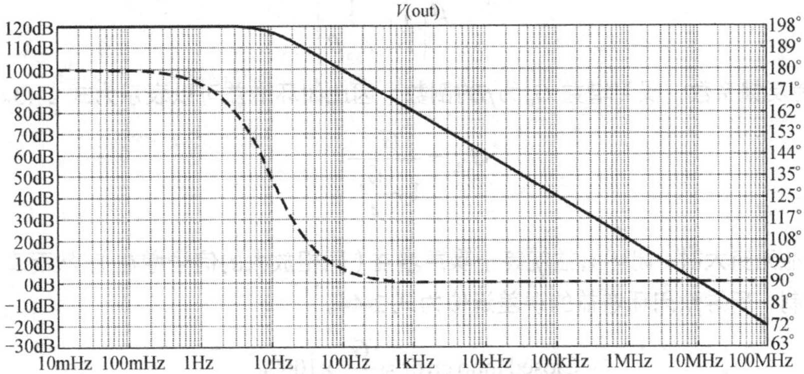

图 2-70　通用放大器模型放大器开环增益 AC 分析结果

图 2-69 中放大器的反相输入端缺少偏置电流回路，所以正确的仿真电路如图 2-71 所示。ADA4077 反相输入端（b 节点）与反馈端（a 节点）之间串联一个电感 L_1，在直流条件下 a、b 节点视为短路，交流状态下视为断路，满足 ADA4077 直流工作点和开环增益的仿真需求。

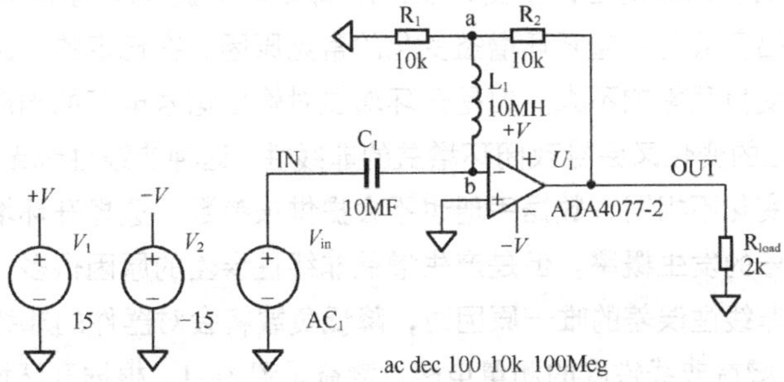

图 2-71　ADA4077 开环增益的仿真电路

AC 分析结果如图 2-72 所示，与图 2-68 ADA4077 在±15V 供电条件下的开环增益与频率图近似。

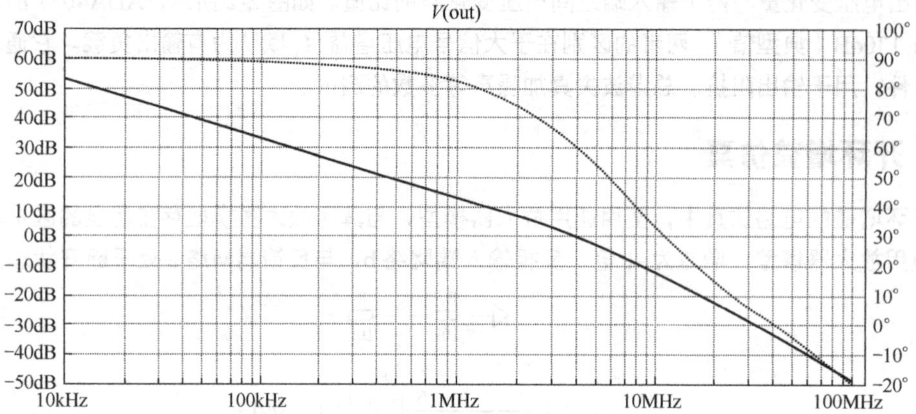

图 2-72　ADA4077 开环增益 AC 分析结果

2.6.3　开环增益与线性度

开环增益对电路性能的影响，体现在它导致闭环增益的非线性。根据反馈理论，闭环增益计算公式见式 2-42。

$$G_{\mathrm{CL}}=\frac{1}{\beta}\left[\frac{1}{1+\dfrac{1}{A_{\mathrm{vo}}\beta}}\right] \quad \text{（式 2-42）}$$

式中，β为反馈系数，噪声增益 G_{n} 为β的倒数，因此闭环增益可以表示为式 2-43。

$$G_{\mathrm{CL}}=\frac{G_{\mathrm{n}}}{1+\dfrac{G_{\mathrm{n}}}{A_{\mathrm{vo}}}} \quad \text{（式 2-43）}$$

当开环增益无穷大时，闭环增益就等于噪声增益（同相放大的信号增益）。然而真实放大器的开环增益存在限制，所导致闭环增益的误差近似为式 2-44。

$$\text{Closed loop error} \approx \frac{G_{\mathrm{n}}}{A_{\mathrm{vo}}}\times 100\% \quad \text{（式 2-44）}$$

以一款开环增益为 120dB（1000000 倍）的放大器为例，噪声增益为 100dB 时，闭环增益误差为 0.01%。如果开环增益保持不变，那么无须测量直接标定处理 0.01%的增益误差。但是开环增益受到工作环境影响产生变化时，便会引起闭环增益的不确定度。当示例中的放大器受工作环境影响，开环增益下降到 100dB 时，闭环增益误差变为 0.1%，即闭环增益误差的不确定度为 0.99%。

改变输出电压和输出负载是引起开环增益变化的常见原因。在已定的电路中，放大器的负载是固定的，因此开环增益受负载影响不大。但是开环增益对输出信号电压的响应随负载电流增大而增大。开环增益和信号电压的变化又会导致闭环增益的非线性，这种非线性也无法通过系统标定解决。

每个器件的非线性变化不相同，数据手册也不会提供该参数。选择开环增益值较大的放大器，可以减小增益非线性误差的发生概率。但是产生增益非线性误差的原因很多，其中最常见的是热反馈。当温度变化是造成非线性误差的唯一原因时，降低负载将会对器件的非线性变化有所帮助。

图 2-73 所示是开环增益非线性度的测量电路，增益设置为–1。根据开环增益的定义，当开环增

益很大时，整个输出电压变化范围的输入失调电压只有几毫伏。因此，使用 10Ω 电阻与 R_g(1MΩ) 分压，得到节点电压 V_Y 满足式 2-45。

$$V_Y = \left[1+\frac{R_g}{10\Omega}\right]V_{os} \tag{式 2-45}$$

其中，根据期望的 V_{os} 值选择 R_g 的大小。

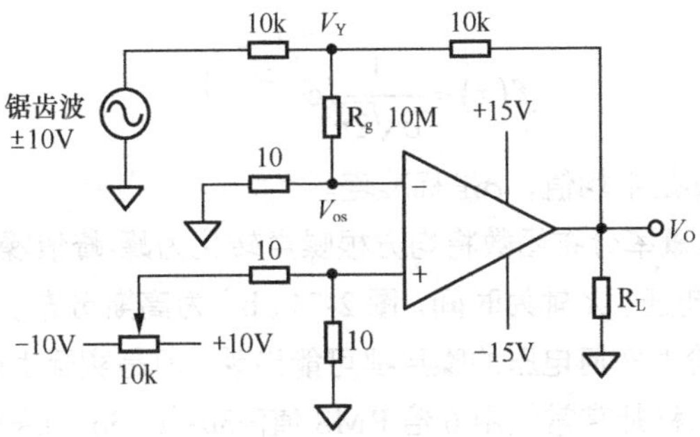

图 2-73　开环增益非线性度的测量电路

当输入幅值为±10V 的锯齿波信号，通过增益为−1 倍电路时，输出信号 V_O 电压范围在−10～+10V。由于放大器有失调电压，通过电位计将初始输出电压调整为 0V。该电路的开环增益为式 2-46。

$$A_{vo} = \frac{\Delta V_O}{\Delta V_{os}} = \left[1+\frac{R_g}{10\Omega}\right]\frac{\Delta V_O}{\Delta V_Y} \tag{式 2-46}$$

如果电路存在非线性，那么开环增益将随输出信号的幅值变化而变化。根据开环增益的最大值和最小值，开环增益非线性度的计算公式见式 2-47。

$$\text{Open loop gain uncertainty} = \frac{1}{A_{VO\_MIN}} - \frac{1}{A_{VO\_MAX}} \tag{式 2-47}$$

闭环增益的非线性度是开环增益非线性度与噪声增益的乘积，见式 2-48。

$$\text{Closed loop gain uncertainty} = G_n\left[\frac{1}{A_{VO\_MIN}} - \frac{1}{A_{VO\_MAX}}\right] \tag{式 2-48}$$

理想情况下，输入失调电压和输出电压的关系是斜率为常数的直线，并且开环增益等于斜率的倒数。斜率为零时，对应的开环增益无穷大。对于真实放大器，该斜率会受到非线性、热反馈等因素的影响，在整个输出范围内变化，甚至会改变符号。

2.7 电压噪声与电流噪声

电路中除了直流噪声，还存在许多形式的交流噪声。根据噪声源的不同，可以分为外部噪声（干扰噪声）和内部噪声（固有噪声）。本节主要介绍放大器内部噪声的分析方法。

2.7.1 统计学基础

设计中需要评估电路时域噪声的峰-峰值。而噪声是一个随机过程，幅度随时间变化而变化，无法预估一个噪声变量的瞬间值，但是可以在统计学基础上对噪声进行分析。

通过概率密度函数的积分计算概率分布函数，获得在一个已知时间区间内发生的概率，见式 2-49。

$$P(a<x<b)=\int_a^b f(x)\mathrm{d}x \quad \text{（式 2-49）}$$

式 2-49 表示随机变量 x 出现在 a 至 b 区间内的概率。$f(x)$ 为 x 在任意时间间隔内被测量到的概率，称为概率密度函数，见式 2-50。

$$f(x)=\frac{1}{\sigma\sqrt{2\pi}}\mathrm{e}^{\left[\frac{-(x-\mu)^2}{2\sigma^2}\right]} \quad \text{（式 2-50）}$$

式中，x 为随机常数，μ是平均值，σ是标准差。

电路噪声分析中，使用概率分布函数将均方根噪声转化为峰-峰值噪声。图 2-74（a）所示为时域噪声图，Y 轴为噪声输入电压，X 轴为时间，图 2-74（b）为高斯分布。高斯分布的两端小于 $\mu-3\sigma$，大于 $\mu+3\sigma$ 是无限延伸，理论上任何电压的噪声都可能出现，但是实际上瞬间产生极大电压的噪声的概率小于 0.3%。所以部分工程师常常使用 6 倍 RMS 值[$+3\sigma-(-3\sigma)$]来评估噪声的峰-峰值，其实 6 倍并非唯一标准。表 2-5 提供了常用噪声 RMS 值与峰-峰值的换算系数及概率，方便工程师使用（注：换算的前提是 RMS 值等于标准差，即没有直流成分）。

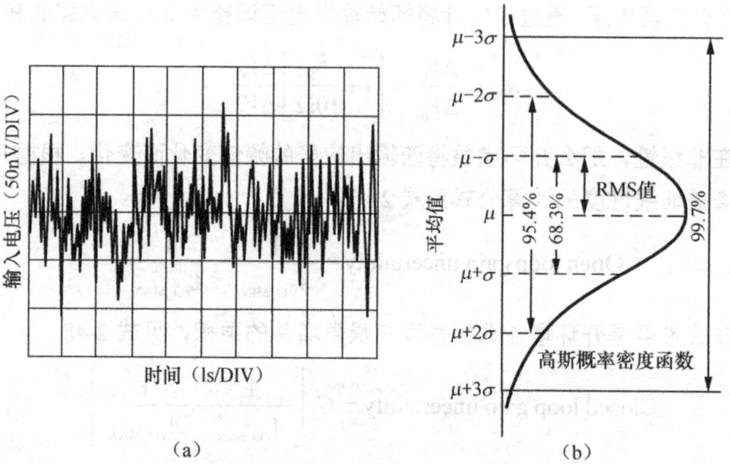

图 2-74 时域噪声与高斯分布

表 2-5 常用噪声 RMS 值与峰-峰值换算系数及概率

标准差	±σ	±1.5σ	±2σ	±2.576σ	±3σ	±3.3σ	±4σ
换算系数	2RMS	3RMS	4RMS	5.142RMS	6RMS	6.6RMS	8RMS
概率	68%	87%	95.45%	99%	99.73%	99.90%	99.994%

统计学在噪声分析的另一个应用是不相关噪声的叠加。例如，分析放大器电压噪声、电流噪声所产生的电路总噪声时，使用毕达哥拉斯定理来叠加两个不相关的向量，见式 2-51。

$$e_{\mathrm{nT}}=\sqrt{e_{\mathrm{n1}}^2+e_{\mathrm{n2}}^2} \quad \text{（式 2-51）}$$

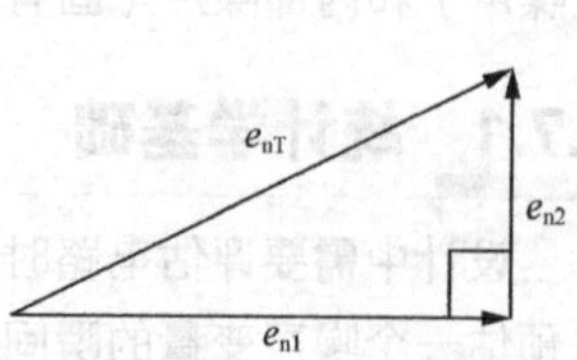

图 2-75 噪声叠加的数学模型

数学模型如图 2-75 所示，可以发现当噪声源不均衡时，降低幅度较大的噪声源能够有效降低总噪声。例如，两个独立噪声源的 RMS

值分别为 10μV、6μV，代入式 2-47，计算二者共同作用所产生的总噪声为 11.66μV，仅比幅度较大的噪声源高 11.66%。

2.7.2 噪声密度与带宽

噪声参数常常以噪声密度的方式给出，即每平方根赫兹 $\left(\sqrt{\text{Hz}}\right)$ 测量到的 RMS 值噪声。例如，电阻的热噪声 RMS 值（100MHz 以下）计算公式见式 2-52。

$$e_n = \sqrt{4kTR\Delta f} \quad \text{（式 2-52）}$$

其中，T 是以 K 为单位的温度，R 是以Ω为单位的电阻，Δf 是以 Hz 为单位的噪声带宽，k 是波尔兹曼常数。将该函数式变为噪声密度的形式，见式 2-53。

$$\frac{e_n}{\sqrt{\Delta f}} = \sqrt{4kTR} \quad \text{（式 2-53）}$$

如表 2-6 所示，这是 25℃环境中电阻的噪声密度，方便进行近似估算。

表 2-6　25℃环境中电阻噪声密度换算

电阻阻值 kΩ	1	4	9	16	25	36	49	64	81	100
噪声密度 $nV/\sqrt{Hz}$	4	8	12	16	20	24	28	32	36	40

电阻热噪声的特性是所有频率上的能量分布相同，即噪声密度是一条平坦的直线。它的 RMS 值与噪声带宽的平方根成正比，随着噪声带宽的增加，电阻的热噪声将成为电路噪声的主要构成因素，所以在电路中需要低通滤波器。理想的低通滤波器为砖墙式滤波器，但是在实际设计中无法实现，只能增加滤波器的阶数，使其接近砖墙滤波器。

如图 2-76 所示，信号的带宽为 f，理想砖墙滤波器的带宽为 f_n，超出 f_n 频率的信号全部被衰减超过 80dB。实际一阶滤波器的衰减十分缓慢，截止频率 f_{H1} 是信号带宽的 1.57 倍。随着滤波器阶数增加衰减能力增强。表 2-7 提供了常用滤波器阶数与噪声带宽比。

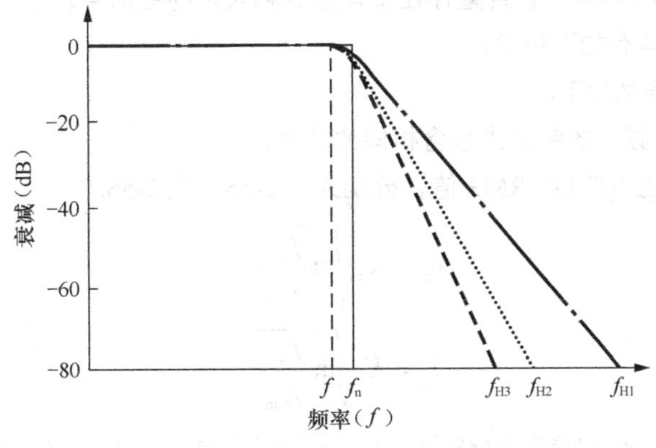

图 2-76　实际滤波器与砖墙滤波器对比

表 2-7　滤波器阶数与噪声带宽比

滤波器阶数	1	2	3	4	5
噪声带宽比	1.57	1.22	1.16	1.13	1.12

2.7.3 半导体噪声类型与计算

与半导体有关的噪声包括突发噪声、雪崩噪声、闪变噪声、宽带噪声，其中闪变噪声和宽带噪声在放大器设计中不可回避。

（1）突发噪声又称爆裂噪声。早期的半导体工艺不足，导致材料中有缺陷。目前使用的新型清洁工艺消除了这种噪声。

（2）雪崩噪声。在齐纳二极管电路中，由于 PN 结的齐纳击穿而引起的雪崩噪声。

（3）散弹噪声又称肖特基噪声、量子噪声。由导体内部带电粒子随机运动产生的起伏电压。当电子遇到势垒（半导体中的 PN 结），开始积蓄势能，当积聚的势能足够大时，它会突然越过势垒，并将积聚的势能变换为动能。散弹噪声的主要特征包括：

1）散弹噪声与电流流动相关，电流停止时散弹噪声停止；

2）散弹噪声与温度无关；

3）散弹噪声具有均匀的概率密度；

4）散弹噪声存在于包括半导体在内的任何导体中；

5）散弹噪声的均方根电压见式 2-54。

$$e_{sh} = kT\sqrt{\frac{2\Delta f}{qI_{DC}}} \quad \text{（式 2-54）}$$

其中，T 是以 K 为单位的温度，Δf 是以 Hz 为单位的噪声带宽，k 是波尔兹曼常数，q 是一个电子的带电量，I_{DC} 是平均的直流电流。

例如，当一个 PN 结在室温环境下流过 1mA 电流，其在 10Hz ~ 1kHz 范围内所产生噪声 RMS 值为：

$$e_{sh} = 1.38\times10^{-23}\times298\sqrt{\frac{2\times(1000-10)}{1.6\times10^{-19}\times1\times10^{-3}}} = 0.4\text{nV}$$

基于上述条件，散弹噪声 RMS 值仅为 0.4nV。nV 级的噪声在精密放大电路的噪声评估中可以忽略。

（4）闪变噪声又称 $1/f$ 噪声。它普遍存在于自然界和人类的生活中，在放大器中主要与半导体晶体结构不完美有关。它具有如下特性：

1）$1/f$ 噪声随频率增加而下降；

2）每倍频（或十倍频）的带宽内包含相同的功率。

放大器电压、电流的 $1/f$ 噪声 RMS 值，分别为式 2-55、式 2-56。

$$e_n = K_e\sqrt{\ln\frac{f_{max}}{f_{min}}} \quad \text{（式 2-55）}$$

$$I_n = K_i\sqrt{\ln\frac{f_{max}}{f_{min}}} \quad \text{（式 2-56）}$$

式中，e_n、I_n 是测量到 $1/f$ 噪声 RMS 值，K_e、K_i 是比例常数，f_{max}、f_{min} 是频带的上下限频率点。

（5）宽带噪声，一个带宽内噪声功率为恒定值的噪声，即噪声密度为常数。宽带噪声、散弹噪声、电阻热噪声可近似认为是白噪声。之所以称为白噪声，因为与白色光有相近之处。在白色光中，所用的颜色都是等量的。

放大器电压、电流的宽带噪声 RMS 值见式 2-57 和式 2-58。

$$e_n = e_{wn}\sqrt{f_{max} - f_{min}} \quad \text{（式 2-57）}$$

$$I_n = I_{wn}\sqrt{f_{max} - f_{min}} \quad （式 2-58）$$

其中，e_{wn}、I_{wn} 分为电压噪声密度与电流噪声密度。

图 2-77 为放大器噪声与频率特性，X 轴代表频率，单位为 Hz；Y 轴代表电压噪声密度，或者电流噪声密度，单位通常为 $nV/\sqrt{Hz}$，$pA/\sqrt{Hz}$。在低频率范围内，以 $1/f$ 噪声是总噪声的主要成分；在高频范围内，以宽带噪声为总噪声的主要成分。将 $1/f$ 噪声曲线向高频延伸，宽带噪声向低频延伸，在二者的交点，$1/f$ 噪声与宽带噪声幅度相等，该点频率称为"转角频率 f_{nc}"。该点的总噪声为 $\sqrt{2}$ 倍的宽带噪声。

f_{nc} 的位置与总噪声计算相关，需要精确计算，步骤如下：

（1）计算最低频率上的 $1/f$ 噪声的平方，将它减去宽带噪声的平方，结果乘以最低频率，即为该频率点 $1/f$ 噪声的平方值。

（2）将最低频率点 $1/f$ 噪声的平方值除以宽带噪声的平方值，所得结果为 f_{nc}。

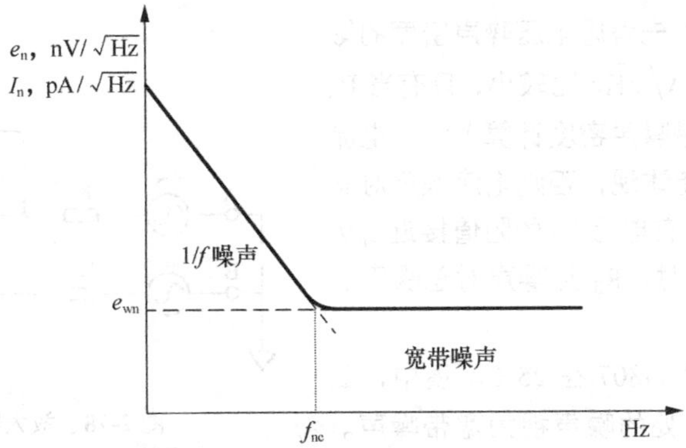

图 2-77　放大器噪声与频率特性

以 ADA4077 的电压噪声为例，通过 $1/f$ 噪声密度与宽带噪声密度计算 1Hz ~ 1kHz 总噪声的 RMS 值。

如图 2-6 所示，ADA4077 在 1Hz 处电压噪声密度为 $13\,nV/\sqrt{Hz}$，在 1kHz 处电压噪声密度为 $6.9\,nV/\sqrt{Hz}$。1Hz 可视为电压 $1/f$ 噪声的最低频率，1kHz 的噪声可视为宽带噪声，计算转角频率。

$$(1/f\text{噪声})^2\ \text{在1Hz} = \left[\left(\frac{13\text{nV}}{\sqrt{\text{Hz}}}\right)^2 - \left(\frac{6.9\text{nV}}{\sqrt{\text{Hz}}}\right)^2\right] \times 1\text{Hz} = 121.39(\text{nV})^2$$

$$f_{nc} = \frac{(1/f\text{噪声})^2\ \text{在1Hz}}{(\text{宽带噪声})^2} = \frac{121.39(\text{nV})^2}{\left(\frac{6.9\text{nV}}{\sqrt{\text{Hz}}}\right)^2} = 2.54\text{Hz}$$

将转角频率、$1/f$ 噪声密度、宽带噪声密度代入式 2-51、式 2-53，计算 1Hz 至 1kHz 的总噪声 RMS 值为：

$$e_n = e_{wn}\sqrt{f_{nc}\ln\frac{f_{nc}}{f_{min}}} + e_{wn}\sqrt{(f_{max} - f_{min})}$$

$$= \frac{6.9\text{nV}}{\sqrt{\text{Hz}}}\sqrt{2.54\text{Hz}\times\ln\frac{2.54\text{Hz}}{1\text{Hz}} + (1000\text{Hz} - 1\text{Hz})} = 218\text{nV}$$

2.7.4　放大电路总噪声的评估与仿真

本小节结合仿真分析放大电路不同状态下电阻噪声、电流噪声、电压噪声对总噪声的影响，帮助工程师了解电路总噪声的评估方法。

如图 2-78 所示，当信号从 A 点引入，电路视为反相放大电路，增益为$-R_2/R_1$；当信号从 B 点引入，电路视为同相放大电路，增益为 $1+R_2/R_1$，而噪声增益都为 $1+R_2/R_1$。电路折算到输入端的总噪声 RMS 值 e_{n_RTI} 见式 2-59。

$$e_{n\_RTI}=\sqrt{e_{nA}^2+e_{nR3}^2+I_{n+}^2R_3^2+e_{nR1}^2\left(\frac{R_2}{R_1+R_2}\right)^2+\frac{e_{nR2}^2}{G_n^2}+I_{n-}^2\left(\frac{R_1R_2}{R_1+R_2}\right)^2} \quad （式 2-59）$$

其中，e_{nR1}、e_{nR2}、e_{nR3} 为电阻 R_1、R_2、R_3 的热噪声，e_{nA} 为放大器的电压噪声，I_{n+}、I_{n-}为放大器的同相、反相输入端的电流噪声。在均方根计算中，I_{n-}、e_{nR1}、e_{nR2} 项的影响可以忽略，折合到输入端的总噪声 RMS 值近似计算见式 2-60。

$$e_{n\_RTI}\approx\sqrt{e_{nA}^2+e_{nR3}^2+I_{n+}^2R_3^2} \quad （式 2-60）$$

在式 2-60 中，通常优先考虑电压噪声密度的影响，而电流噪声密度为 $\mathrm{pA}/\sqrt{\mathrm{Hz}}$ 比较小，只有当 R_3 电阻值大于 e_n/I_n（按宽带噪声密度计算）时，电流噪声对总噪声的影响才能体现，否则电流噪声对总噪声的影响可以忽略。只有电阻 R_3 的阻值接近 e_n/I_n（按宽带噪声密度计算）时，R_3 热噪声对总噪声的影响比较明显。

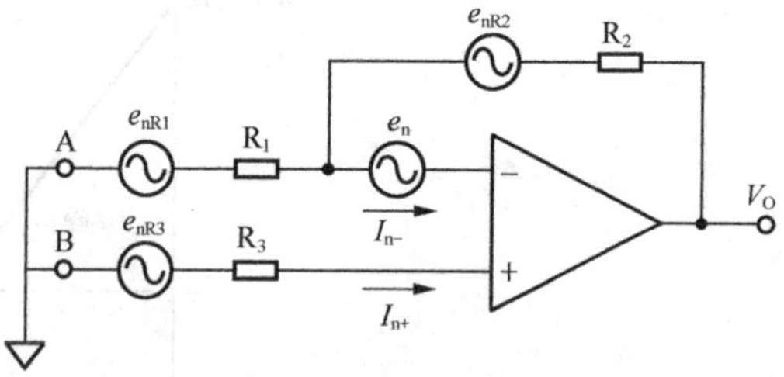

图 2-78　放大器电路的噪声模型

如图 2-79 所示，ADA4807 在 25℃环境中，工作电压±5V 时，100kHz 处的噪声视为宽带噪声。电压宽带噪声为 $3.1\,\mathrm{nV}/\sqrt{\mathrm{Hz}}$，电流宽带噪声为 $0.7\,\mathrm{pA}/\sqrt{\mathrm{Hz}}$，所以当 R_3 电阻远小于 4.4kΩ 时，电压噪声为主要成分；R_3 电阻为 4.4kΩ 时，热噪声为主要成分；当 R_3 电阻远大于 4.4kΩ 时，电流噪声为主要成分。数据手册另外提供电压 $1/f$ 噪声转角频率为 29Hz，提供电流 $1/f$ 噪声转角频率为 2kHz。

使用 ADA4807 组建图 2-78 所示的放大电路，电阻 R_1 为 100Ω，电阻 R_2 为 900Ω，分别设置 R_3 的阻值为 0Ω、4.4kΩ、440kΩ 并计算电路的总输入噪声。其中，10Hz 为 $1/f$ 噪声的最低频率点，100kHz 的噪声为宽带噪声，评估各种状态下输入端噪声密度，如表 2-8 所示。

表 2-8　源阻抗 R_3 对主要噪声的影响

	R_3 阻值		
	0Ω	4.4kΩ	440kΩ
运放电压噪声（$\mathrm{nV}/\sqrt{\mathrm{Hz}}$）	3.1	3.1	3.1
运放电流噪声 × R_3（$\mathrm{nV}/\sqrt{\mathrm{Hz}}$）	0	3.08	308
R_3 热噪声（$\mathrm{nV}/\sqrt{\mathrm{Hz}}$）	0	8.39	83.9

输入电压噪声	f=100kHz	3.1	$\mathrm{nV}/\sqrt{\mathrm{Hz}}$
	f=1kHz	3.3	$\mathrm{nV}/\sqrt{\mathrm{Hz}}$
	f=10Hz	5.8	$\mathrm{nV}/\sqrt{\mathrm{Hz}}$
输入电压噪声 $1/f$ 转角频率		29	Hz
输入电流噪声	f=100kHz	0.7	$\mathrm{pA}/\sqrt{\mathrm{Hz}}$
	f=10Hz	10	$\mathrm{pA}/\sqrt{\mathrm{Hz}}$
输入电流噪声 $1/f$ 转角频率		2	kHz

图 2-79　ADA4807 电流噪声与电压噪声

依据表 2-8 中的 3 种情况，分别计算电路总噪声以及使用 LTspice 进行噪声分析。

（1）如图 2-80 所示，当源阻抗为 0Ω 时，ADA4807 电压噪声为主体影响因素，折算到输出的噪声为

$$(\text{电压}1/f\text{噪声})^2\ \text{在}10\text{Hz}=\left[\left(\frac{5.8\text{nV}}{\sqrt{\text{Hz}}}\right)^2-\left(\frac{3.1\text{nV}}{\sqrt{\text{Hz}}}\right)^2\right]\times 10\text{Hz}=240.3(\text{nV})^2$$

$$f_{\text{nc\_en}}=\frac{(\text{电压}1/f\text{噪声})^2\ \text{在}10\text{Hz}}{(\text{宽带噪声})^2}=\frac{240.3(\text{nV})^2}{\left(\frac{3.1\text{nV}}{\sqrt{\text{Hz}}}\right)^2}=25\text{Hz}$$

$$e_{\text{n1}}(\text{TRO})=10\times\frac{3.1\text{nV}}{\sqrt{\text{Hz}}}\times\sqrt{25\text{Hz}\times\ln\frac{25\text{Hz}}{10\text{Hz}}+(100000-10)}=9.8037\mu\text{V}$$

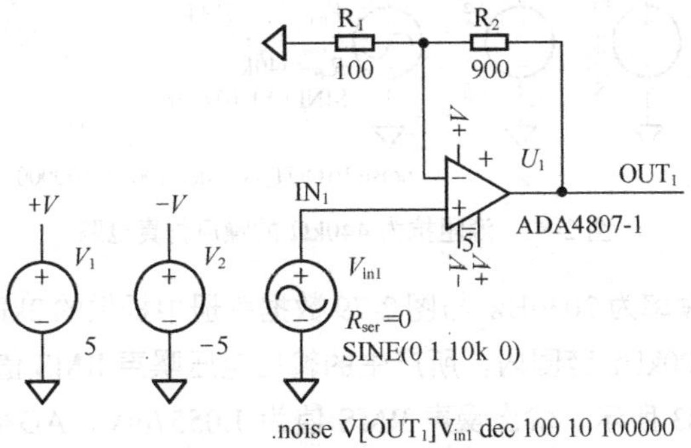

图 2-80　源阻抗为 0Ω 的噪声仿真电路

通过计算，电压噪声的转角频率为 25Hz，与图 2-79 数据手册中提供的 29Hz 接近，当源阻抗为 0Ω 时，ADA4807 在 10Hz ~ 100kHz 范围内，所产生的输出噪声电压 RMS 值约为 9.8037μV。

噪声分析结果如图 2-81 所示，输出噪声电压 RMS 值为 10.27μV，ADA4807 电压噪声对总噪声的影响约为 95%。

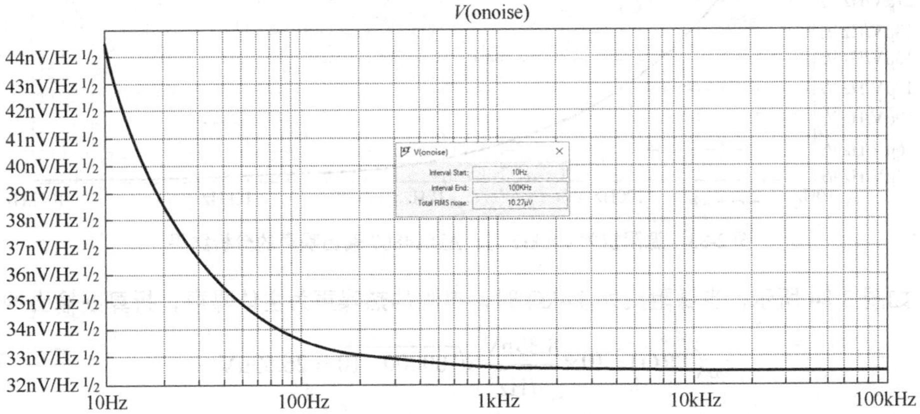

图 2-81　源阻抗为 0Ω 时，ADA4807 输出噪声分析结果

（2）如图 2-82 所示，当源阻抗为 440kΩ 时，电流噪声为主体影响因素，折算到输出的噪声为：

$$(\text{电流}1/f\text{噪声})^2\ \text{在}10\text{Hz}=\left[\left(\frac{440\times 10\text{nV}}{\sqrt{\text{Hz}}}\right)^2-\left(\frac{440\times 0.7\text{nV}}{\sqrt{\text{Hz}}}\right)^2\right]\times 10\text{Hz}=192651360(\text{nV})^2$$

$$f_{\mathrm{nc\_In}}=\frac{\left(\text{电流}1/f\text{噪声}\right)^2\text{在}10\mathrm{Hz}}{\left(\text{宽带噪声}\right)^2}=\frac{192651360\left(\mathrm{nV}\right)^2}{\left(\dfrac{308\mathrm{nV}}{\sqrt{\mathrm{Hz}}}\right)^2}=2030\mathrm{Hz}$$

$$e_{\mathrm{n2}}\left(\mathrm{TRO}\right)=10\times\frac{308\mathrm{nV}}{\sqrt{\mathrm{Hz}}}\times\sqrt{2030\mathrm{Hz}\times\ln\frac{2030\mathrm{Hz}}{10\mathrm{Hz}}+\left(100000-10\right)}=1.025\mathrm{mV}$$

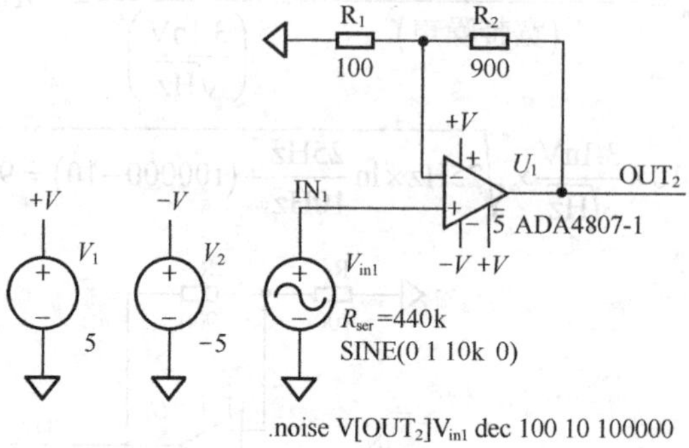

图 2-82　源阻抗为 440kΩ 的噪声仿真电路

计算电流噪声的转角频率为 2030Hz，与图 2-79 数据手册中提供的 2kHz 近似，当源阻抗为 440kΩ 时，ADA4807 在 10Hz ~ 100kHz 范围内，所产生的输出电压噪声 RMS 值约为 1.025mV。

噪声分析结果如图 2-83 所示，输出噪声 RMS 值为 1.0557mV，ADA4807 电流噪声对总噪声的影响约为 91%。

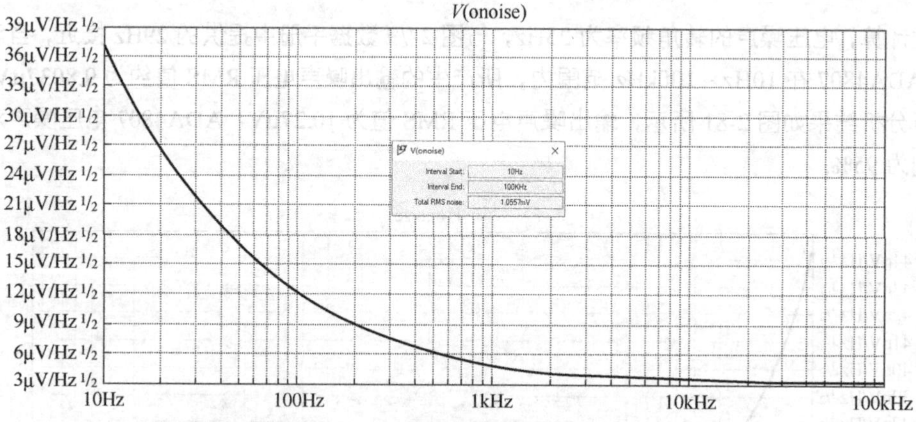

图 2-83　源阻抗为 440kΩ 时，ADA4807 输出噪声的分析结果

（3）如图 2-84 所示，当源阻抗为 4.4kΩ 时，电阻的热噪声为主体噪声，折算到输出的噪声为

$$e_{\mathrm{n3}}\left(\mathrm{TRO}\right)=10\times\frac{8.39\mathrm{nV}}{\sqrt{\mathrm{Hz}}}\sqrt{100000-10}=26.53\mu\mathrm{V}$$

在 10Hz ~ 100kHz 范围内，电阻热噪声所导致的输出噪声电压 RMS 值为 26.53μV。

噪声分析结果如图 2-85 所示，输出噪声 RMS 值为 31.191μV，电阻热噪声对总噪声的影响约为 85%。

通过计算与仿真的对比，可以更清晰地掌握放大器的电压噪声、电流噪声以及电阻噪声的评估方法。在精密测量电路中应该控制电阻的阻值。单一主体噪声因素评估，适用于低源阻抗和高源阻抗模式。对于源阻抗接近 e_n/I_n（按宽带噪声密度计算）时，使用单一主体噪声因素评估，会导致评估结果偏差增大。

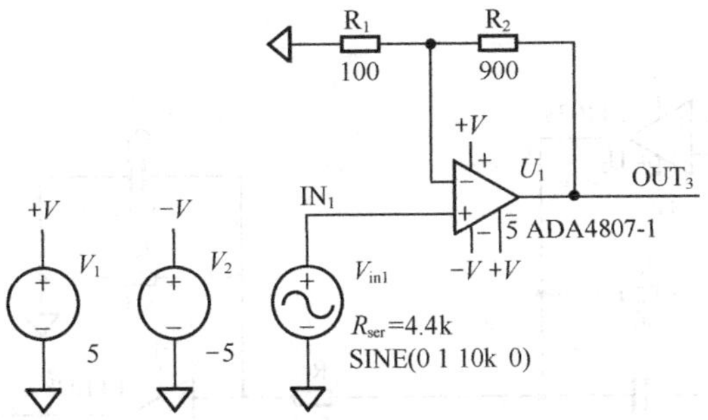

图 2-84　源阻抗为 4.4kΩ 时，噪声分析电路

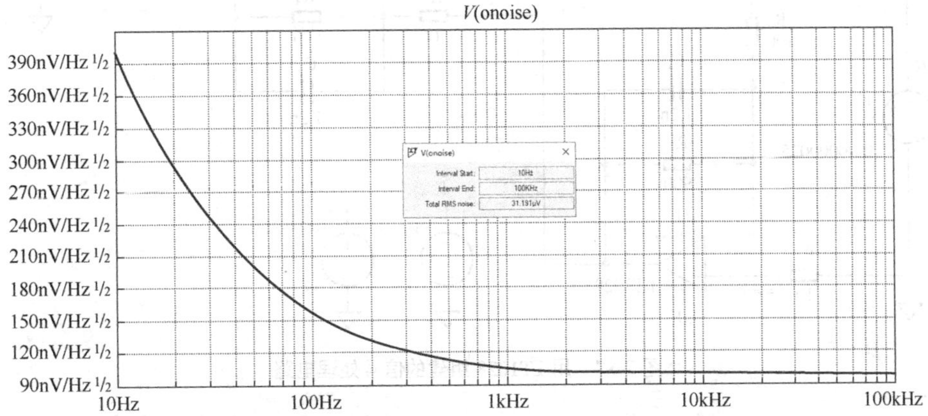

图 2-85　源阻抗为 4.4kΩ 时，ADA4807 输出噪声分析结果

2.7.5　放大器噪声评估案例

2018 年 7 月末，一位工程师提出一项十分苛刻的测试需求，项目计划检测 0.25μV 的直流信号，工程师希望提供信号处理的方案并进行评估。由于被测信号幅度极低，容易淹没在噪声中。第一级放大电路不仅需要抑制电路噪声，自身的噪声也要很低。如图 2-86 所示，选取 LT1028，它在 10Hz 的电压噪声密度典型值为 $1\,\text{nV}/\sqrt{\text{Hz}}$。

电气特性　除非另有说明，$V_S=\pm15V$，$T_A=25℃$

符号	参数	注释	LT1028AM/AC LT1128AM/AC 最小值	典型值	最大值	LT1028M/C LT1128M/C 最小值	典型值	最大值	单位
e_n	输入电压噪声	0.1Hz～10Hz (Note 4)		35	75		35	90	nV_{P-P}
	输入电压噪声密度	f_0=10Hz (Note 5)		1.00	1.7		1.0	1.9	$nV/\sqrt{Hz}$
		f_0=1000Hz, 100% Tested		0.85	1.1		0.9	1.2	$nV/\sqrt{Hz}$
I_n	输入电流噪声密度	f_0=10Hz (Notes 4 and 6)		4.7	10.0		4.7	12.0	$pA/\sqrt{Hz}$
		f_0=1000Hz, 100% Tested		1.0	1.6		1.0	1.8	$pA/\sqrt{Hz}$

图 2-86　LT1028 的噪声参数

信号处理电路如图 2-87 所示，使用 LT1028 组建仪表放大电路，降低信号共模噪声的影响，输出时使用 RC 低通滤波器，带宽设置在 10Hz 左右。

噪声分析结果如图 2-88 所示，在 0.1Hz～1kHz 范围内，电路输出总噪声 RMS 值为 158.54nV。电路噪声增益为 10 倍，折算到输入端的噪声 RMS 值为 15.8nV，即输入噪声的峰-峰值约为 94.8nVpp

（6 倍）。基于该输入端的噪声水平，后续再配合增益与高分辨率∑Δ 型 ADC，可以实现 0.25μV 的信号分辨与处理。

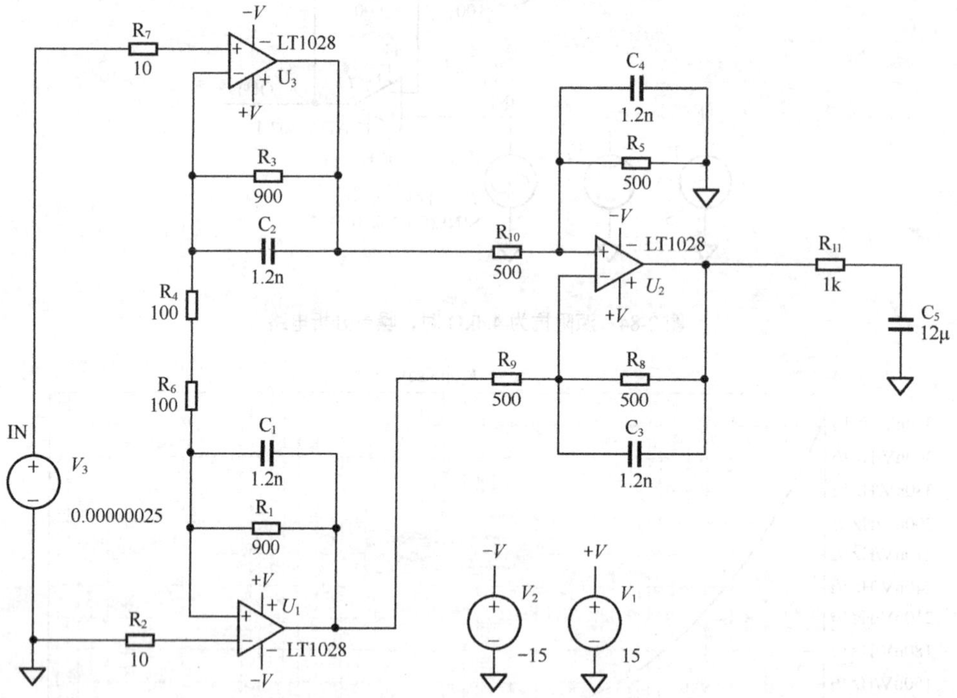

图 2-87　用 LT1028 组建的信号处理电路

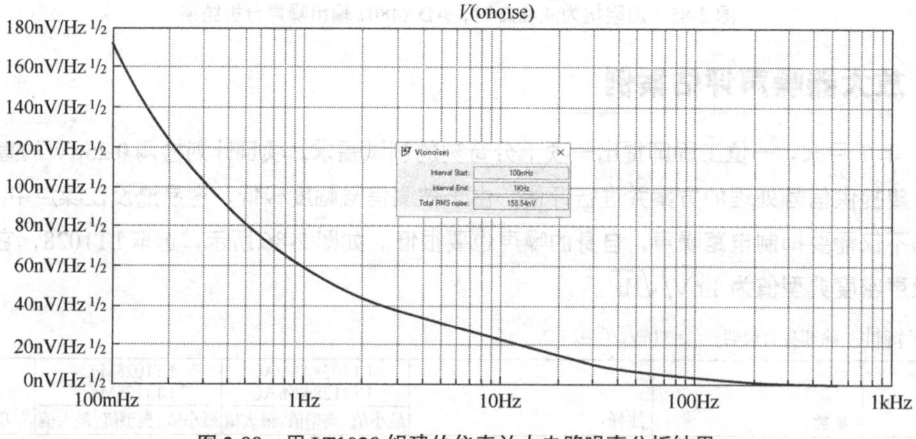

图 2-88　用 LT1028 组建的仪表放大电路噪声分析结果

2.8　增益带宽积

增益带宽积是放大器处理交流信号被提及频率最高的参数，工程师都会使用该参数除以信号频率作为电路增益的上限。这看似考虑了增益带宽积因素的限制，实际上没有分析它的使用条件，设计中仍存在较大风险，本节将介绍增益带宽积参数的设计应用。

2.8.1 波特图与极点、零点介绍

在交流信号处理电路中，信号的频率范围较宽，从赫兹级到千赫兹级，甚至兆赫兹级，信号增益涵盖几十倍到千万倍。此时常常使用波特图缩短坐标来扩大视野，从而方便进行数据分析。波特图由幅频波特图、相频波特图两部分组成。幅频波特图显示电压增益随频率的变化情况，其中 Y 轴为电压增益的对数形式（$20\lg G$），X 轴为频率或者频率的对数形式 $\lg f$。相频波特图显示相位（θ）随频率的变化情况。Y 轴是相位，X 轴为频率。

以直流增益为 100dB 的单极点系统为例，幅频波特图如图 2-89（a）所示，X 轴是 Hz 为单位的频率，Y 轴是以 dB 为单位的增益。信号频率小于 100Hz 时，电路增益为常数 100dB，信号频率高于 100Hz 时，电路增益随信号频率的增加而下降，速度为–20dB/十倍频，或者–6dB/倍频。在 100Hz 处电压增益出现转折点称为极点，极点处的增益下降 3dB。

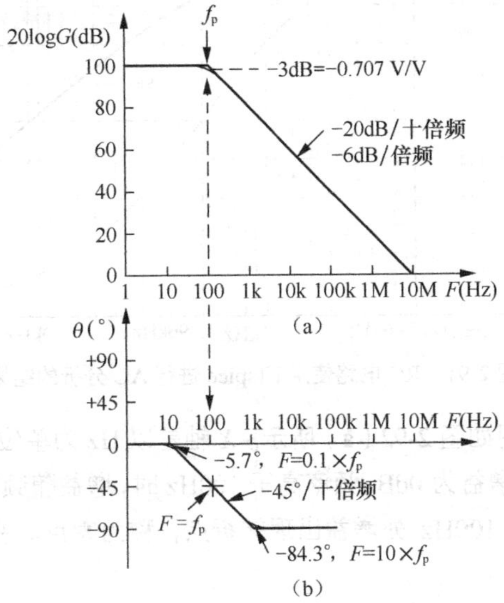

图 2-89 100dB 直流增益单极点系统的幅频波特图

图 2-89（b）为相频波特图，X 轴是以 Hz 为单位的频率，Y 轴是以度（°）为单位的相位。初始相位是 0°，极点 f_p 处的相位是–45°。在 0.1 倍 f_p ~ 10 倍 f_p 范围内，相位从–5.7°变为–84.3°，变化速度为–45°/十倍频。频率高于 10kHz 的相位是–90°。

在真实电路中，单极点电路由一阶 RC 电路组成。如图 2-90 所示，电阻 R_1 为 100Ω，电容 C_1 为 1μF，传递函数的计算公式见式 2-61。

$$H(s)=\frac{V_{out}}{V_{in}}=\frac{Z_{c1}}{R_1+Z_{c1}}=\frac{\frac{1}{j\omega C_1}}{1+\frac{1}{j\omega R_1 C_1}}=\frac{1}{1+\frac{\omega}{\omega_p}}=\frac{1}{1+\frac{f}{f_p}} \quad （式 2-61）$$

其中，S、ω_p、f_p 计算公式见式 2-62、式 2-63 和式 2-64。

$$s=j\omega=2\pi f \quad （式 2-62）$$

$$\omega_p=\frac{1}{R_1 C_1} \quad （式 2-63）$$

$$f_p=\frac{1}{2\pi R_1 C_1} \quad （式 2-64）$$

将 R_1、C_1 参数代入式 2-64，计算 f_p 为 1.59kHz。

使用 LTspice 对 RC 电路进行 AC 分析，结果如图 2-91 所示。信号频率小于 100Hz 时，电容 C_1 相当于断路，电路增益为 0dB。到达极点频率 1.596kHz 时，电路增益为–3.025dB，其对应相位是–45°。频率大于 1.596kHz 时，电容的阻抗与频率成反比，增益按每十倍频衰减 20dB。信号频率为 159.63Hz 时，相位是–5.86°；信号频率为 15.96kHz 时，相位是–84.355°。

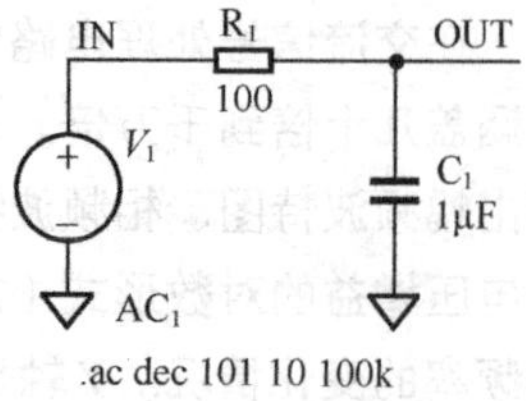

图 2-90　RC 单极点电路

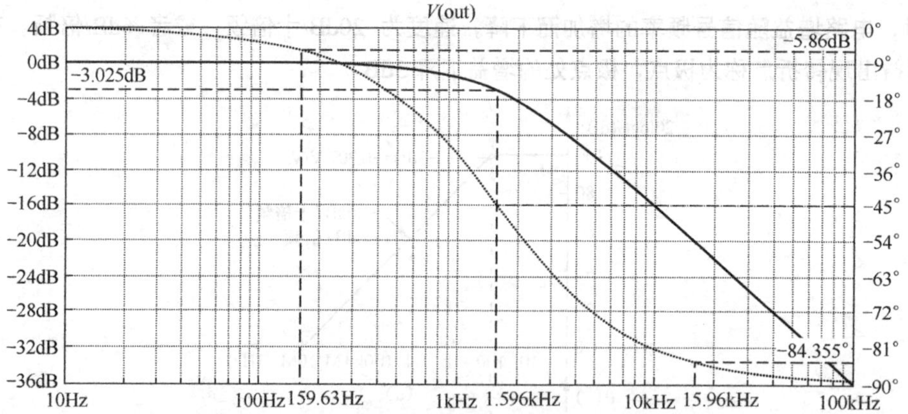

图 2-91　RC 电路使用 LTspice 进行 AC 分析的结果

单零点系统的幅频波特图如图 2-92（a）所示。*X* 轴是以 Hz 为单位的频率，*Y* 轴是以 dB 为单位的增益。频率小于 100Hz 时，增益为 0dB。频率高于 100Hz 时，增益随频率增加而上升，速度为+20dB/十倍频，或者+6dB/倍频。在 100Hz 处增益出现转折点，称为零点。在零点频率处的实际增益相比直流增益增加 3dB。

图 2-92（b）所示为相频波特图，*X* 轴是以 Hz 为单位的频率，*Y* 轴以度（°）为单位的相位。初始相位是 0°，在零点 f_z 频率处相位是+45°。在 0.1 倍 f_z～10 倍 f_z 范围内，相位从+5.7°到+84.3°，以+45°/十倍频变化。频率高于 10kHz 的相位是+90°。

实际电路中不存在单零点电路，图 2-93 所示为包含一个极点与一个零点的电路，传递函数为式 2-65。

$$H(s)=\frac{V_{out}}{V_{in}}=\frac{R_2}{R_2+Z_{R_1\|C_1}}=\frac{R_2}{R_2+R_1}\frac{(R_1C_1)s}{\left(\frac{R_1C_1R_2}{R_1+R_2}\right)s+1} \qquad (式 2-65)$$

其中，电路的直流增益计算公式如式 2-66，零点频率计算公式见式 2-67，极点频率计算公式见式 2-68。

$$G_{dc}=\frac{R_2}{R_2+R_1} \qquad (式 2-66)$$

$$f_z=\frac{1}{2\pi R_1C_1} \qquad (式 2-67)$$

$$f_p=\frac{1}{2\pi\left(\frac{R_1C_1R_2}{R_1+R_2}\right)} \qquad (式 2-68)$$

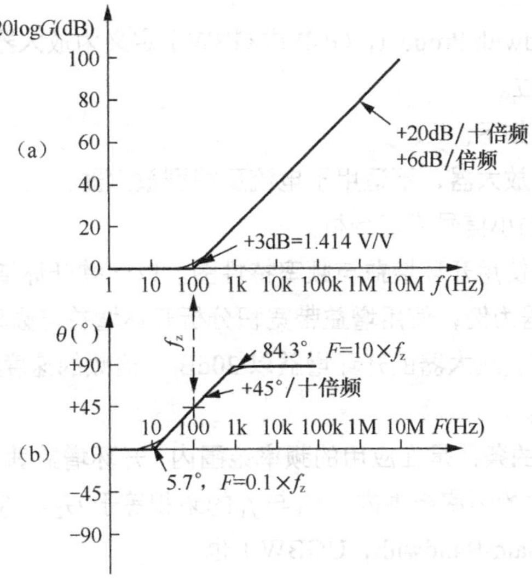

图 2-92　单零点系统的幅频波特图

将图 2-93 中的 R_1、R_2、C_1 参数分别代入式 2-67，计算零点频率为 159.15Hz；参数代入式 2-68，计算极点频率为 16.07kHz；参数代入式 2-66；计算直流增益为–40.086dB。

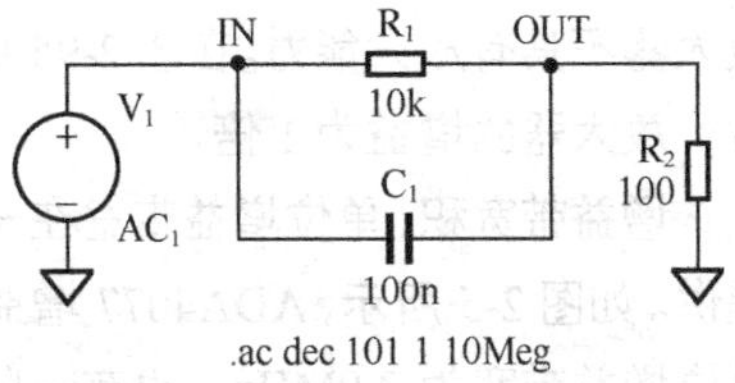

图 2-93　零点-极点组合电路系统

AC 分析结果如图 2-94 所示，在低频段 C_1 相当于断路，电路的增益由 R_1 与 R_2 分压产生，即增益为–40.057dB，初始相位为 0°。随着频率的增加产生相移，当频率达到 161.415Hz 的零点（f_z）频率处，相位是+43.842°，电路增益为–37.14dB。当频率超过零点频率时，电路增益以+20dB/十倍频变化。

频率达到极点（f_P）16.17kHz 时，电路增益为–2.996dB。频率高于极点频率时，增益的变化速度为–20dB/十倍频，抵消高于零点频率的增益变化。由于零点位于 161.415Hz，其相位是+43.842°，零点十倍频处（1.59kHz）的相位接近 80°。而极点频率为 16.17kHz，从 1.617kHz 处开始，相位以–45°/十倍频的速度变化，所以极点处相位是+43.842°。

频率高于 200kHz 时，C_1 相当于短路，电路增益为 0dB，其相位接近 0°。

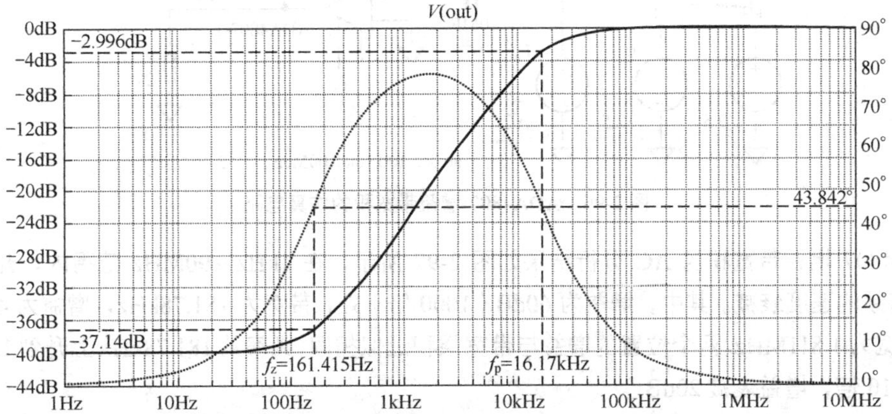

图 2-94　零点-极点组合电路幅频波特图 AC 分析结果

2.8.2 增益带宽积与单位增益带宽定义

增益带宽积（Gain Bandwith Product，GBP 或 GBW）定义为放大器的开环增益与该增益处频率的乘积，其通常以 Hz 为单位。

增益带宽积的应用范围如下：

（1）适用于电压反馈型放大器，不适用于电流反馈型放大器；

（2）幅值小于 100mV 的小信号带宽分析。

数据手册中增益带宽积使用开环增益与频率特性图。以一款开环增益为十万倍，增益带宽积为 10MHz 的电压反馈型放大器为例，使用增益带宽积分析开环增益与频率曲线，如图 2-95 所示。当频率超过极点频率 100Hz 时，放大器的开环增益以 20dB/十倍频的速度衰减，即频率提高 10 倍，开环增益变为原增益的 0.1 倍。

所以，增益带宽积成立的条件是在应用的频率范围内，开环增益满足−20dB/十倍频的衰减关系。如图 2-95 所示，在满足条件的频率范围内，G_1 与 f_1 的乘积等于 G_2 与 f_2 的乘积。

单位增益带宽（Unity Gain-Bandwith，UGBW）也称为单位增益交越带宽（Unity-Gain Crossover，UGC），是指放大器开环增益与频率图中，开环增益下降到 1 倍（0dB）时对应的频率。当频率高于单位增益带宽时，放大器不具有放大能力。在图 2-95 中，当频率为 10MHz 时，放大器的增益为 1 倍。

增益带宽积、单位增益带宽在一些数据手册中直接提供。如图 2-5 所示，ADA4077 增益带宽积为 3.6MHz，单位增益带宽为 3.9MHz。也有一些放大器的指标数据手册的参数部分没提供，在评估时可使用开环增益与频率图进行计算。

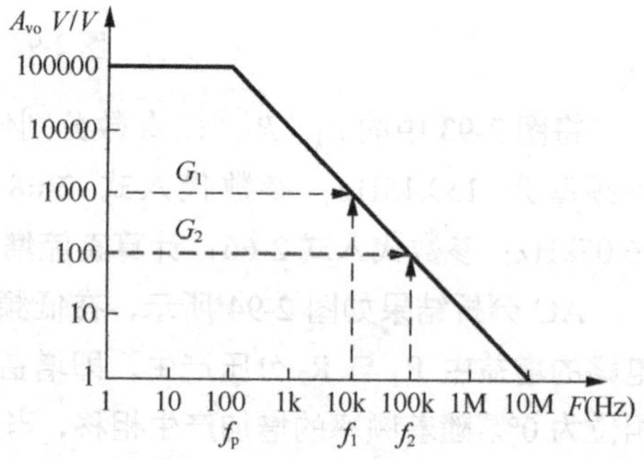

图 2-95 增益带宽积

图 2-96 所示为 ADA4807 增益带宽积的仿真电路（与开环增益仿真电路相同）。

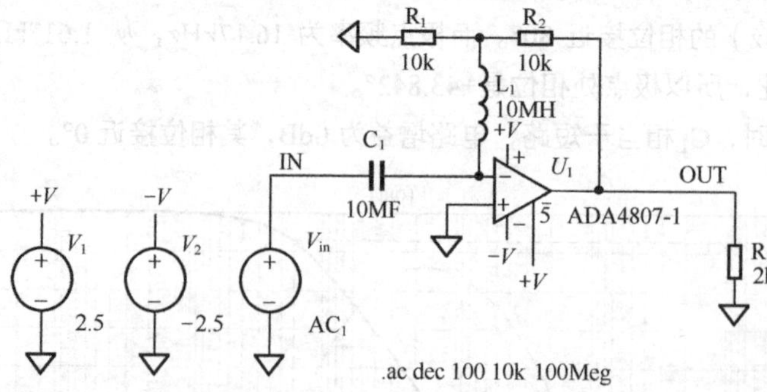

图 2-96 ADA4807 增益带宽积的仿真电路

ADA4807 增益带宽积的 AC 分析结果如图 2-97 所示，在 1kHz～90MHz 范围内，开环增益以 20dB/十倍频的速度衰减。其中，增益为 60dB（1000 倍）处，带宽为 181.78kHz，增益为 40dB（100 倍）处，带宽为 1.811MHz。两个位置的增益与带宽乘积近似相同，频率从 181.78kHz 上升到 1.811MHz，频率增加 10 倍，增益衰减 20dB 。

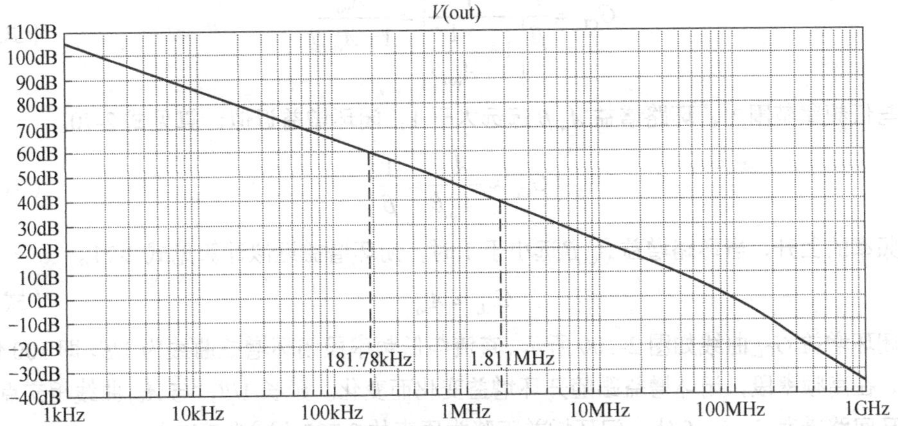

图 2-97　ADA4807 增益带宽积的 AC 分析结果

2.8.3　增益带宽积与闭环回路带宽分析

增益带宽积是放大器开环条件下的带宽参数，放大器以闭环方式工作。所以一些放大器数据手册提供–3dB 闭环带宽参数，定义为在单位增益电路中，随频率上升，闭环增益衰减 3dB（0.707）时的频率。如图 2-5 所示，ADA4077 的–3dB 闭环带宽为 5.5MHz。

部分放大器的典型参数中还提供指定闭环的增益与频率图。如图 2-98 所示，ADA4077 在±5V、±15V 电源供电时，闭环增益为 1、10、100 倍条件下的带宽。下面通过示例分析该图的由来，以及在设计中如何准确评估指定增益下的带宽是否满足设计需求。

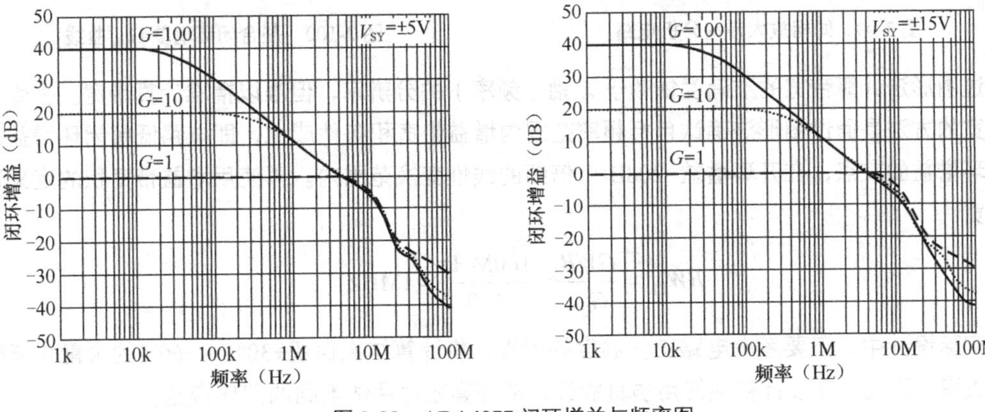

图 2-98　ADA4077 闭环增益与频率图

如图 2-99 所示，使用一款开环增益 1000000 倍的放大器组建反馈系数 β 为 0.01（增益 100 倍）的同相放大电路。

使用图形法分析闭环回路带宽。放大器开环增益为 1000000 倍时，直流或低频段开环增益为 120dB。由于放大器内部分的输入级、中间级、输出级可能存在多个极点，其中决定放大器低频极点的是输入级的米勒补偿电容 C_c。低频极点也称为主极点 f_p。当频率超过 f_p 后，开环增益将以–20dB/十倍频的速度衰减。

电路的闭环增益计算公式见式 2-69。

$$G_{CL}=\frac{1}{\beta}\left[\frac{1}{1+\frac{1}{A_{vo}\beta}}\right]=\frac{A_{vo}}{1+A_{vo}\beta} \quad （式 2-69）$$

在直流与低频率范围内，环路增益 $A_{vo}\beta$ 远远大于 1，闭环增益近似计算见式 2-70。

$$G_{CL}\approx\frac{A_{vo}}{A_{vo}\beta}=\frac{1}{\beta} \quad （式 2-70）$$

而随着频率的上升，当环路增益 $A_{vo}\beta$ 远小于 1 时，闭环增益近似计算见式 2-71。

$$G_{CL}\approx A_{vo} \quad （式 2-71）$$

整合闭环增益 G_{CL} 曲线如图 2-100 所示。直流与低频率段闭环增益曲线为 $1/\beta$，即 100 倍（40dB）的恒定值，在高频率段，闭环增益跟随开环增益变化而变化。延长 $1/\beta$，与 A_{vo} 曲线相交点的频率为信号的闭环回路带宽 f_c，在 f_c 处，闭环增益下降为原来的 0.707（减少 3dB）。

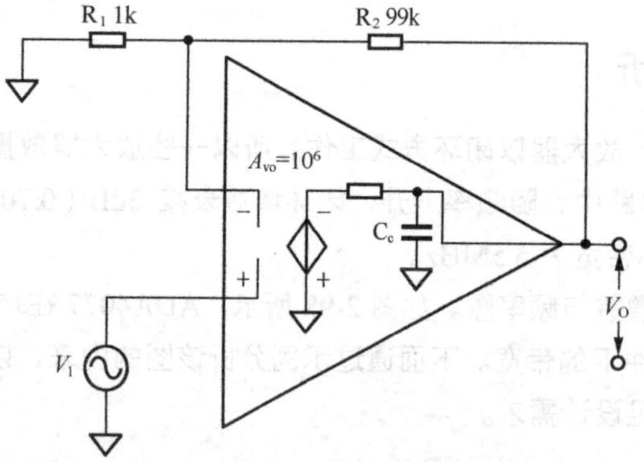

图 2-99　同相放大带宽分析电路

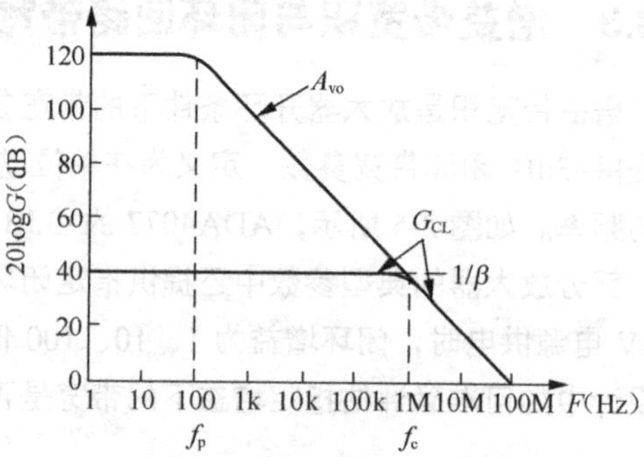

图 2-100　整合闭环增益 G_{CL} 曲线

通过图形法计算带宽的准确度依赖于 X 轴（频率）的分辨率，但难以精准计算带宽。妥善评估闭环带宽的方法是通过图形法确认目标频率范围内增益带宽积条件成立，即电路低频闭环增益延长线与开环增益的交点，在开环增益–20dB/十倍频的线性变换范围内。再使用增益带宽积的定义计算闭环带宽：

$$BW_{CL}=\frac{GWB}{G_{CL}}=\frac{100\text{MHz}}{100}=1\text{MHz}$$

在实际设计中，还要考虑电路工作温度等因素，将计算结果保留±30%～±60%的余量才能确保信号不失真。因此，在设计初期使用仿真验证，能够高效地评估电路的闭环带宽。

2.8.4　闭环回路带宽案例

2019 年 8 月底，一位刚入行的工程师进行电话咨询，他使用 AD8505 设计的信号调理电路输出异常。工程师已经排查过电源和外围器件均没有问题，所以怀疑芯片有问题。电路如图 2-101 所示，使用 AD8505 将一个幅值为±10mV、频率为 10kHz 的正弦信号同相放大 6 倍。工程师反馈设计时，分析 AD8505 增益带宽积为 95kHz（5V 供电，25℃），如图 2-102 所示。电路闭环增益为 6 倍，理论带宽可以达到 15.8kHz，相比于目标带宽 10kHz，设计余量为 58%。但是电路的实际输出峰-峰值为 95mV 左右。

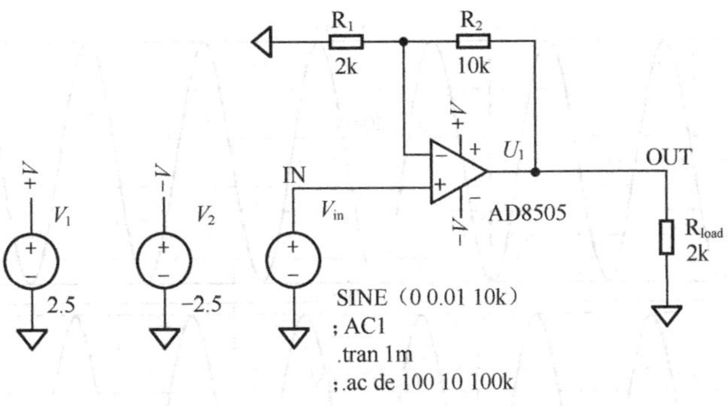

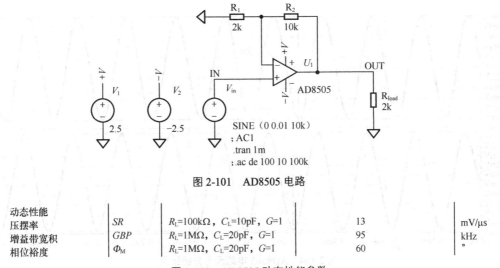

图 2-101　AD8505 电路

动态性能				
压摆率	SR	R_L=100kΩ，C_L=10pF，G=1	13	mV/μs
增益带宽积	GBP	R_L=1MΩ，C_L=20pF，G=1	95	kHz
相位裕度	Φ_M	R_L=1MΩ，C_L=20pF，G=1	60	°

图 2-102　AD8505 动态性能参数

笔者首先帮助工程师检视 AD8505 闭环增益与频率图，如图 2-103 所示。当 AD8505 闭环增益为 20dB 时，在 10kHz 频率处的闭环增益下降 4dB 左右。初步判断闭环增益为 15.58dB 时，带宽可能不足 10kHz。

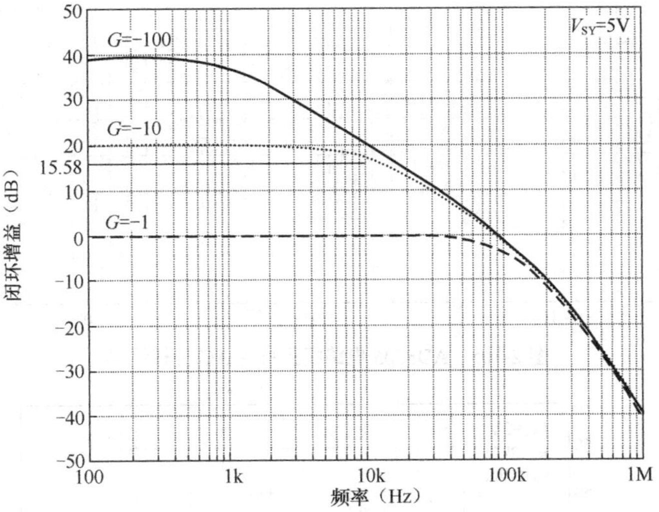

图 2-103　AD8505 闭环增益与频率

使用 LTspice 对图 2-101 电路进行瞬态分析，其结果如图 2-104 所示。输入信号 $V_{(in)}$ 的峰-峰值为 20mV，输出信号峰-峰值 $V_{(out)}$ 为 92.3mV，即实际增益为 4.615 倍（13.28dB）。

再使用 LTspice 对图 2-101 电路闭环增益的幅频特性进行 AC 分析，结果如图 2-105 所示。在频率小于 1kHz 时，闭环增益为 15.57dB，与设计目标值 15.58 近似。当频率为 10kHz 时，闭环增益只有 13.258dB，与电路瞬态仿真计算结果 13.28dB 等同。

将仿真结果反馈给工程师，并推荐使用管脚封装兼容、工作电压兼容、轨到轨输入/输出的零漂型放大器 AD8628 替换 AD8505 进行测试。AD8628 的增益带宽积为 2MHz，闭环增益与频率曲线如图 2-106 所示，在 10kHz 处闭环增益可以满足 15.58dB 的设计要求。

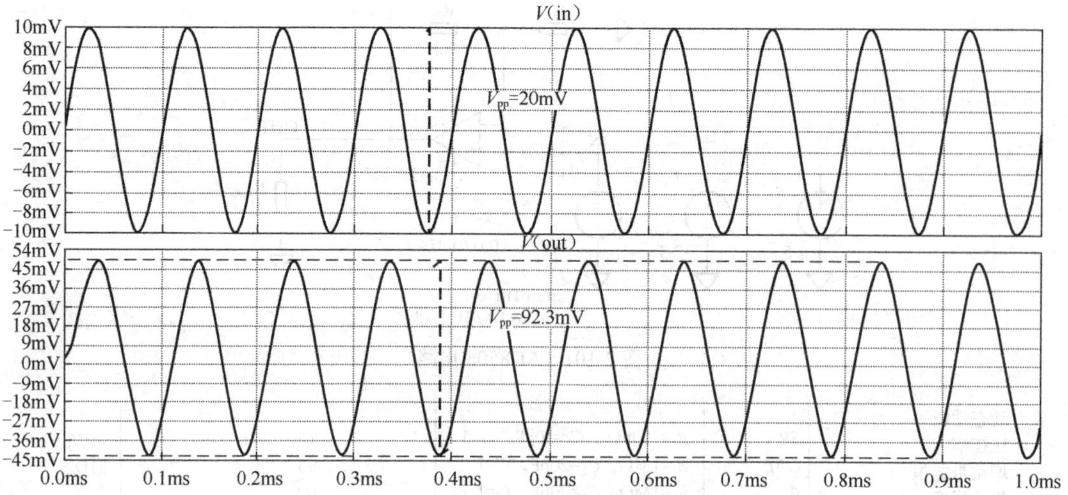

图 2-104　AD8505 电路瞬态分析结果

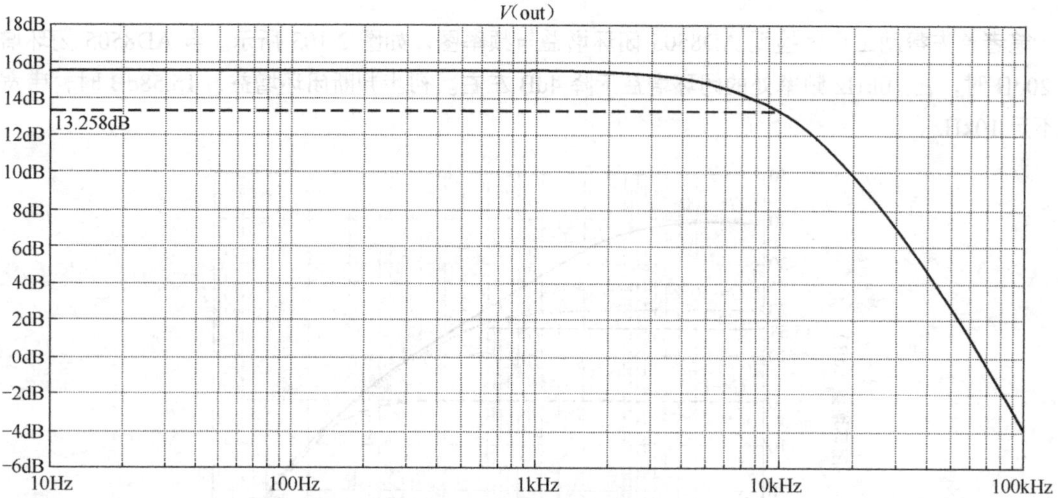

图 2-105　AD8505 电路幅频特性 AC 分析结果

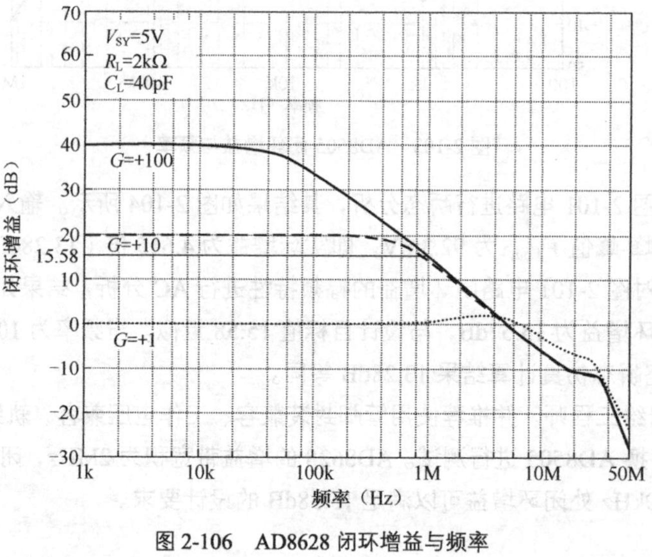

图 2-106　AD8628 闭环增益与频率

另外，向工程师提供 AD8628 替换电路的瞬态分析结果，如图 2-107 所示。输入信号 $V_{(in)}$ 的峰-峰值为 20mV、频率为 10kHz 的正弦波，输出信号 $V_{(out)}$ 的峰-峰值为 120mV，频率为 10kHz 的正弦波闭环增益达到 6 倍的设计需求。

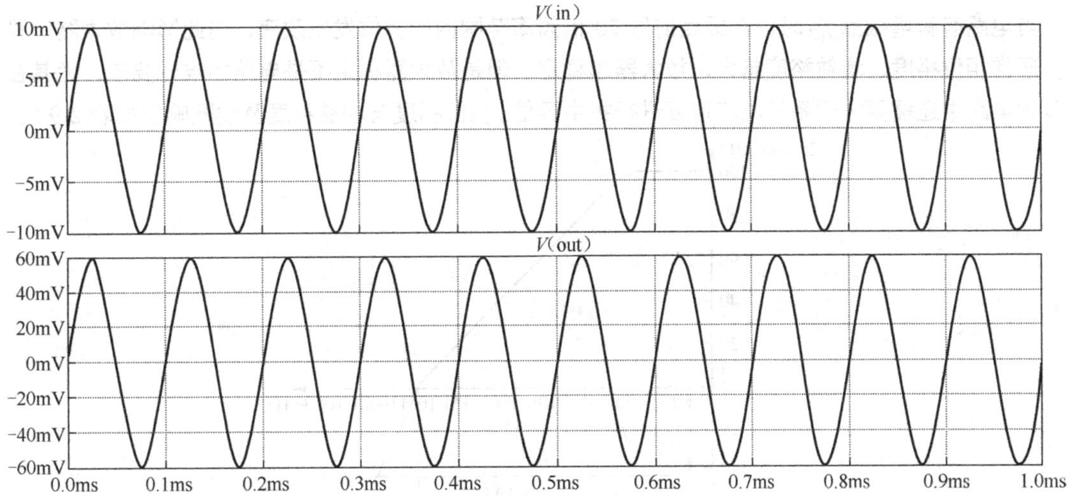

图 2-107　AD8628 放大电路瞬态分析结果

对使用 AD8628 替换电路的闭环增益幅频特性进行 AC 分析，结果如图 2-108 所示。在 10kHz 处，闭环增益为 15.57dB，满足 15.58dB 的要求。后续工程师使用 AD8628 完成项目的整改。

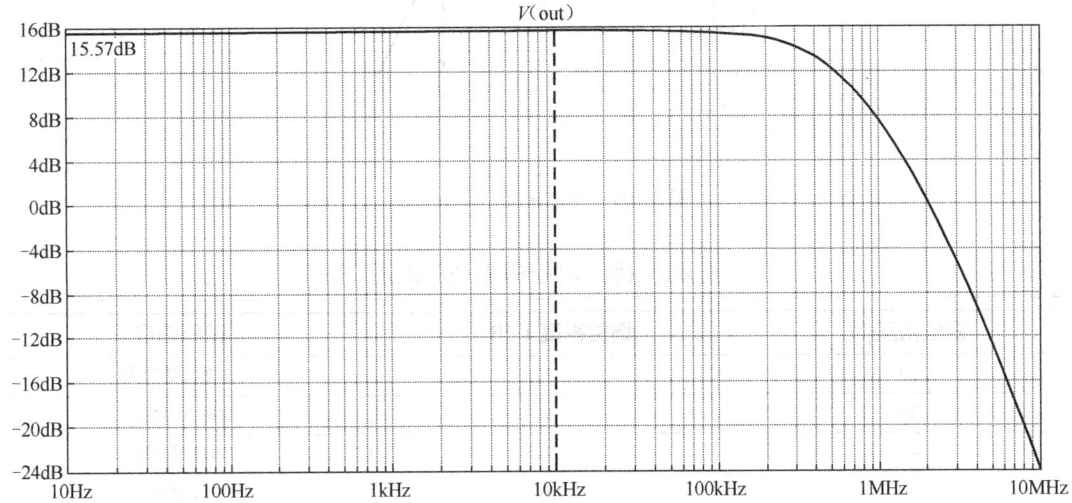

图 2-108　AD8628 放大电路闭环增益幅频特性 AC 分析结果

2.9 相位裕度与增益裕度

相位裕度与增益裕度都是用于评估放大器的稳定性的参数。其中，相位裕度使用更为普遍。本节将介绍使用相位裕度分析放大器稳定性的方法。

2.9.1 相位裕度与增益裕度的定义

如图 2-109（b）所示，相位裕度（Phase margin，ϕ_m）定义为在放大器开环增益与频率曲线中，180°的相移处与开环增益下降为 1 倍（单位增益）处的相移之差的绝对值，见式 2-72。

$$\phi_m = |180° - \theta_{UG}| \quad (式 2-72)$$

如图 2-109（a）所示，增益裕度（A_m）定义为放大器开环增益与频率曲线中，180°的相移处的增益与放大器开环增益下降为 1 倍处的增益之差的绝对值。

当电路有新增极点 f_{p2} 时，在极点前后 20 倍频率范围内的相位发生改变，由此影响放大器的稳定性。通常相位裕度、增益裕度越大，放大器越稳定。但是放大器稳定不是电路的唯一要求，尤其在高速放大电路中还需要考虑系统响应速度进行折中评估。相位裕度与增益裕度及阶跃响应如表 2-9 所示。

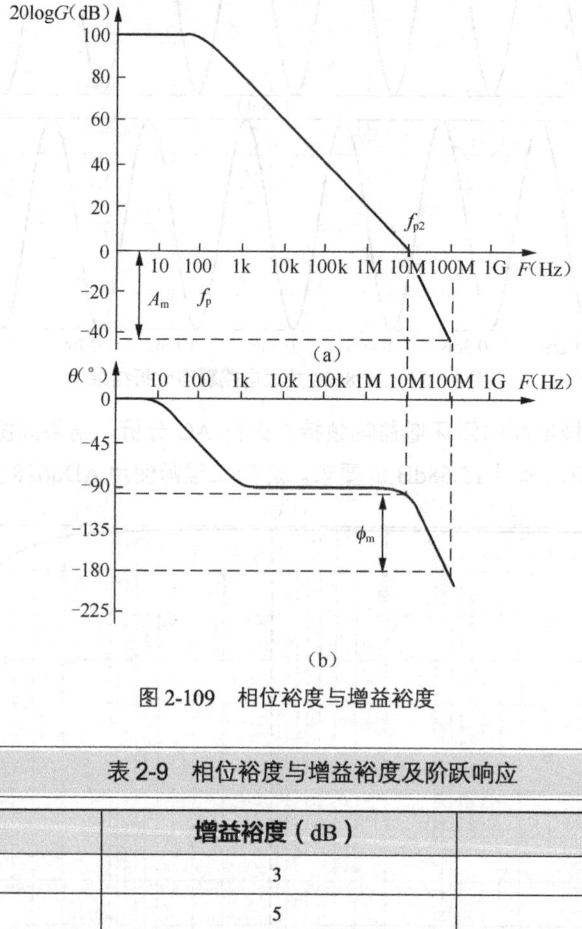

图 2-109 相位裕度与增益裕度

表 2-9 相位裕度与增益裕度及阶跃响应

相位裕度(°)	增益裕度（dB）	阶跃响应
20	3	自激振荡较大
30	5	有些自激振荡
45	7	响应时间短
60	10	一般适当值
72	12	频率特性无峰值

2.9.2 相位裕度与放大器稳定性原理分析

分析放大器的稳定性之前，先关注稳定性分析的适用范围。有的工程师认为电路出现振荡的主要原因，是交流信号处理电路设计不当引发振荡，电路只处理直流信号，不存在“振荡源”，可以忽略稳定性分析。其实则不然，任何放大器电路都需要进行稳定性分析。

2019 年 10 月，接触到一位工程师使用 ADA4522-2 作为 ADC 基准源的缓冲器，输出通过电容 C_1（10μF）、C_2（0.1μF）连接到一款 24bit ∑Δ型 ADC 的基准源引脚。ADA4522-2 基准源缓冲驱动电路如图 2-110 所示。工程师反馈基准源的输出非常稳定，但是在 ADA4522 输出存在振荡。ADA4522

基准源缓冲电路瞬态分析仿真结果如图 2-111 所示，输出振荡范围在 2.486~2.514V，这对于精密采集电路无疑是致命的问题。建议工程师使用具有容性负载驱动能力的放大器 ADA4807 进行替换，工程师后续完成替换和测试。其原因将在 2.14 小节容性负载驱动参数中进行分析。通过该示例可以认识到，在简单的直流缓冲电路中，仍然需要进行稳定性分析。

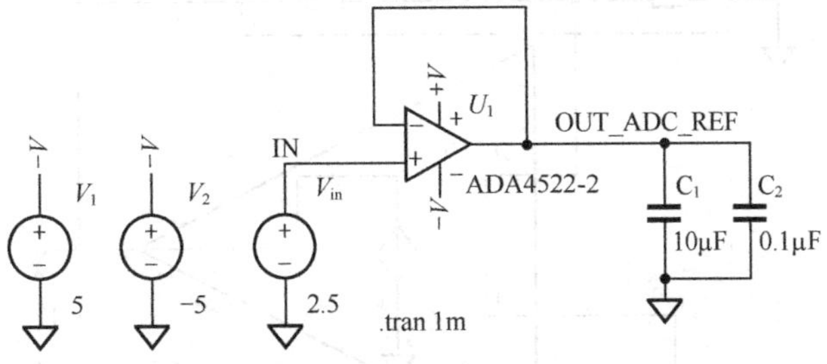

图 2-110　ADA4522-2 基准源缓冲驱动电路

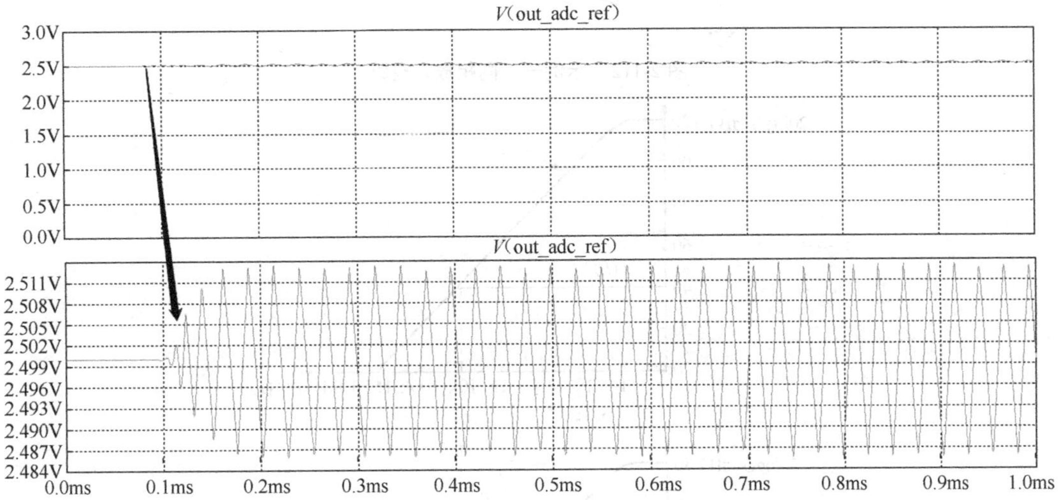

图 2-111　ADA4522 基准源缓冲电路瞬态分析仿真结果

图 2-112 所示为同相放大电路，其闭环增益计算公式见式 2-69。以数学模型进行分析电路不稳定的条件是 $A_{vo}\beta$ 为−1，闭环增益 G_{CL} 无法定义，当 $A_{vo}\beta$ 为 0dB 处的相位满足式 2-73 时，电路就产生振荡。

$$\angle A_{vo} = -180° \pm (n \times 360°),\quad (n = 0, \pm1, \pm2, \cdots) \qquad \text{（式 2-73）}$$

从电路方面进行分析，输出信号通过反馈网络 β 回到反相输入端。如果输出信号由于外部配置电路产生相位延迟 180°，会与原来的输入信号同相位进行电压叠加增大差分输入信号，引发振荡。

下面通过两个示例电路，使用相位裕度分析放大电路是否稳定。

示例一：如图 2-112 所示，同相放大电路的开环增益为 120dB，闭环增益 $1/\beta$ 为常数 100 倍（40dB）。开环增益、闭环增益与频率曲线如图 2-113（a）所示，它们之间的关系满足式 2-74。

$$20\log_{10} A_{vo}\beta = 20\log_{10} A_{vo} - 20\log_{10}\frac{1}{\beta} \qquad \text{（式 2-74）}$$

整理环路增益函数为式 2-75。

$$A_{vo}\beta(\mathrm{dB}) = A_{vo}(\mathrm{dB}) - \frac{1}{\beta}(\mathrm{dB}) \qquad \text{（式 2-75）}$$

环路增益 $A_{vo}\beta$ 的幅度与频率曲线如图 2-113（b）所示，是以 dB 为单位的开环增益与闭环增益之差。放大器主极点f_p前后 20 倍频范围产生 90°的相移，如图 2-113（c）所示。而在环路增益$A_{vo}\beta$为 0 的频率点f_c处相移为 90°，相位裕度为 90°电路是稳定。

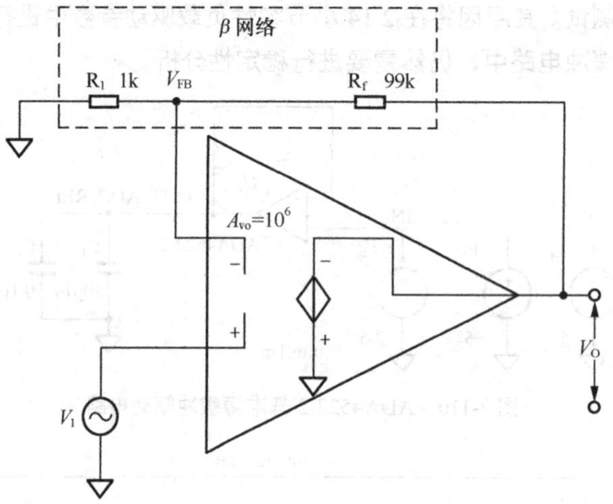

图 2-112　示例一：同相放大电路

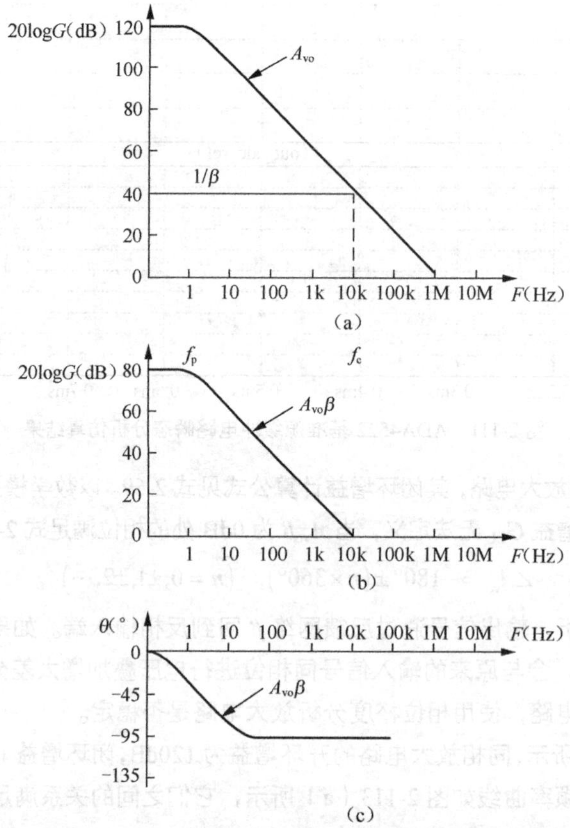

图 2-113　示例一电路环路增益的相位分析

示例二如图 2-114 所示，在示例一电路的基础上增加电容 C_1（10nF）与 R_1 并联，电容 C_1 与电阻 R_1 在 $1/\beta$ 曲线产生的零点的频率为：

$$f_z=\frac{1}{2\pi\left(\dfrac{R_1C_1R_f}{R_1+R_f}\right)}=\frac{1}{2\pi\times\left(\dfrac{1000\times10\times10^{-9}\times99000}{1000+99000}\right)}=16.076\text{kHz}$$

如图 2-115（a）所示，开环增益保持不变，在低频率范围内 C_1 为断路，闭环增益的幅值是 40dB。当频率高于零点频率（16.076kHz）时，电阻 R_1、电容 C_1 并联的阻抗降低，闭环增益以+20dB/十倍频的速率变化，在 f_c 处开环增益与闭环增益相交。开环增益的相频特性曲线在极点十倍频率以后相移为 90°，如图 2-115（b）所示。电路闭环增益的相频特性曲线在零点前后 20 倍频率范围，相位以+45°/十倍频变化，在 f_c 频率处相移接近 90°，如图 2-115（c）所示。开环增益相频特性曲线与闭环增益相频特性曲线之差为环路增益的相频曲线，如图 2-109（d）所示。在 f_c 处其相移接近 180°，相位裕度不足，电路不稳定。

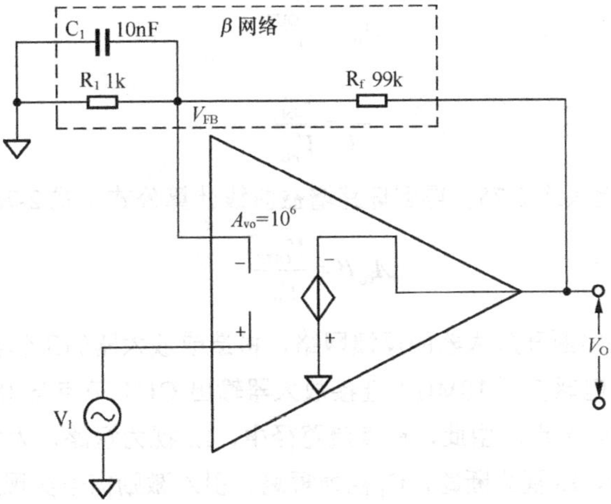

图 2-114　示例二：同相放大电路

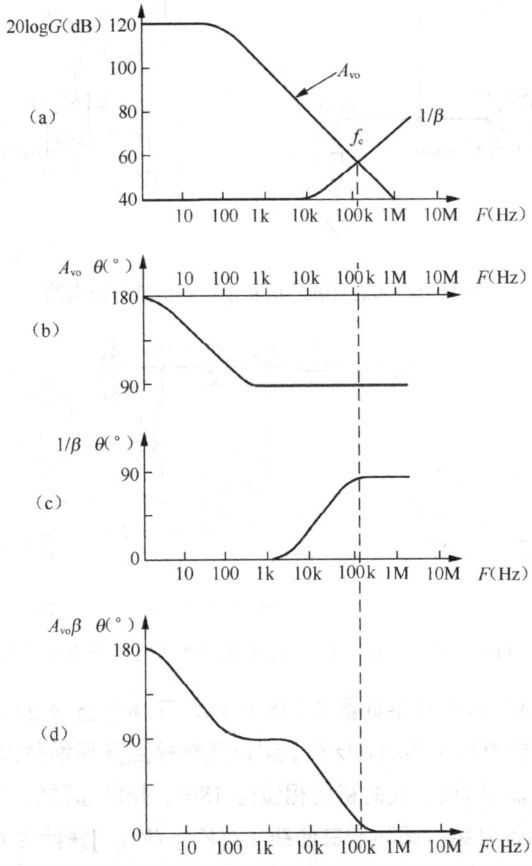

图 2-115　示例二电路环路增益的相位分析

2.9.3 相位裕度与放大器稳定性仿真

如图 2-116（a）所示，使用 ADA4807-1 组建 2.9.2 中示例一电路。分析放大器稳定性需要通过 A_{vo}、$1/\beta$、$A_{vo}\beta$ 的波特图，计算得到相位裕度。其中，开环增益的分析需要断开输出反馈回路，并在反馈的断开处接入一个激励信号 V_{IN}，如图 2-116（b）所示。放大器输出节点电压为 V_{OUT}，放大器反相电压输入端为 V_{FB}。其中，开环增益 A_{vo} 计算公式见式 2-76，反馈系数 β 计算公式见式 2-77。

$$A_{vo}=\frac{V_{OUT}}{V_{FB}} \qquad \text{（式 2-76）}$$

$$\frac{1}{\beta}=\frac{V_{IN}}{V_{FB}} \qquad \text{（式 2-77）}$$

将式 2-76、式 2-77 代入式 2-75，得到环路增益曲线计算公式（式 2-78）。

$$A_{vo}\beta=\frac{V_{OUT}}{V_{IN}} \qquad \text{（式 2-78）}$$

但是在仿真测试电路中断开放大器的反馈网络，将造成放大器的工作异常。可行的仿真测试电路如图 2-117 所示，使用电感 L_1（10MH）连接放大器输出 OUT 节点与 IN 节点，激励信号通过电容 C_1（10MF）连接在 IN 节点。由此，在直流路径中，L_1 视为短路，为放大器提供反馈回路，C_1 视为断路；在交流路径中，L_1 视为断路，C_1 视为短路，引入激励信号实现测试。

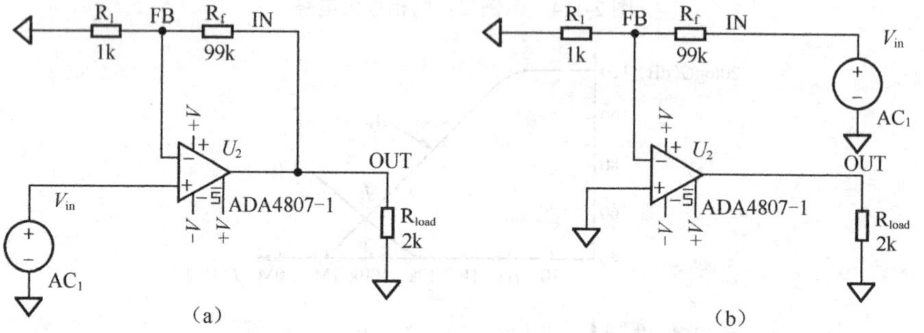

图 2-116 A_{vo}、$1/\beta$、$A_{vo}\beta$ 波特图仿真分析电路

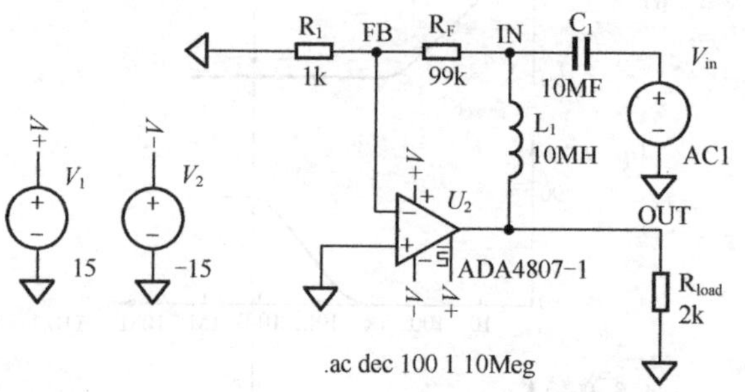

图 2-117 示例一 A_{vo}、$1/\beta$、$A_{vo}\beta$ 波特图可行的仿真测试电路

示例一电路波特图的 AC 分析结果如图 2-118 所示，开环增益 $A_{vo}[V_{(out)}/V_{(fb)}]$幅频曲线在直流低频率范围为 134.6dB，低频极点位于 34.11Hz 处，超过低频极点开环增益以–20dB/十倍频率的速率变化。开环增益 $A_{vo}[V_{(out)}/V_{(fb)}]$相频曲线的初始相位是 180°，频率超过低频极点十倍频以后，其相位变为 90°。闭环网络为纯阻性网络，闭环增益曲线 $1/\beta[V_{(in)}/V_{(fb)}]$保持为 40dB，相位是 0°。开环增益 A_{vo} 曲线与闭环增益曲线 $1/\beta$ 相交于 1.767MHz。

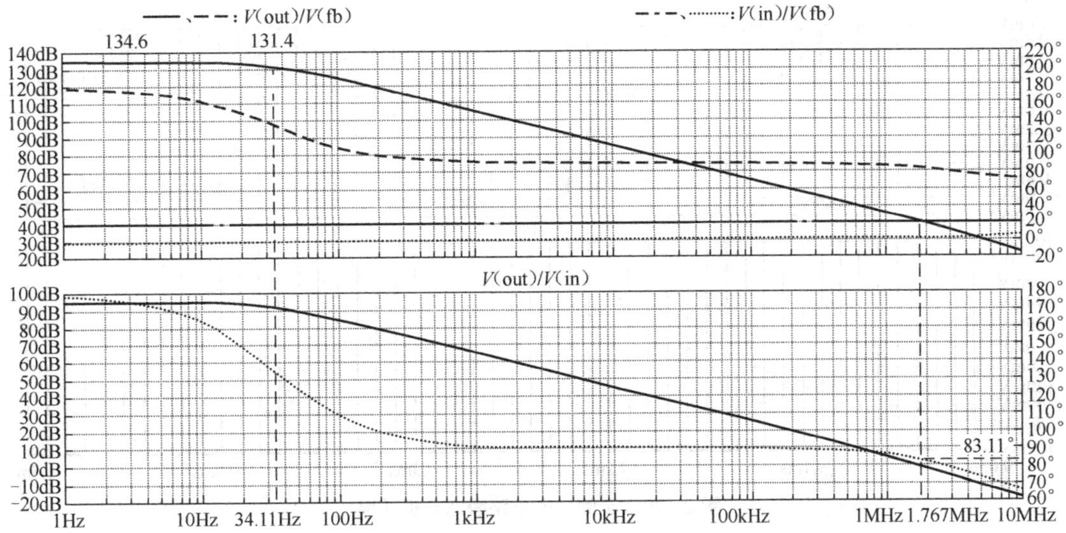

图 2-118 示例一 A_{vo}、$1/\beta$、$A_{vo}\beta$ 电路波特图的 AC 分析结果

环路增益 $A_{vo}\beta$ 相频特性曲线中初始相位是 180°，在 1.767MHz 处的相位是 83.11°，产生的相移为 96.89°，相位裕度为 83.11°，电路保持稳定。

对示例一进行瞬态分析，电路如图 2-119 所示。使用交流激励源 V_{in} 是峰-峰值，为 2mV，频率为 50kHz 的方波信号，通过交流耦合进入放大器同相输入端。

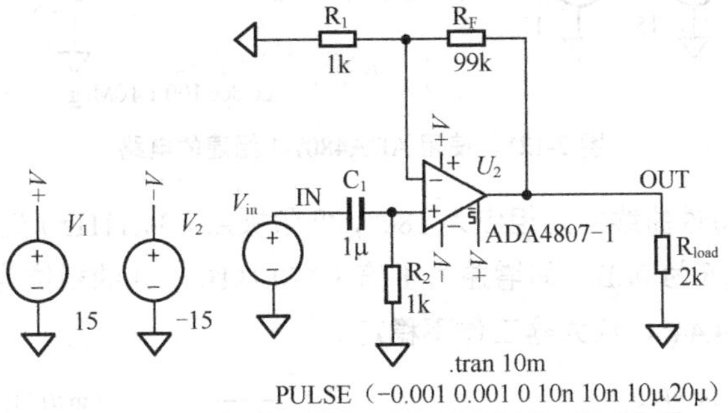

图 2-119 示例一瞬态分析电路

示例一电路瞬态分析结果如图 2-120 所示，电路输出稳定、峰-峰值为 200mV、频率为 50kHz 的方波信号。

使用 ADA4807-1 组建的 2.9.2 示例二电路，如图 2-121 所示。使用电感 L_1 连接放大器的输出 OUT 节点与 IN 节点，激励信号通过电容 C_1 连接到 IN 节点。由此可知，在直流路径中，L_1 视为短路为放大器提供反馈路径，C_1、C_2 断路。在交流路径中，L1 断路，C1 短路引入激励信号；C_2 短路，改变电路的增益与相位。

示例二电路波特图 AC 分析结果如图 2-122 所示。开环增益的波特图与图 2-118 示例一情况相同。闭环增益 $1/\beta[V_{(in)}/V_{(fb)}]$的幅频曲线在低频率范围内保持 40dB，频率上升到零点频率 16.37kHz 时，增益为 42.9dB，高于零点频率后，幅频特性以+20dB/十倍频的速率变化，并与开环增益幅频曲线相交于 60.8dB 处（170.1kHz）。闭环增益曲线 $1/\beta[V_{(in)}/V_{(fb)}]$的相频特性曲线，初始相位为 0°，超过零点后以相位+45°/十倍频的速率变化，频率为 170.1kHz 的相位接近 90°。

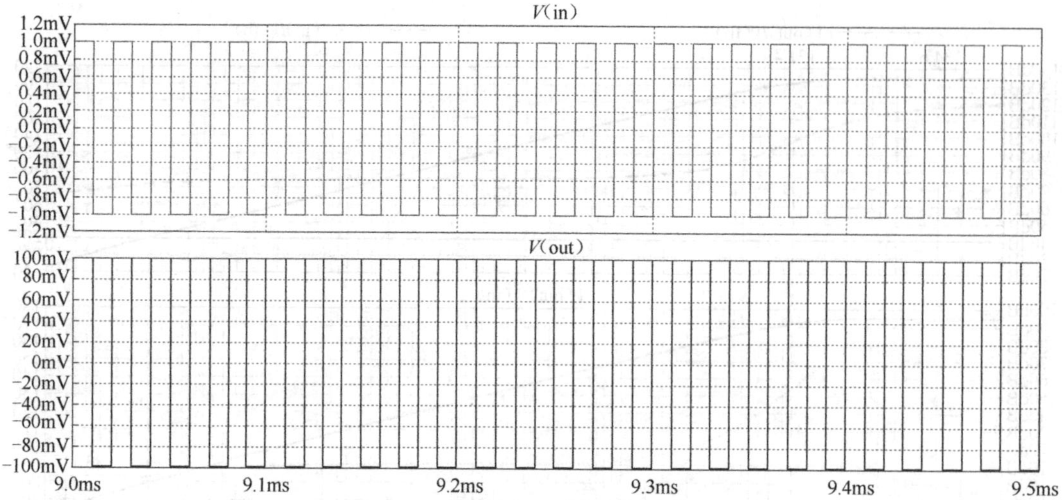

图 2-120　示例一的电路瞬态分析结果

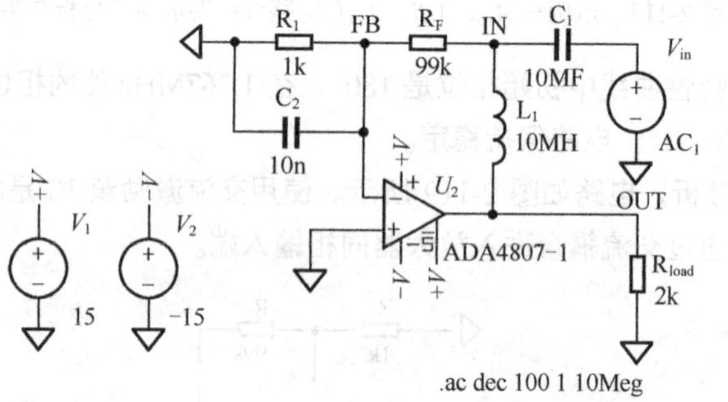

图 2-121　使用 ADA4807-1 组建的电路

环路增益 $A_{vo}\beta$ 相频特性曲线初始相应为 180°，低频极点（34.11Hz）处相位为 134.8°，16.37kHz 处的相位为 45.1°，在 $A_{vo}\beta$ 为 0dB，即增益为 1 倍（170.1kHz）处的相位为 4.44°，相比初始相位移动 175.46°，相位裕度为 4.44°，放大器工作不稳定。

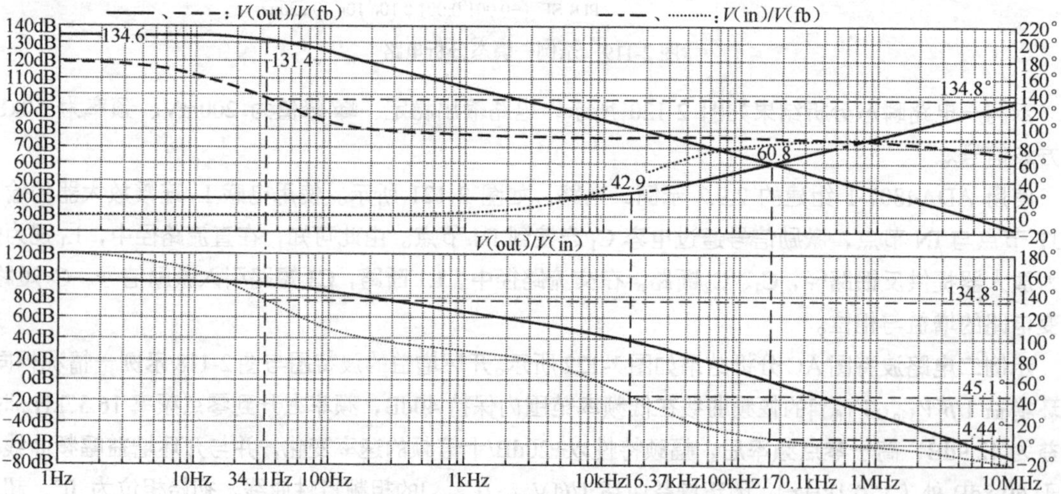

图 2-122　示例二电路波特图 AC 分析结果

对示例二电路进行瞬态分析，如图 2-123 所示。增加的交流激励源 V_{in} 是峰-峰值为 2mV、频率为 50kHz 的方波信号，通过交流耦合进入放大器。

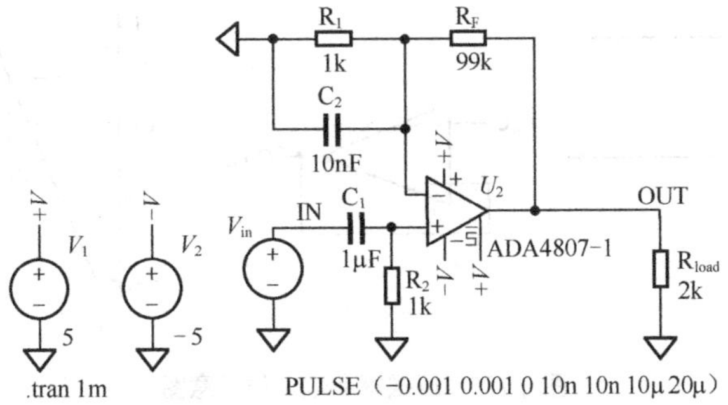

图 2-123　示例二电路瞬态分析

示例二电路瞬态分析结果如图 2-124 所示。电路输入波信号使输出存在严重振荡。

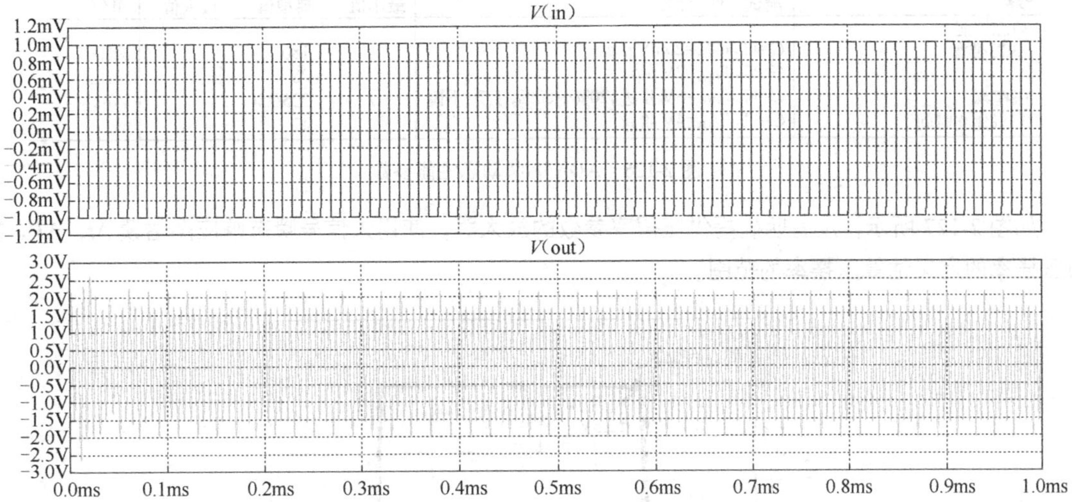

图 2-124　示例二的电路瞬态分析结果

2.10　压摆率与满功率带宽

2.8.2 介绍了增益带宽积参数应用在小信号输入的情况，在输入大信号的带宽分析中，如果工程师仍然使用增益带宽积进行设计，必然导致放大器电路的输出失真。本节内容分析放大器在大信号输入时，进行带宽评估的参数——压摆率和满功率带宽。

2.10.1　压摆率与满功率带宽的定义

压摆率（Slew Rate，SR）定义为由输入大信号阶跃变化引起的输出电压变化率，常用单位是 V/μs。如图 2-125 所示，在缓冲器电路的输入端提供一个由最低输入信号到最高输入信号的阶跃变化 V_{in}，放大器受到压摆率参数的影响，输出信号 V_o 对于大信号的响应以最快的变化速率（dV/dt）上升，直到输出信号达到与输入信号等幅值。

应注意放大器上升、下降过程中的压摆率可能不同，以及压摆率参数的测试条件。如图 2-126 所示，在±5V 电源供电、增益为 1 倍的电路中，ADA4807 输出 5V 阶跃信号。在信号的上升沿，从峰值的 20%提高到 80%时，压摆率（SR_+）为 225V/μs。在信号的下降沿，从峰值的 80%下降到 20%

时，压摆率（SR_-）为 250V/μs。

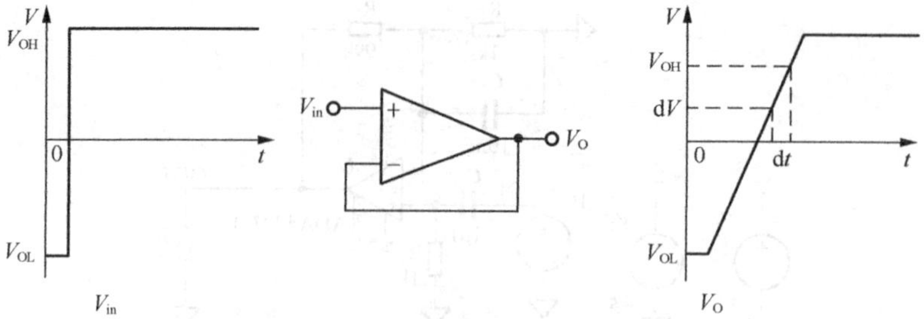

图 2-125 压摆率参数工作示意图

±5V电源

除非另有说明，T_A= 25℃，V_S=±5V，R_{LOAD}=1kΩ接中间电源电压，R_F=0Ω，G=+1，$-V_S \leqslant V_{ICM} \leqslant +V_S-1.5V$

参数	测试条件/注释	最小值	典型值	最大值	单位
动态性能					
-3dB带宽	G=+1, V_{OUT}=20mV p-p		180		MHz
	G=+1, V_{OUT}=2V p-p		28		MHz
压摆率	G=+1, V_{OUT}=5V 步进, 20%～80%, 上升/下降		225/250		V/μs
0.1%建立时间	G=+1, V_{OUT}=4V 阶跃		47		ns

图 2-126 ADA4807 动态性能参数

如图 2-127 所示，没有明确提供压摆率参数的放大器，使用大信号瞬态响应图估读 Δ*t*、Δ*V*，按照压摆率的定义估算压摆率的范围。

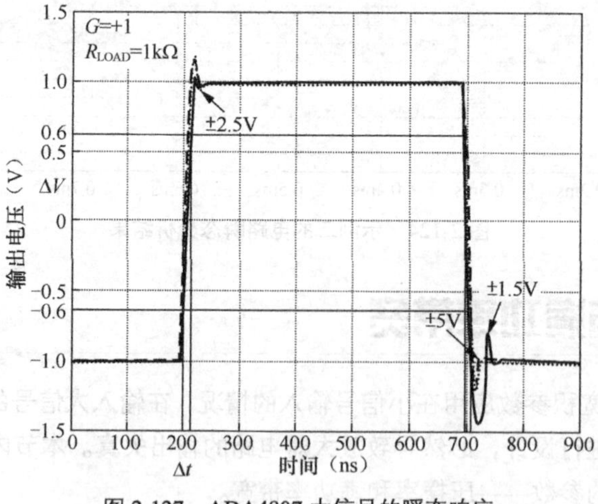

图 2-127 ADA4807 大信号的瞬态响应

虽然数据手册提供压摆率参数，但是工程师设计中最终需要的是大信号的带宽，即满功率带宽（Full Power Bandwidth，FPBW）。放大器在指定闭环增益与指定负载的条件下，输入正弦波时，输出为指定最大幅度，在此状态下，增大输入信号的频率，直到输出信号因为压摆率限制导致失真的频率点，称为满功率带宽。

输入峰值为 V_p，频率为 f 的正弦波信号，通过单位增益电路的输出电压为式 2-79。

$$V_{out} = V_p \sin(2\pi ft) \quad \text{（式 2-79）}$$

输出电压对时间求导，得到式 2-80。

$$\frac{dV}{dt}=2\pi fV_p\cos(2\pi ft)$$（式 2-80）

当 dV/dt 达到最大时，函数式为 2-81。

$$\left(\frac{dV}{dt}\right)_{MAX}=2\pi fV_p$$（式 2-81）

式中，MAX 表示在函数 cos 等于 1 的时候取得最大值。即在 sin 信号的 t 等于 0 时压摆率最大，此时对应的信号频率就是满功率带宽，式 2-81 变换为式 2-82。

$$SR=\left(\frac{dV}{dt}\right)_{MAX}=2\pi V_p FPBW$$（式 2-82）

由式 2-82，调整为满功率带宽的函数式见式 2-83。

$$FPBW=\frac{SR}{2\pi V_p}$$（式 2-83）

满功率带宽由压摆率和信号峰值决定。当压摆率为常数时，信号峰值越大，满功率带宽越小。以 ADA4807 压摆率 225V/μs 为例，当信号峰值为 2V 时，其满功率带宽为 17.9MHz；当信号峰值为 4V 时，其满功率带宽仅为 8.95MHz。所以在大信号作输入激励的 ADA4807 应用电路中，如果仍然使用增益带宽积（100MHz）进行设计，必然会导致电路输出失真。

2.10.2 压摆率限制原因和影响因素

放大器低频极点受输入级的米勒补偿电容影响，压摆率受到放大级米勒补偿电容的影响。

图 2-128 所示是放大器的输入级与放大级电路示意图。输入级跨导 g_m 将输入的差分信号转化为输出电流 I_{out}，I_{out} 流入放大级并对米勒补偿电容进行充电。流过电容的电流（i_c）与电容两边电压关系见式 2-84。

$$i_c=C\frac{dV}{dt}$$（式 2-84）

当 i_c 为常数时，电容两端的电压将随时间 t 呈线性变化。

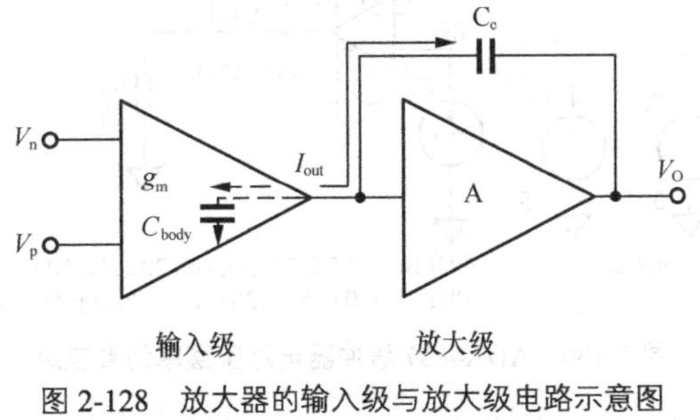

图 2-128　放大器的输入级与放大级电路示意图

所以当放大器输入的差分信号为小信号时，输入级的输出电流 I_{out} 远小于极限值，I_{out} 随输入差分信号的变化而变化，放大级的输出电压 V_o 不受影响。而在输入信号为大信号时，输入级的输出电流 I_{out} 达到极限值 I_{out}（MAX），即饱和恒流状态，输入级不再遵循“虚短”原则，放大级的输出电压 V_O 跟随时间以固定斜率呈线性状态增加，这种现象称为压摆率限制。

影响压摆率的重要因素是放大器内部的体效应，即半导体基片与衬底会形成 PN 结，具有结电容（体效应电容），如图 2-128 所示的输入级 C_{body}。由于 C_{body} 的形成将分流给 I_{out}，当 C_{body} 等于 C_c

时，I_{out} 下降 50%，压摆率也将下降 50%。体效应问题在同相放大电路中比较突出，因为共模电压随输入信号变化而变化进而影响 C_{body}。共模电压越高使得压摆率越低。在反相放大电路中，共模电压为常数，输入信号不会影响压摆率。

影响压摆率的另一个因素是温度，半导体器件的性能与工作温度相关。在放大器数据手册中会提供压摆率与温度示意图，通常压摆率会随着温度上升而在一定范围内增加，图 2-129 所示为 ADA4807 压摆率与温度示意图。

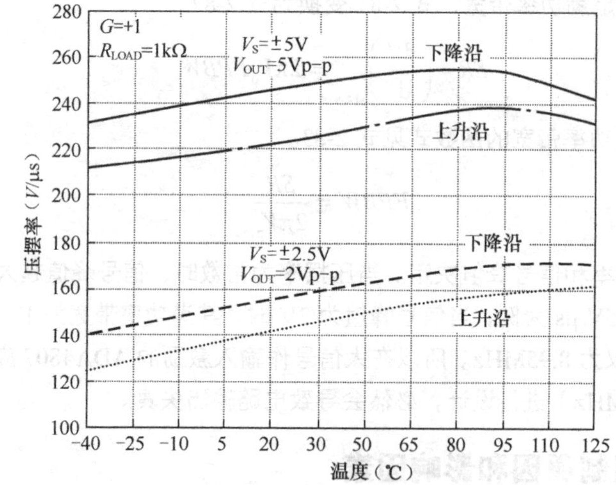

图 2-129　ADA4807 压摆率与温度示意图

2.10.3 压摆率测试仿真

ADA4807 缓冲器压摆率仿真电路如图 2-130 所示，使用 ADA4807-1 组建的缓冲器电路分别以峰-峰值为 5V 和 50mV、频率为 20kHz 的方波信号作为输入激励（V_3）进行瞬态分析。

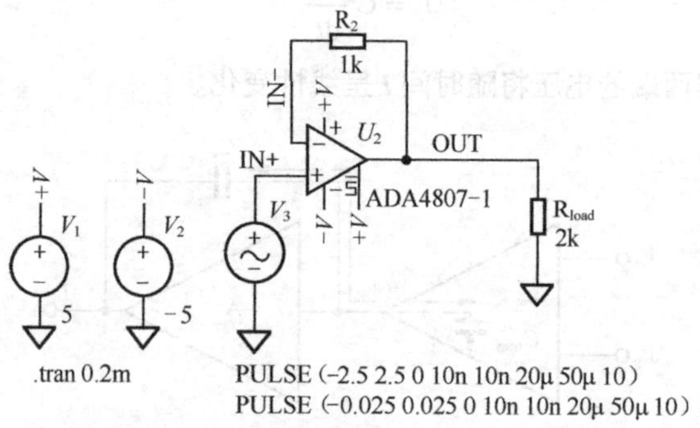

图 2-130　ADA4807 缓冲器电路压摆率仿真电路

在峰-峰值为 5V、频率为 20kHz 的方波激励信号上升沿，ADA4807 的压摆率瞬态分析结果如图 2-131 所示。在 50.0033μs 时，ADA4807 的输出电压为−2.0V；在 50.0211μs 时，ADA4807 的输出电压为+2.0V（图 2-126 中 ADA4087 压摆率测试条件为 20%～80%），由此可得：

$$SR_+ = \left|\frac{\Delta V}{\Delta t}\right| = \left|\frac{2-(-2)}{50.0211-50.0033}\right| = 224.7\text{V}/\mu\text{s}$$

仿真计算结果 224.7V/μs 接近 ADA4807 数据手册 SR_+ 的典型值 225V/μs，见图 2-126。

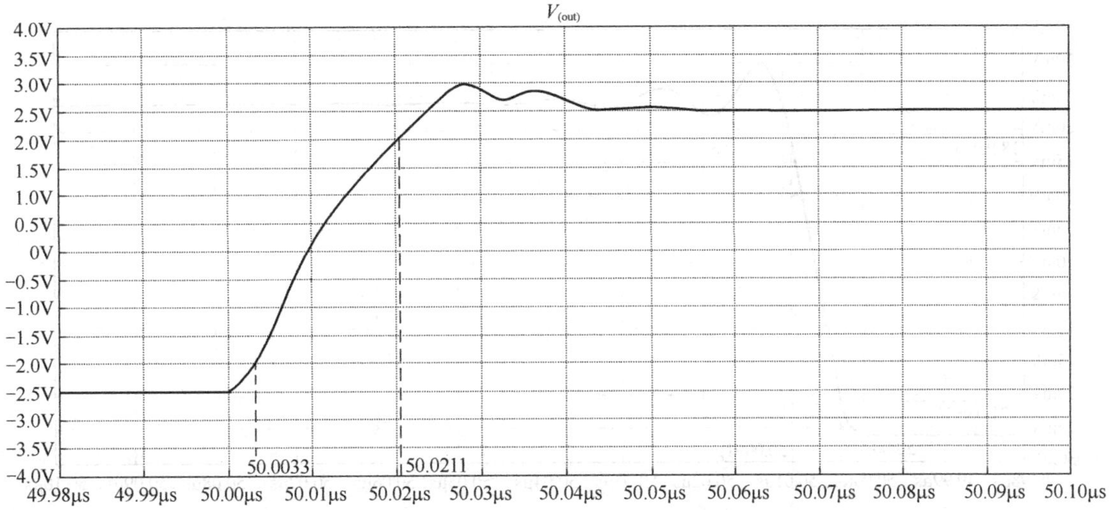

图 2-131　ADA4807 缓冲电路大信号激励 SR_+瞬态分析结果

在峰-峰值为 5V、频率为 20kHz 的方波激励信号下降沿，ADA4807 压摆率瞬态分析结果如图 2-132 所示。在 70.013μs 时，ADA4807 的输出电压为+2.0V；在 70.0282μs 时，ADA4807 的输出电压为−2.0V（图 2-126 中 ADA4087 压摆率测试条件为 80%到 20%），由此可得：

$$SR_- = \left|\frac{\Delta V}{\Delta t}\right| = \left|\frac{(-2)-2}{70.0282-70.013}\right| = 263\,\text{V/μs}$$

仿真计算结果为 263V/μs，接近数据手册 SR_的典型值 250V/μs，见图 2-126。

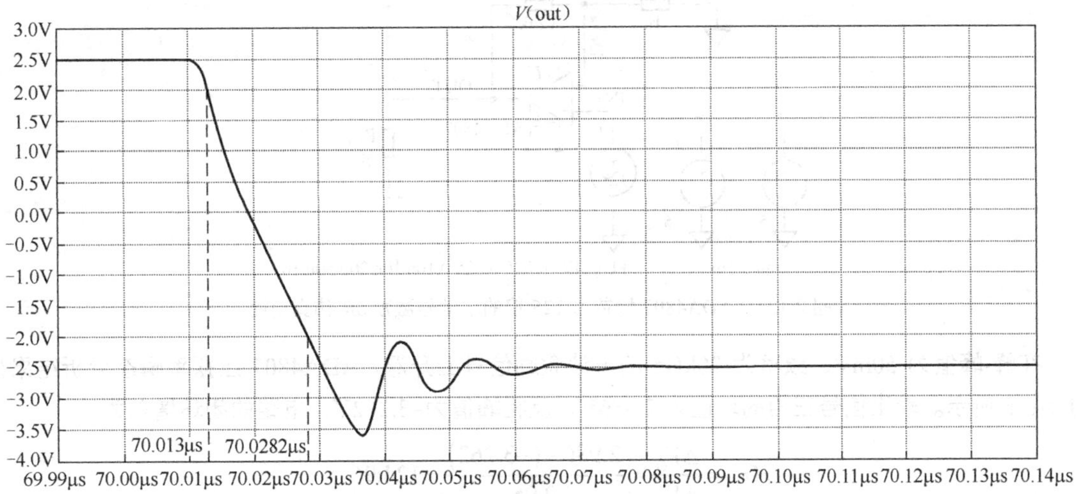

图 2-132　ADA4807 缓冲电路大信号激励 SR_-瞬态分析结果

在峰-峰值为 50mV、频率为 20kHz 的方波激励信号上升沿，ADA4807 压摆率瞬态分析结果如图 2-133 所示。在 50.003μs 时，ADA4807 的输出电压为−21.03mV；在 50.0091μs 时，ADA4807 的输出电压为+18.93mV，由此可得：

$$SR_+ = \left|\frac{\Delta V}{\Delta t}\right| = \left|\frac{0.01893-(-0.02103)}{50.0091-50.003}\right| = 6.55\,\text{V/μs}$$

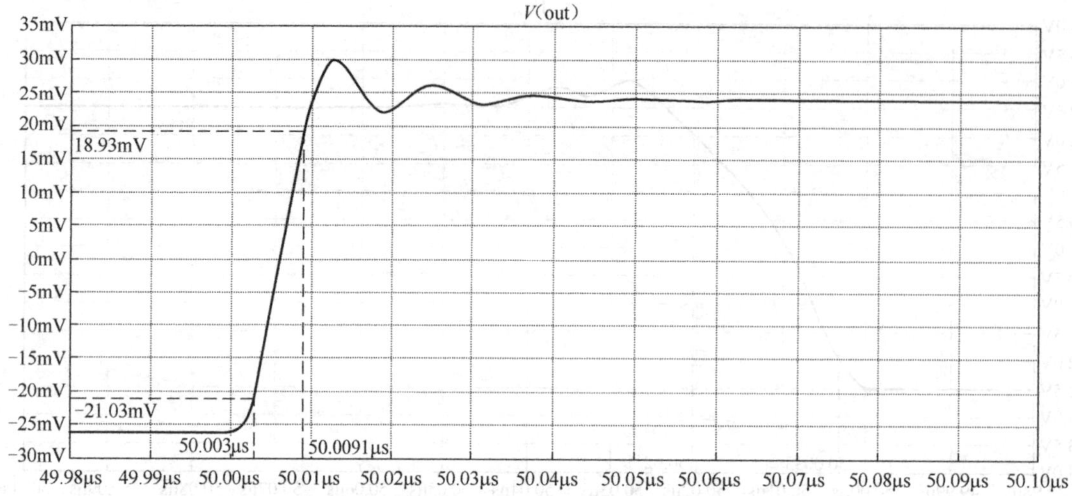

图 2-133　ADA4807 缓冲电路小信号激励 SR_+瞬态分析结果

采用小信号作为激励时，ADA4807 的压摆率远远低于 SR_+典型值 225V/μs。

比对上述仿真结果可以验证压摆率适用于大信号带宽分析，但是大信号是作为输入条件还是输出条件仍有疑问。上述缓冲器电路输入的是小信号，输出仍然是小信号。如果将输入小信号通过增益电路产生大信号输出时，是否会受到压摆率的限制？

如图 2-134 所示，电路增益设计为 125 倍，输入信号是峰-峰值为 50mV、频率为 20kHz 的方波小信号。

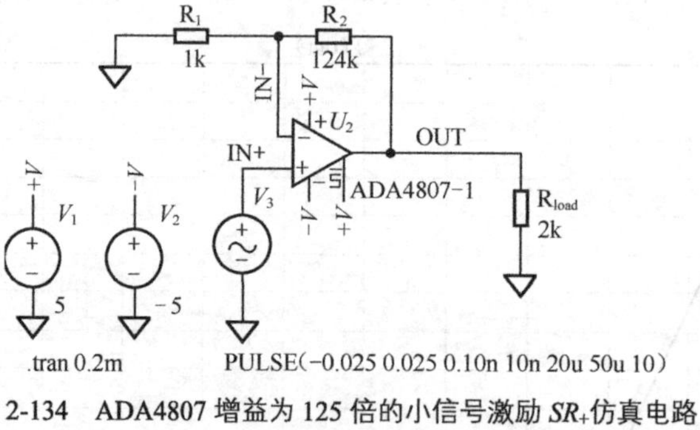

图 2-134　ADA4807 增益为 125 倍的小信号激励 SR_+仿真电路

在峰-峰值为 50mV、频率为 20kHz 的方波激励信号上升沿，ADA4807 压摆率瞬态分析结果如图 2-135 所示。输出信号正相的峰值为 2.986V，反相峰值为–3.262V，电路的闭环增益为：

$$G_{c1}=\frac{\Delta V_O}{\Delta V_{in}}=\frac{2.986-(-3.262)}{0.05}=124.96$$

计算得到的电路增益为 124.96，符合设计预期。在 50.0197μs 时，ADA4807 的输出电压为–2.609V；在 50.1662μs 时，ADA4807 的输出电压为+2.384V，由此可得：

$$SR_+=\left|\frac{\Delta V}{\Delta t}\right|=\left|\frac{2.384-(-2.609)}{50.1662-50.0197}\right|=34\,\text{V/μs}$$

该仿真计算结果为 34V/μs，与数据手册中 SR_+指标 225V/μs 仍然存在很大差异。由此可见，在电路输出为大信号、输入为小信号时，压摆率也不会受限。即压摆率的适用条件为输入端为大信号的情况。

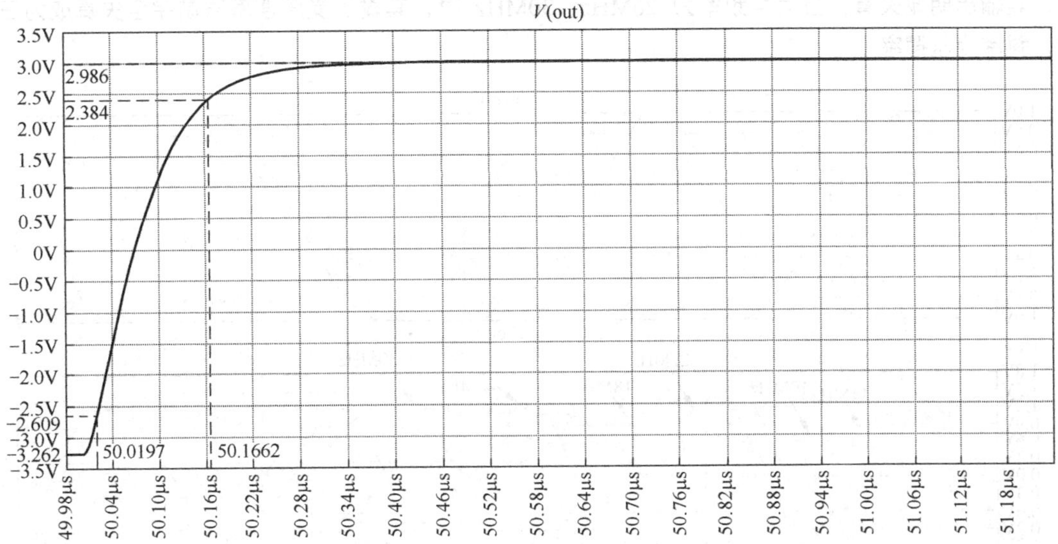

图 2-135　ADA4807 增益为 125 倍的小信号激励 SR_+ 瞬态分析结果

2.10.4　压摆率与满功率带宽案例分析

2019 年 4 月中旬，笔者接触到一位刚刚成立工作室的工程师，首款产品研发中将 AD8065 设计为电路第二级的缓冲器，调试中出现信号失真的现象。

AD8065 缓冲电路如图 2-136 所示，输入信号幅值为±0.1～±1V、频率为 10～30MHz 的正弦波，工程师反馈在输入信号为±1V，信号频率超过 20MHz 时，AD8065 的输出信号会产生失真，−3dB 的信号带宽为 145MHz，没有发现异常。

本例问题在于±0.1～±1V 的信号属于大信号范围，应该使用压摆率计算满功率带宽进行评估。AD8065 在±5V 供电，输入信号峰值为 1V，满功率带宽为：

$$FPBW = \frac{SR}{2\pi V_P} = \frac{180\,\text{V/μs}}{2\pi \times 1} \approx 28.7\text{MHz}$$

若工程师在方案选型阶段使用 LTspice 进行仿真完全可以暴露设计漏洞，规避压摆率限制问题，高效优质地完成硬件设计工作。如图 2-136 所示，信号源 V_3 设置为正弦波，峰值为 1V，频率设置可变参量，变化范围是 10～30MHz，以 4MHz 为步长。

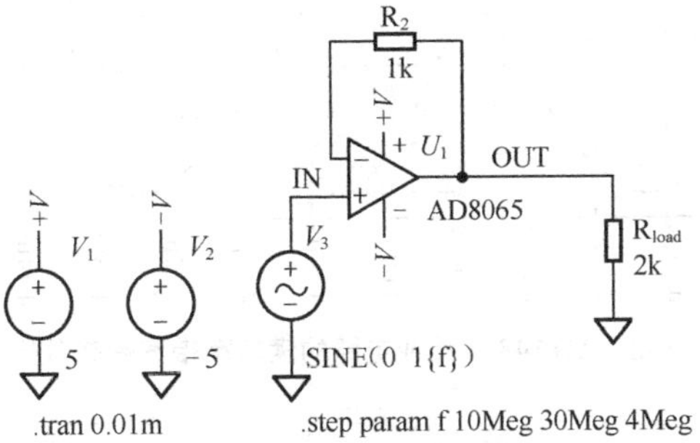

图 2-136　AD8065 缓冲电路

AD8065 的输出信号对比输入信号的瞬态分析结果如图 2-137 所示。当输入信号频率为 10MHz、

14MHz 时，输出完全跟随输入；当信号频率为 18MHz 时，其输出稍有失真；当信号频率为 22MHz 时，其输出明显失真；当信号频率为 26MHz、30MHz 时，其输出受压摆率限制完全失真成为三角波，斜率为压摆率。

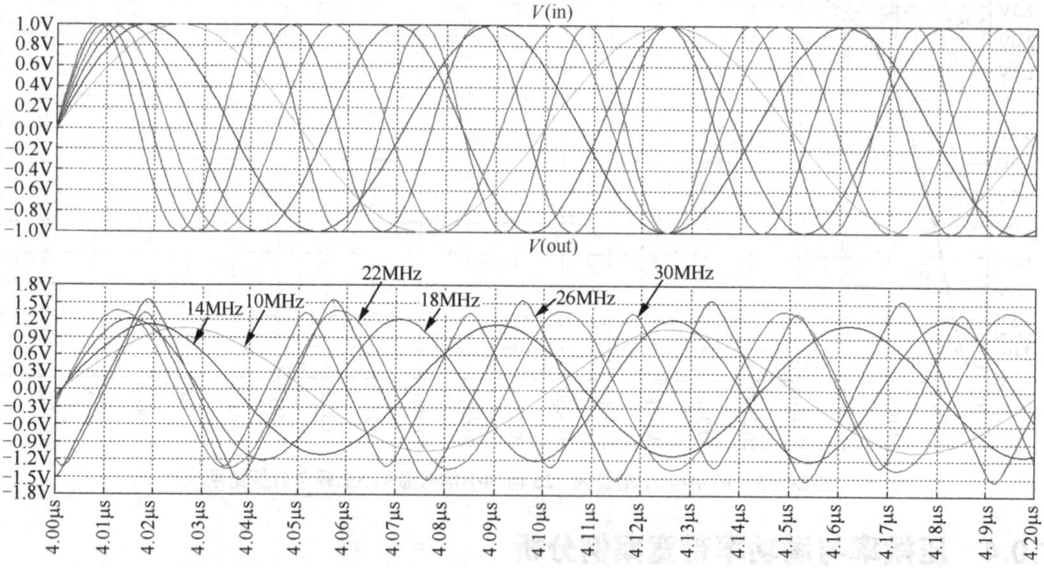

图 2-137　AD8065 缓冲电路的满功率带宽瞬态分析结果

将 AD8065 替换为 ADA4817（±5V 供电，4V 阶跃，压摆率 870V/μs）再次进行瞬态分析，结果如图 2-138 所示。输入正弦信号峰值为±1V，在频率为 10～30MHz 范围内，输出信号 $V_{(out)}$ 完全跟随与输入信号 $V_{(in)}$ 变化而变化，没有发生失真问题。

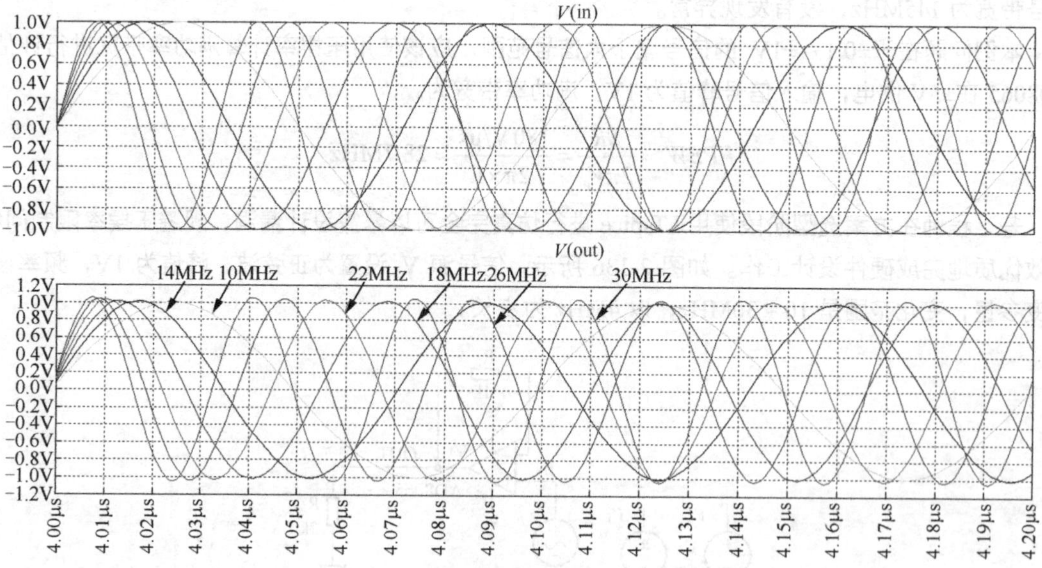

图 2-138　ADA4817 缓冲电路的满功率带宽瞬态分析结果

2.11　建立时间

建立时间也称为上升时间，是高速放大电路或 ADC 驱动电路设计的重要指标。

2.11.1 建立时间定义

建立时间（Setting Time，t_s）是指定放大器增益时，在输入阶跃信号作用下，输出电压全部进入指定误差范围内所需要的时间。指定误差范围通常为阶跃信号电压的±1%、±0.05%、±0.01%。

如图 2-139 所示，输入大阶跃信号作为激励时，输出信号的建立时间包括死区时间、压摆率消耗时间、恢复时间，涵盖纳秒级到毫秒级。

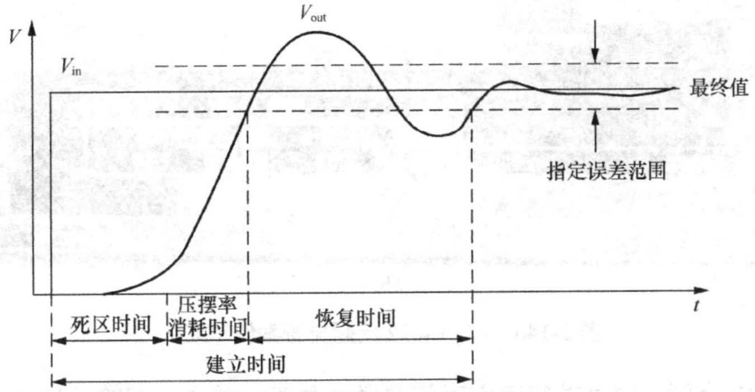

图 2-139 建立时间示意图

2.11.2 建立时间仿真

2019 年 8 月中旬，一位项目负责人发来电路的异常反馈。如图 2-140（a）所示，电路使用 ADA4622 将电流信号转化为电压信号输出，微处理器（MCU）控制 ADG1208 选择反馈电阻实现量程切换。电路调试过程中发现，MCU 切换反馈电阻后，ADA4622 需要较长的时间才能输出信号，如图 2-140（b）所示，ADA4622 输出的时间间隔为 40ms，工程师疑惑为何建立时间这么长？

这是一例将系统问题视为器件参数问题的案例。先与工程师厘清 ADA4622 建立时间参数与系统问题，然后针对现象将系统按功能分步骤测试，在 MCU 的控制模拟开关的环节，发现在控制信号输出与 MCU 触发标志信号之间存在很大延迟，后续建议工程师使用 MCU 中断处理，延迟大大降低。

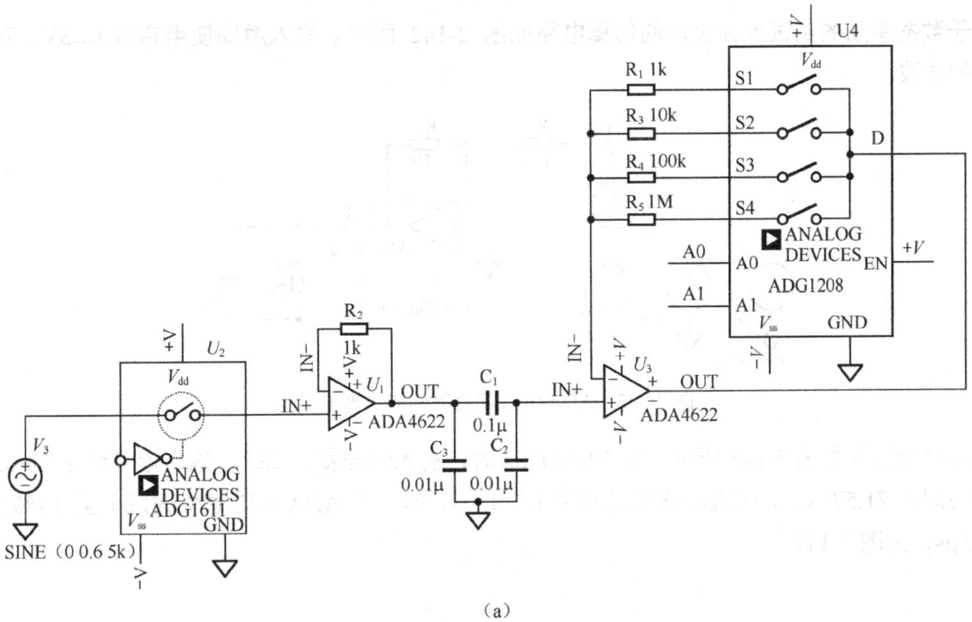

（a）

图 2-140 ADA4622 问题排查案例

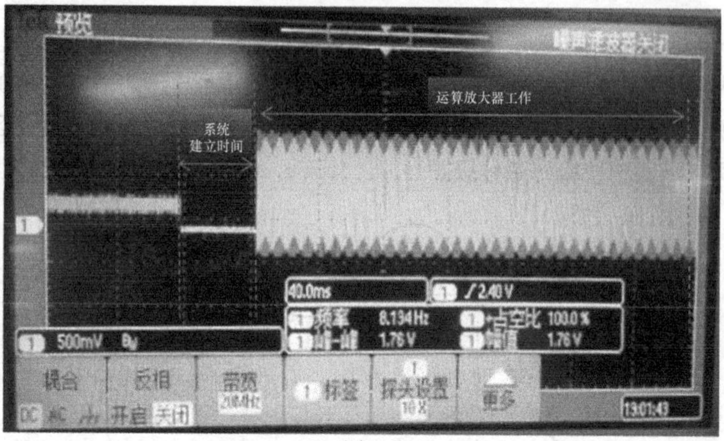

（b）

图 2-140　ADA4622 问题排查案例（续）

以上述 ADA4622 为例，如果进行建立时间参数的仿真，首先要明确的还是 ADA4622 数据手册提供的测试条件。如图 2-141 所示，在 25℃环境中，ADA4622 供电电源为±15V，电路增益为−1 倍，输出负载电阻为 2kΩ，负载电容为 15pF 时，输入 10V 阶跃信号，测试建立时间的典型值为 1.5μs。

电气特性，V_{SY}= ±15V

除非另有说明，电源电压（V_{SY}）= ±15V，共模电压（V_{CM}）= 输出电压（V_{OUT}）=0V T_A=25 ℃

参数	符号	测试条件/注释	最小值	典型值	最大值	单位
0.1% 建立时间	t_S	V_{IN}=10V阶跃，R_L=2kΩ，C_L=15pF，A_V=−1		1.5		μs
0.01% 建立时间	t_S	V_{IN}=10V阶跃，R_L=2kΩ，C_L=15pF，A_V=−1		2		μs

图 2-141　ADA4622 建立时间参数

基于数据手册的测试条件设计的仿真电路如图 2-142 所示。输入激励使用幅值为±5V、频率为 20kHz 的方波。

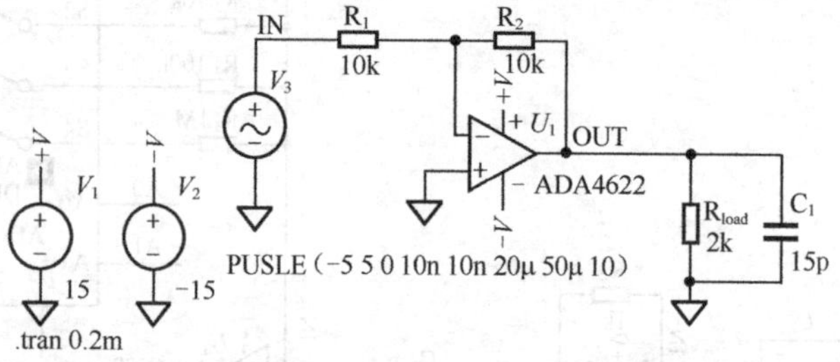

图 2-142　ADA4622 建立时间的仿真电路

瞬态分析结果如图 2-143 所示，在 70.0005μs 时，输入信号发生反转，输出信号稳定在±0.1%范围内的时间为 71.5718μs，仿真的建立时间是 1.5713μs，等同于 ADA4622 建立时间（至 0.1%）的典型值 1.5μs，见图 2-141。

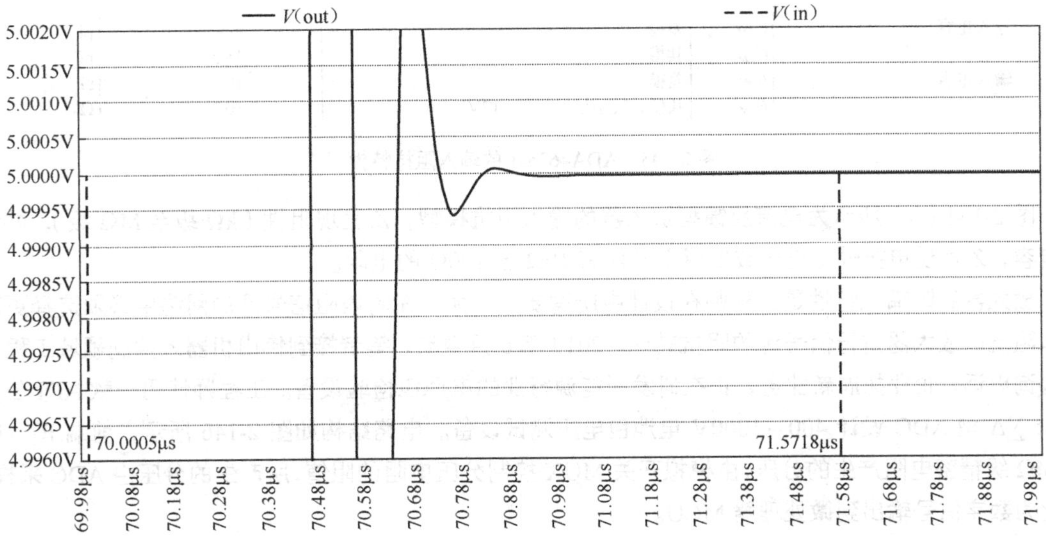

图 2-143　ADA4622 建立时间的瞬态分析结果

2.12 输入阻抗

在传感器信号处理电路中，需要评估传感器输出阻抗与放大器输入阻抗。放大器输入阻抗越大，信号源阻抗分压比例越低，但是输入阻抗并非纯电阻，本节将分析输入阻抗的应用。

2.12.1 放大器输入阻抗模型

电压反馈型放大器与电流反馈型放大器的输入阻抗结构完全不同。图 2-144（a）所示为电压反馈型放大器的输入阻抗模型，具有差模和共模两种输入阻抗，偏置电流从阻抗无限大的电流源流入放大器输入端。其中，共模输入阻抗（$Z_{cm}+$、$Z_{cm}-$）是放大器任一输入端与地之间的阻抗，$Z_{cm}+$、$Z_{cm}-$阻抗值近似，数据手册中通常不进行区分。差分输入阻抗（Z_{diff}）是放大器的两个输入端之间的阻抗。

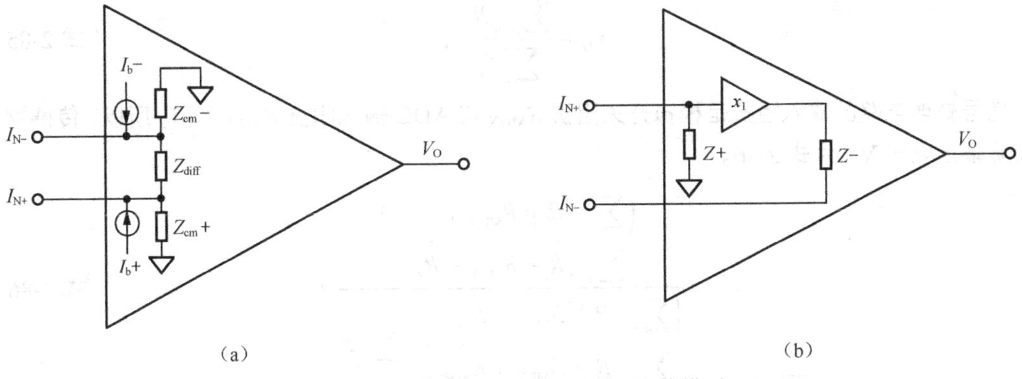

图 2-144　电压反馈型放大器的输入阻抗模型

阻抗呈现电阻与电容并联的形式，阻值范围为 kΩ 级至 TΩ 级，电容通常为 pF 级。图 2-145 所示为 ADA4625-1 共模输入电阻为 1TΩ，共模输入电容为 11.3pF；差模输入电阻为 1TΩ，差模输入电容为 8.6pF。

输入电容	C_{DM}	差模		8.6	pF
	C_{CM}	共模		11.3	pF
输入电阻	R_{DM}	差模		10^{12}	Ω
	R_{CM}	共模，V_{CM}从−18V到+12V		10^{12}	Ω

图 2-145　ADA4625-1 的输入阻抗特性

图 2-144（b）所示为电流反馈型放大器的输入阻抗模型，Z_+呈现阻性（kΩ 级至 MΩ 级），并伴有电容，Z_-呈现电抗性（电容或电感）并伴有 10Ω 至 100Ω 的电阻。

放大器高阻输入特性是工程师在设计中所需要的，尤其在高内阻信号源的网络中必须选择更高输入阻抗的放大器进行信号源的阻抗转化。2019 年 6 月中旬，笔者接到佛山机器人控制领域工程师的咨询电话，企业拓展新业务，正在研发新能源行业的电池包检验设备。工程师使用一款 ADI 公司 24bit ∑Δ 型 ADC 设计 400～1000V 电池包电压测试设备。电路结构如图 2-146 所示，前端 R_1～R_n 是 MΩ 级精密电阻产生的分压，由模拟开关 MUX 控制分压电阻的阻值，所产生的分压由 ADC 采样、量化为数字信号输出到微处理器 MCU。

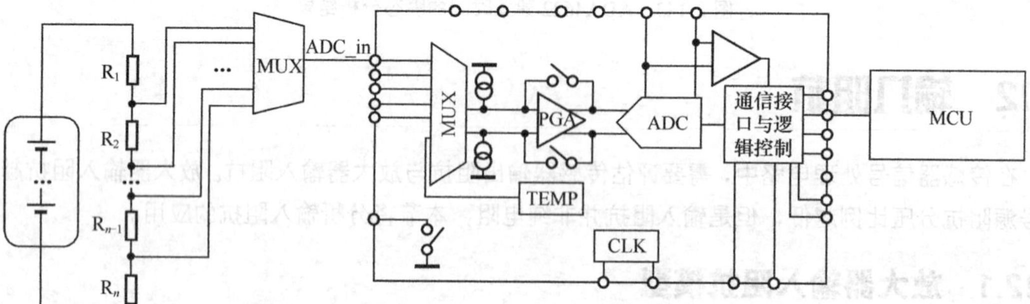

图 2-146　电池包电压测试电路结构图

测试中发现几个问题，其中之一是 ADC 输入端电压值与设计的理论分压值相差超过 1V。针对该问题对信号网络进行分析如图 2-147（a）所示。电池与 MΩ 级精密电阻（R_1～R_n）构成传感网络端口，设计输出电压为式 2-85。其中，产生分压的阻抗为 R_{m+1} 至 R_n 电阻之和。

$$V_O = \frac{\sum_{m+1}^{n} R_i}{\sum_{1}^{n} R_i} V_b \qquad \text{（式 2-85）}$$

信号处理电路的输入阻抗是模拟开关阻抗 R_{MUX} 与 ADC 输入阻抗 R_{ADC} 之和。所以，传感网络端口实际输出电压 V_{o1} 为式 2-86。

$$V_{o1} = \frac{\dfrac{\left(\sum_{m+1}^{n} R_i\right)\left(R_{MUX}+R_{ADC}\right)}{\sum_{m+1}^{n} R_i + R_{MUX} + R_{ADC}}}{\dfrac{\left(\sum_{m+1}^{n} R_i\right)\left(R_{MUX}+R_{ADC}\right)}{\sum_{m+1}^{n} R_i + R_{MUX} + R_{ADC}} + \sum_{1}^{m} R_j} V_b \qquad \text{（式 2-86）}$$

由于模拟开关阻抗 R_{MUX} 与 ADC 输入阻抗 R_{ADC} 之和小于传感网络端口的分压阻抗，所以网络级联后的端口实际输出电压 V_{o1} 近似为式 2-87。

$$V_O > V_{o1} \approx \frac{R_{MUX}+R_{ADC}}{R_{MUX}+R_{ADC}+\sum_{1}^{m} R_j} V_b \qquad \text{（式 2-87）}$$

因此，推荐使用 ADA4622 作为缓冲器电路在输入端口进行阻抗转换，如图 2-147（b）所示。信号处理输入阻抗改善为模拟开关输入电阻 R_{MUX} 与放大器共模输入阻抗 R_{cm} 之和，信号处理改善网络与传感网络端口连接后的电压 V_{o2} 为式 2-88。

$$V_{o2}=\frac{\dfrac{\left(\sum_{m+1}^{n}R_i\right)\left(R_{MUX}+R_{cm}\right)}{\sum_{m+1}^{n}R_i+R_{MUX}+R_{cm}}}{\dfrac{\left(\sum_{m+1}^{n}R_i\right)\left(R_{MUX}+R_{cm}\right)}{\sum_{m+1}^{n}R_i+R_{MUX}+R_{cm}}+\sum_{1}^{m}R_j}V_b \qquad (式 2-88)$$

由于放大器共模输入阻抗 R_{cm} 远大于传感网络的分压阻抗，改善后的网络端口电压 V_{o2} 近似为式 2-89。

$$V_{o2}\approx\frac{\sum_{m+1}^{n}R_i}{\sum_{m+1}^{n}R_i+\sum_{1}^{m}R_j}V_b=V_O \qquad (式 2-89)$$

可见，改善后的端口网络电压 V_{o2} 与所设计端口网络电压 V_O 近似。后续工程师使用已有的放大器型号在输入端完成阻抗转化。

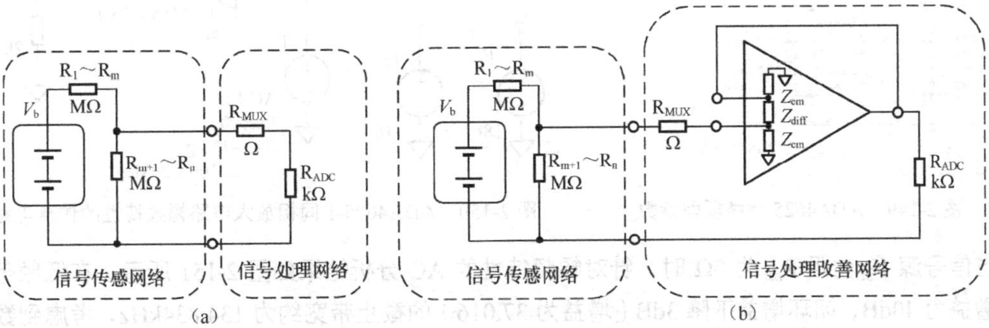

图 2-147　戴维南等效网络示意图

2.12.2　输入电容对闭环回路带宽的影响与仿真

放大器的输入电容为 pF 级，在低内阻的信号源网络中，放大器的输入电容不会对带宽产生限制。如图 2-148 所示，当信号源内阻为零可以忽略时，以 ADA4625-1 的同相增益放大电路为例，增益为 100 倍（40dB），该增益处对应的 ADA4625-1 的开环增益曲线满足–20dB/十倍频的关系，通过增益带宽积计算电路的闭环带宽为

$$BW_{CL}=\frac{GWB}{G_{CL}}=\frac{180\text{MHz}}{100}=180\text{kHz}$$

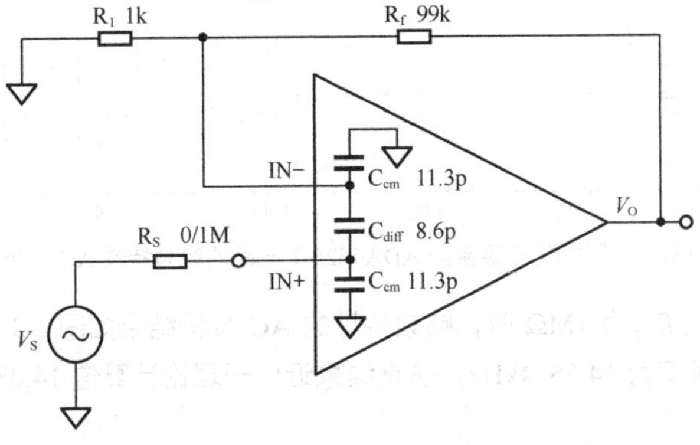

图 2-148　ADA4625-1 的同相增益放大电路

在信号源内阻 R_s 为 1MΩ 时，与放大器输入共模电容构成一阶 RC 电路，极点为：

$$f_C = \frac{1}{2\pi RC} = \frac{1}{2\pi \times 10^6 \times 11.3 \times 10^{-12}} \approx 14.08\text{kHz}$$

对放大器输入电容与带宽关系进行仿真之前，先确认放大器的模型中是否包含输入电容参数。如图 2-149 所示，ADA4625-1 的 LTspice 模型中的输入电阻、电容参数与数据手册相同。

然后，将 ADA4625-1 设计为幅频特性的仿真电路，如图 2-150 所示。

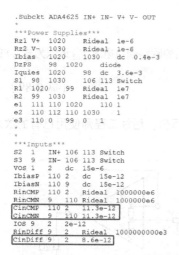

```
.Subckt ADA4625 IN+ IN- V+ V- OUT
*
***Power Supplies***
Rz1 V+   1020     Rideal  1e-6
Rz2 V-   1030     Rideal  1e-6
Ibias   1020      1030    dc  0.4e-3
DzPS     98  1020     diode
Iquies  1020      98  dc  3.6e-3
S1   98  1030     106 113 Switch
R1  1020      99  Rideal  1e7
R2   99  1030     Rideal  1e7
e1   111 110 1020     110 1
e2   110 112 110 1030     1
e3   110 0   99  0   1
*
*
***Inputs***
S2   1   IN+ 106 113 Switch
S3   9   IN- 106 113 Switch
VOS 1    2   dc  15e-6
IbiasP   110 2   dc  15e-12
IbiasN   110 9   dc  15e-12
RinCMP   110 2   Rideal  1000000e6
RinCMN   9   110 Rideal  1000000e6
CinCMP   110 2   11.3e-12
CinCMN   9   110 11.3e-12
IOS 9    2   2e-12
RinDiff 9    2   Rideal  1000000000e3
CinDiff 9    2   8.6e-12
```

图 2-149　ADA4625 网络模型参数

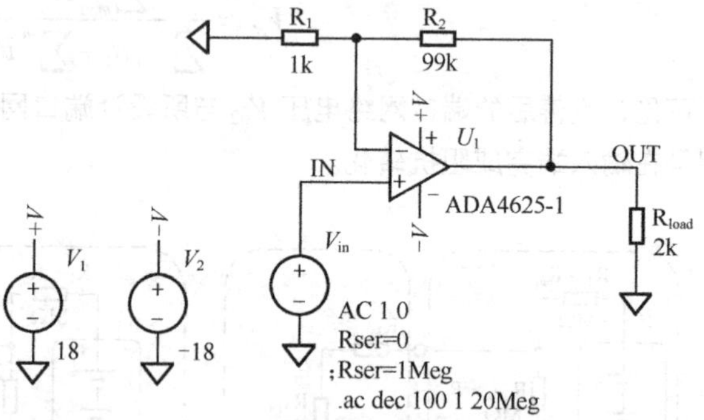

图 2-150　ADA4625-1 同相放大电路幅频特性的仿真电路

当信号源 V_{in} 内阻 R_{ser} 为 0Ω 时，针对幅频特性的 AC 分析结果如图 2-151 所示。在低频范围的闭环增益为 40dB，闭环增益下降 3dB（增益为 37.016）的截止带宽约为 134.834kHz，考虑到数据手册中增益带宽积的测试条件因素，该仿真结果可以接受。

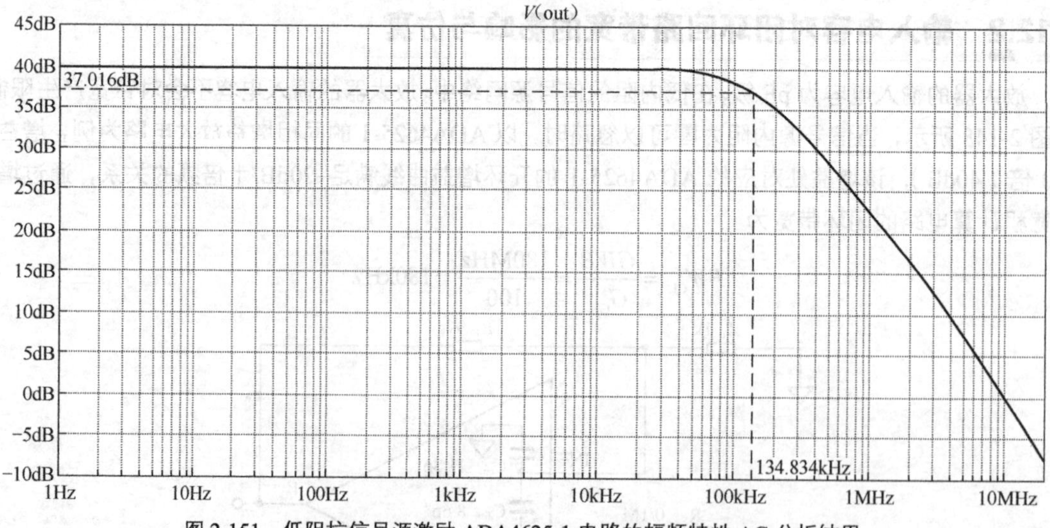

图 2-151　低阻抗信号源激励 ADA4625-1 电路的幅频特性 AC 分析结果

在信号源 V_{in} 的内阻 R_{ser} 为 1MΩ 时，幅频特性的 AC 分析结果如图 2-152 所示。闭环增益下降 3dB（37.016dB）截止频率为 14.5514kHz，仿真结果近似于理论计算值 14.08kHz。

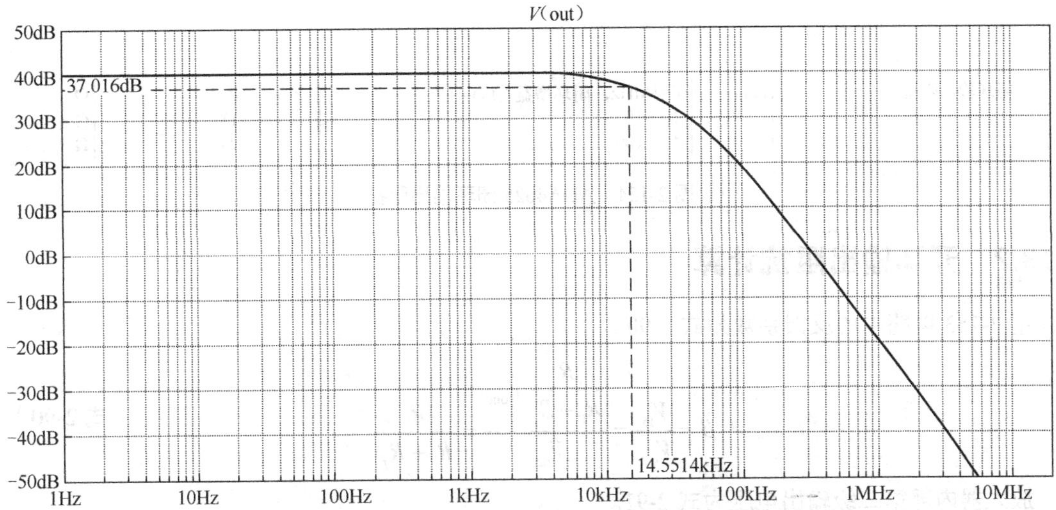

图 2-152　高阻抗信号源激励 ADA4625-1 电路的幅频特性 AC 分析结果

2.13 输出阻抗

真实放大器的内部存在开环输出阻抗，它会在滤波器、SAR 型 ADC 驱动等应用中影响电路的性能。数据手册中大多提供闭环输出阻抗的参数性能，本节分析开环输出阻抗的求解方式。

2.13.1 开环输出阻抗与闭环输出电阻区别

放大器的输出阻抗包括开环输出阻抗 Z_o 与闭环输出阻抗 Z_{out}。开环输出阻抗是串联在放大器内部第二级(放大级)之后与放大器的输出引脚之间的阻抗，如图 2-153 所示。

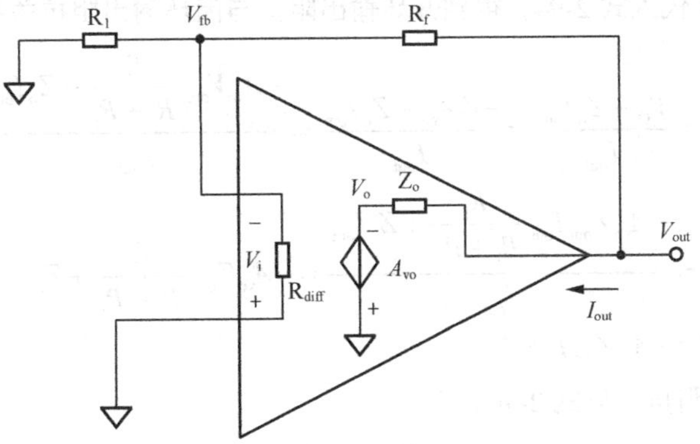

图 2-153　放大器输出阻抗直流特征示意图

当放大器的输出连接负载电容，反馈电容或者输出杂散电容过大时，开环输出阻抗与这些电容共同作用会导致信号失真，甚至影响放大器的稳定性。由于放大器开环增益很大，导致开环输出阻抗的测量不容易实现。所以，引入闭环输出阻抗的概念。它定义为放大器在指定闭环增益、指定频率时，输出电压 V_{out} 与输出电流 I_{out} 的比值。

如图 2-154 所示，在 1MHz 频率处，闭环增益为+1 倍时，ADA4625 闭环输出阻抗为 2Ω；闭环增益为+10 倍时，ADA4625 的闭环输出阻抗为 18Ω。闭环增益为+100 倍时，ADA4625 的闭环输出阻抗为 29Ω。

闭环输出阻抗	Z_{OUT}	f=1MHz，闭环增益（A_V）=+1 A_V=+10 A_V=+100	2 18 29	Ω Ω Ω

图 2-154　ADA4625 闭环输出阻抗

2.13.2　开环输出阻抗计算

图 2-153 电路中的反馈系数为式 2-90。

$$\beta = \frac{V_{fb}}{V_{out}} = \frac{\frac{R_1}{R_1+R_f}V_{out}}{V_{out}} = \frac{R_1}{R_1+R_f} \quad （式 2-90）$$

放大器内部第二级输出电压为式 2-91。

$$V_O = -V_i A_{vo} \quad （式 2-91）$$

输入信号为式 2-92。

$$V_i = V_{fb} = V_{out}\frac{R_1}{R_1+R_f} = V_{out}\beta \quad （式 2-92）$$

包含开环输出阻抗参数的输出电压为式 2-93。

$$V_{out} = V_O + Z_o I_{out} \quad （式 2-93）$$

根据定义，闭环输出阻抗函数为式 2-94。

$$Z_{out} = \frac{V_{out}}{I_{out}} \quad （式 2-94）$$

将式 2-90 ~ 式 2-93 代入式 2-94，得到开环输出阻抗与闭环输出阻抗关系，见式 2-95。

$$\begin{aligned} Z_{out} &= \frac{V_O + Z_o I_{out}}{I_{out}} = \frac{-V_i A_{vo} + Z_o I_{out}}{I_{out}} = \frac{-A_{vo}V_{out}\frac{R_1}{R_1+R_f} + Z_o I_{out}}{I_{out}} \\ &= \frac{-A_{vo}Z_{out}I_{out}\frac{R_1}{R_1+R_f} + Z_o I_{out}}{I_{out}} = -A_{vo}Z_{out}\frac{R_1}{R_1+R_f} + Z_o \\ &= -A_{vo}Z_{out}\beta + Z_o \end{aligned} \quad （式 2-95）$$

整理得到开环输出阻抗，见式 2-96。

$$Z_o = (1 + A_{vo}\beta)Z_{out} \quad （式 2-96）$$

可见，开环输出阻抗为闭环输出阻抗的 $1+A_{vo}\beta$ 倍。

使用 ADA4625-1 可以组建闭环增益为 1 的电路，在 1MHz 时闭环输出阻抗为 2Ω。图 2-155 所示为 ADA4625-1 数据手册中开环增益与频率曲线，1MHz 处开环增益大约为 23dB（14.12 倍），代入式 2-96 计算开环输出阻抗为

$$Z_o = (1 + A_{vo}\beta)Z_{out} \approx (1 + 14.12)\times 2 = 30.24(\Omega)$$

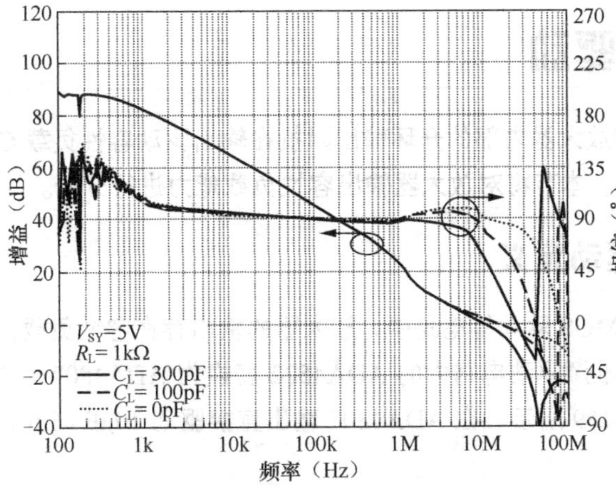

图 2-155 ADA4625-1 开环增益与频率曲线

这种计算输出阻抗的误差主要在 1MHz 处，对开环增益的估计读数误差。它容易受到对数坐标系、曲线粗细等因素的影响。所以，使用 LTspice 仿真进一步验证开环输出阻抗的计算结果。如图 2-156 所示，将 ADA4625 配置为开环增益与环路增益仿真的单位增益电路，其中开环增益（A_{vo}）为 V_{out}/V_{in}，闭环增益（$1/\beta$）为 V_{out}/V_{fb}，环路增益（$A_{vo}\beta$）为 V_{fb}/V_{in}。

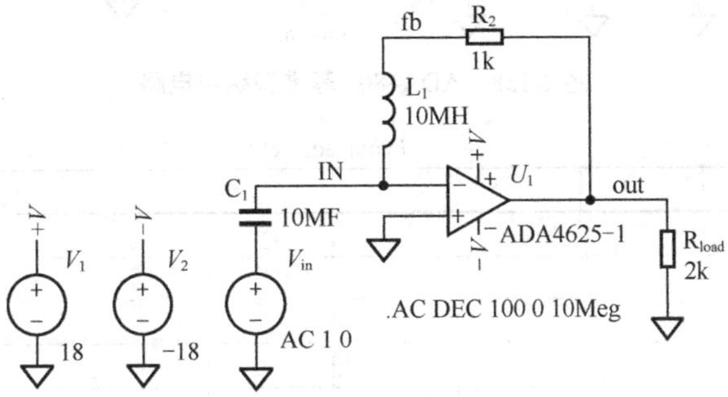

图 2-156 ADA4625-1 环路增益仿真电路

AC 分析结果如图 2-157 所示，1MHz 处环路增益（$A_{vo}\beta$）为 22.37dB（13.13711 倍），代入式 2-96 计算闭环输出阻抗约为 28.27Ω，仿真计算值与读数计算值近似。

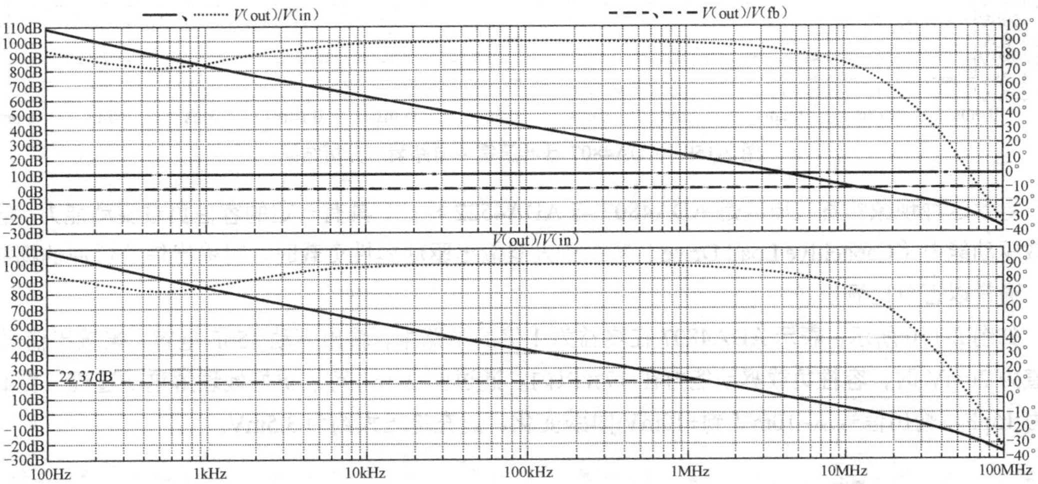

图 2-157 ADA4625-1 环路增益 AC 分析结果

2.14 容性负载驱动

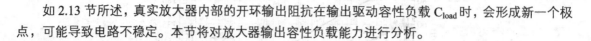

如 2.13 节所述，真实放大器内部的开环输出阻抗在输出驱动容性负载 C_{load} 时，会形成新一个极点，可能导致电路不稳定。本节将对放大器输出容性负载能力进行分析。

2.14.1 容性负载驱动定义

在基准源缓冲电路、MOS 驱动等电路中，放大器的输出存在容性负载，处理不当时会发生振荡现象。如果将图 2-110 基准源驱动电路中的 ADA4522 替换为 ADA4807，电路如图 2-158 所示。进行瞬态分析的结果如图 2-159 所示，在 ADA4807 输出直接驱动 10μF 与 0.1uF 电容时，电路输出电压为 2.5V，十分稳定。

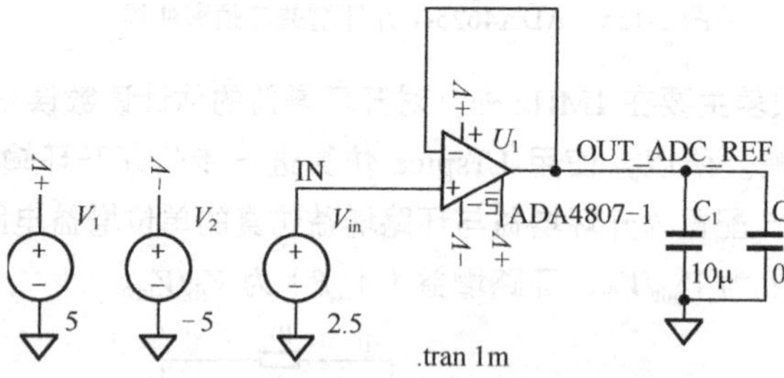

图 2-158 ADA4807 基准源缓冲电路

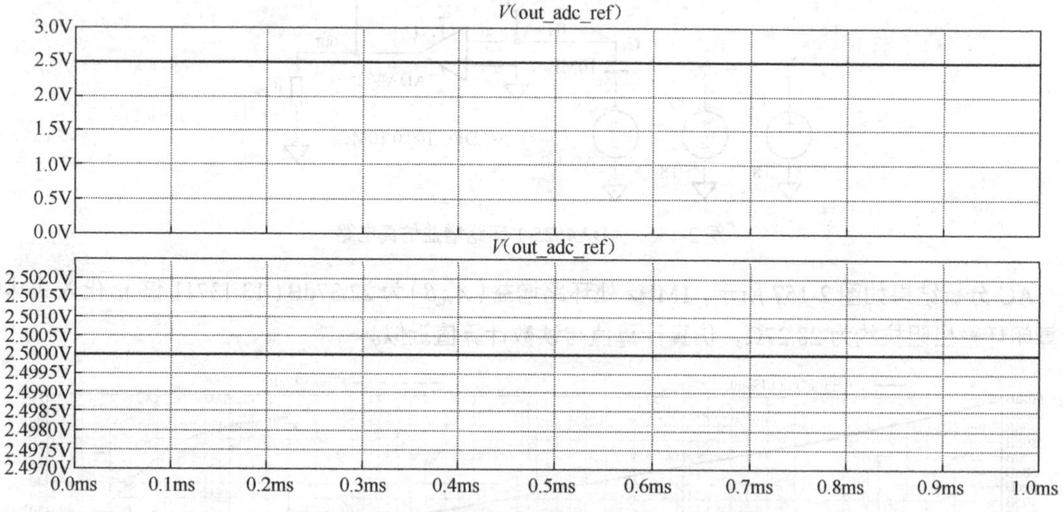

图 2-159 ADA4807 基准源缓冲电路瞬态分析结果

导致这种现象的直接原因是 ADA4807 与 ADA4522 相比，具有一定的容性负载驱动能力。容性负载驱动能力（Capacitive Load Drive）是指放大器输出驱动容性负载时，对输出信号过冲的抑制能力，通常以百分比表示。

如图 2-160 所示，表示 ADA4807 在增益为 1 倍的电路中，输出驱动 15pF 电容，当输出信号峰-峰值为 20mV 时，容性负载驱动能力在 17%以内。通过图 2-161 可以更好地理解这一过程，负载电容为 15pF，输出信号从–10mV 到+10mV 阶跃变化，过充电压大约为 3.5mV。

输出特性				
饱和输出电压摆幅	R_{LOAD}=1kΩ			
高		$+V_S-0.08$	$+V_S-0.04$	V
低		$-V_S+0.1$	$-V_S+0.07$	V
线性输出电流	G=+1, V_{IN}=+V_S, R_{LOAD}=varied		50	mA
	G=+1, V_{IN}=−V_S, R_{LOAD}=varied		60	mA
短路电流	G=+1, V_{IN}=+V_S, R_{LOAD}=0Ω～10Ω		80	mA
	G=+1, V_{IN}=−V_S, R_{LOAD}=0Ω～10Ω		80	mA
容性负载驱动能力	C_{LOAD}=15pF, V_{OUT}=20mV p-p		17	% overshoot

图 2-160 ADA4807 输出特性

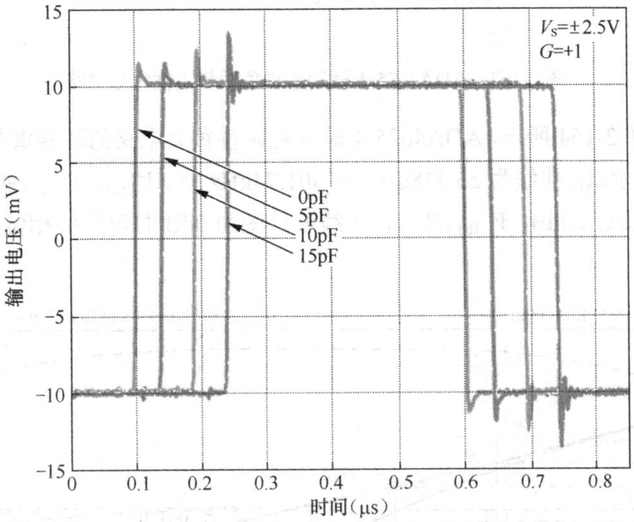

图 2-161 ADA4807 不同容性负载下的小信号瞬态响应

2.14.2 容性负载对稳定性的影响

放大器输出驱动容性负载时，开环输出电阻 R_o 与负载电容 C_{load} 组成一阶 RC 电路，如图 2-162 所示，新增极点 f_p 频率为式 2-97。

$$f_p = \frac{1}{2\pi R_o C_{load}} \quad (式 2\text{-}97)$$

其中，开环输出电阻 R_o 近似等于开环输出阻抗。

新增极点 f_p 处相位延迟 45°，高于 10 倍 f_p 频率的相位延迟 90°。参考 2.9.2 小节，在环路增益为 0dB 时，使用放大器的相位裕度判断电路是否稳定，即是否能直接驱动容性负载。

如图 2-163（a）所示，以 ADA4625-1 为例的环路增益仿真电路，通过 2.13.2 小节中的估算，其输出电阻 R_o 约为 28.96Ω，当电路输出直接驱动 1μF 容性负载时，由式 2-97 计算新增极点频率约为 5.495kHz。另外，使用 ADA4625-1 输出驱动纯电阻电路进行对比，如图 2-163（b）所示。

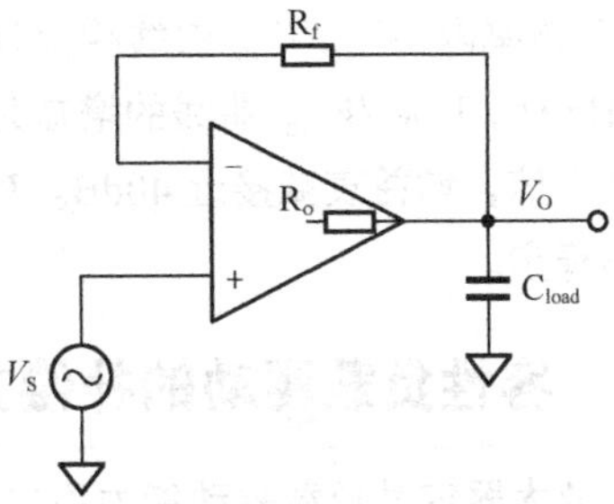

图 2-162 放大器开环输出阻抗驱动电容负载电路图

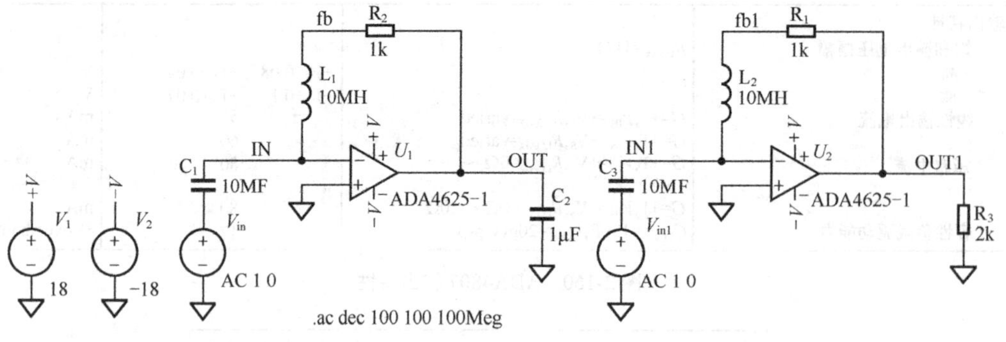

（a）　　　　　　　　　　（b）

图 2-163　ADA4625-1 驱动容性负载与阻性负载电路

AC 分析结果如图 2-164 所示，ADA4625-1 驱动纯阻性负载电路的环路增益为 $V_{(fb1)}/V_{(in1)}$ 曲线，在 30.1kHz 处，$V_{(fb1)}/V_{(in1)}$ 曲线为 53.118dB；在 301.74kHz 处，$V_{(fb1)}/V_{(in1)}$ 曲线为 32.904dB，频率增加十倍，增益衰减接近 20dB。$V_{(fb1)}/V_{(in1)}$ 曲线波特图为 0dB 时对应的相位裕度为 69.462°，判定电路输出稳定。

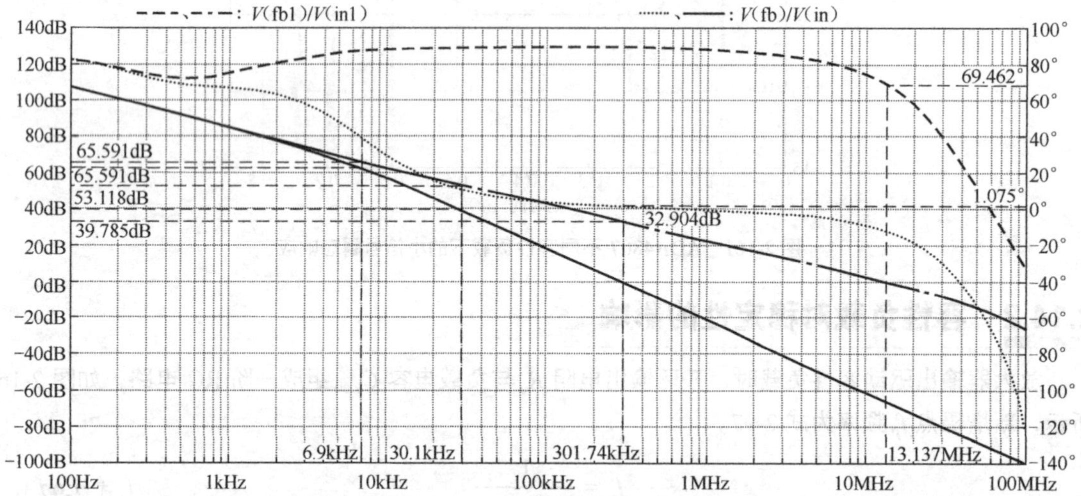

图 2-164　ADA4625-1 驱动容性负载与阻性负载的环路增益波特图 AC 分析结果

ADA4625-1 驱动容性负载电路的环路增益为 $V_{(fb)}/V_{(in)}$ 曲线，与 $V_{(fb1)}/V_{(in1)}$ 曲线的幅频特性在低频范围内重合。在 6.9kHz 处 $V_{(fb1)}/V_{(in1)}$ 曲线与 $V_{(fb)}/V_{(in)}$ 曲线的增益相差 3dB，另外在 6.9kHz 前后 20 倍频率内，$V_{(fb)}/V_{(in)}$ 曲线相位延迟 90°，即 ADA4625-1 R_o 与 C_{load} 组成的极点频率为 6.9kHz。在 30.1kHz 处，$V_{(fb)}/V_{(in)}$ 曲线的增益为 39.785dB。在 301.74kHz 处，$V_{(fb)}/V_{(in)}$ 曲线的增益为 0dB，频率增加十倍，增益衰减接近 40dB。$V_{(fb)}/V_{(in)}$ 曲线在波特图 0dB 处，对应相位裕度为 1.075°，判断电路不稳定。

2.14.3　容性负载驱动的补偿方法与仿真

补偿放大器容性负载驱动能力不足的方法是增加零点 f_Z 补偿极点产生相位延迟。如图 2-165（a）所示，在放大器的输出端 V_{out} 与容性负载 C_{load} 之间串联隔离电阻 R_{iso}，电路的输出传输网络简化为图 2-165（b），传递函数见式 2-98。

$$H(s)=\frac{V_{out}}{V_o}=\frac{R_{iso}+\dfrac{1}{sC_{load}}}{R_o+R_{iso}+\dfrac{1}{sC_{load}}}=\frac{sR_{iso}C_{load}+1}{s(R_o+R_{iso})C_{load}+1} \quad （式 2-98）$$

由式 2-98 可见，使用隔离电阻 R_{iso} 之后，极点频率计算公式调整为式 2-99。

$$f_p=\frac{1}{2\pi(R_o+R_{iso})C_{load}} \quad （式 2-99）$$

新增零点频率计算公式为式 2-100。

$$f_z=\frac{1}{2\pi R_{iso}C_{load}} \quad （式 2-100）$$

为保证补偿电路驱动容性负载时，放大器能稳定工作，即 $A_{vo}\beta$ 为 0dB 时，相位裕度大于 45°，零点频率至少设置在 $A_{vo}\beta$ 为 20dB 处，因此隔离电阻最小值 R_{iso_MIN} 为式 2-101。

$$R_{iso\_MIN}=\frac{1}{2\pi C_{load}f_{z\_A_{vo}\beta=20dB}} \quad （式 2-101）$$

如图 2-167 所示，当环路增益曲线为 20dB 时，频率为 94.69kHz。代入式 2-101 计算隔离电阻为：

$$R_{iso}=\frac{1}{2\pi\times 0.000001\times 94690}\approx 1.68\Omega$$

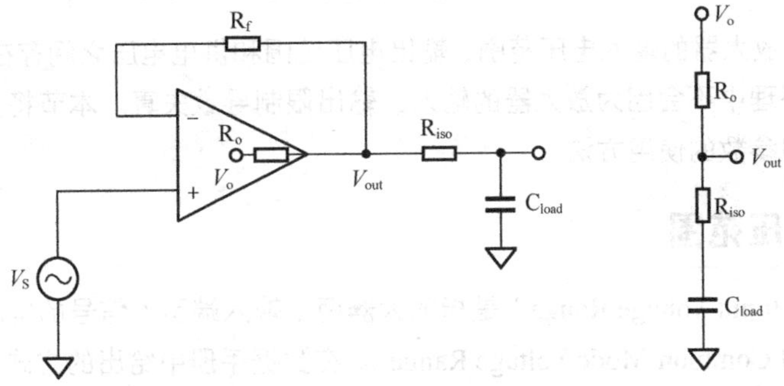

图 2-165　容性负载驱动补偿电路分析

将图 2-163（a）作为比对电路，如图 2-166（a）所示。将所计算的 R_{iso} 阻值应用于容性负驱动补偿电路，如图 2-166（b）所示。

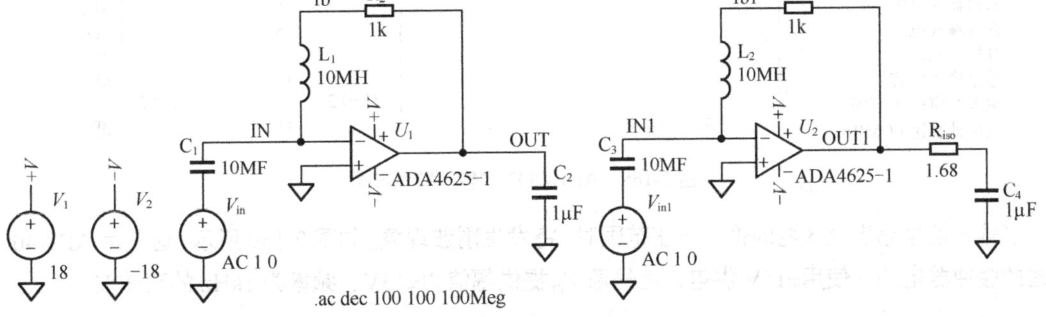

图 2-166　ADA4625-1 容性负载驱动补偿电路

AC 分析结果如图 2-167 所示，使用 R_{iso} 补偿电路的环路增益 $V_{(fb1)}/V_{(in1)}$ 曲线的增益为 0dB 时，对应的相位裕度为 86.69°。判断所使用的补偿方法有效，放大器输出稳定。

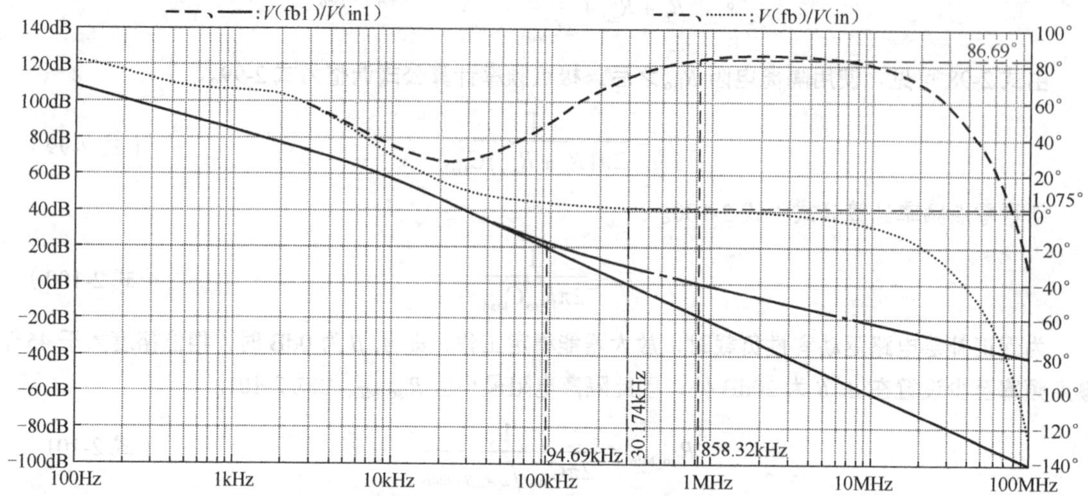

图 2-167 ADA4625-1 容性负驱动补偿电路波特图 AC 分析结果

2.15 输入电压范围与输出电压范围

由于工艺限制，放大器的输入电压范围、输出电压范围和供电电压之间存在电压差。在设计中，应确保电路在信号处理中不会因为放大器的输入、输出限制导致失真。本节将介绍放大器输入电压范围和输出电压范围参数的使用方法。

2.15.1 输入电压范围

输入电压范围（Input Voltage Range）是指放大器两个输入端引入信号的电压范围，也称作输入共模电压范围（Input Common-Mode Voltage Range）。在数据手册中给出的方式有两种。其一，直接提供输入电压范围。见图 2-2，ADA4077 在±15V 供电时，输入电压范围在−13.8～+13V。其二，以供电电源轨为参考的输入电压范围，如图 2-168 所示，ADA4087 的共模输入范围是$-V_s$−0.2V～V_s+0.2V。其中，$-V_s$表示放大器负电源供电电压，$+V_s$表示放大器正电源供电电压。当电源电压是±2.5V 时，输入电压范围为是−2.7V～+2.7V。

输入特性					
共模输入电阻			45		MΩ
差分输入电阻			35		kΩ
共模输入电容			1		pF
差分输入电容			1		pF
输入共模电压范围		$-V_S$−0.2		$+V_S$+0.2	V
共模抑制比（CMRR）	V_{ICM}=−3V～+2V	96	110		dB

图 2-168 ADA4807 的输入特性参数

当输入信号超出放大器的输入电压范围时，将发生削波现象。如图 2-169 所示，这是用 ADA4077-2 组建的缓冲器电路，使用±15V 供电，信号源 V_{in} 提供幅值为±15V、频率为 5kHz 的正弦波。

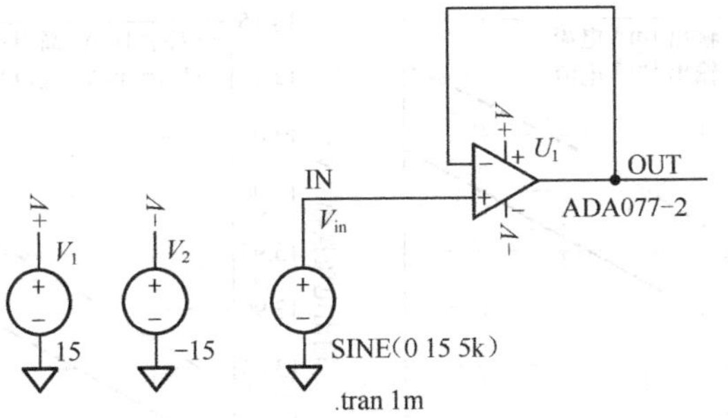

图 2-169　ADA4077-2 组建的缓冲器电路

瞬态分析结果如图 2-170 所示，输入信号 $V_{(in)}$ 是正弦波，幅值为±15V、频率为 5kHz，但是输出信号 $V_{(out)}$ 的发生失真，在波峰处被削平，最高输出电压为 13.55V，最低输出电压为–13.39V。

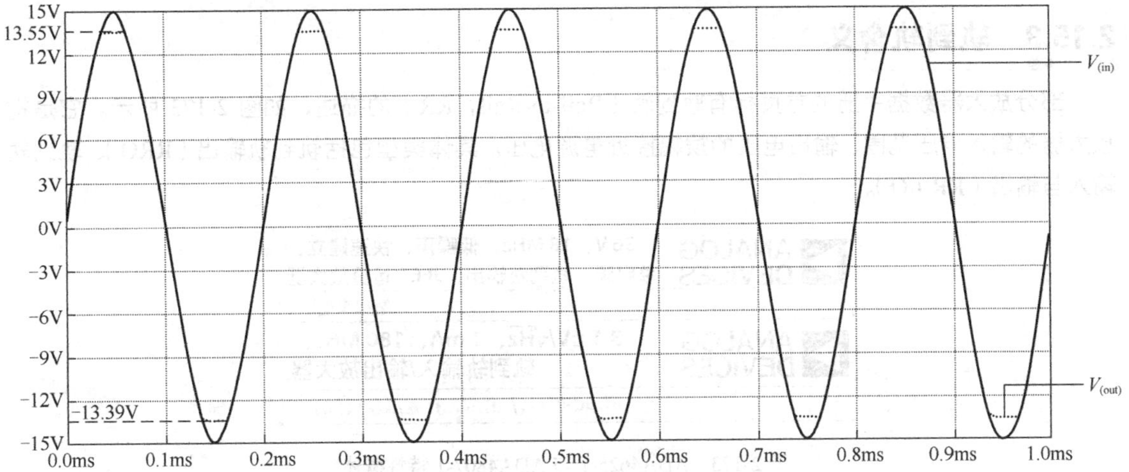

图 2-170　ADA4077-2 输入电压限制瞬态分析结果

2.15.2　高输出电压与低输出电压

高饱和输出电压摆幅（High Saturated Output Voltage Swing，V_{OH}）简称高输出电压，低饱和输出电压摆幅（Low Saturated Output Voltage Swing，V_{OL}）简称低输出电压，高输出电压与低输出电压是指放大器在给定电源电压和负载时，输出信号的电平能达到最高与最低电压。

数据手册中给出的方式有两种。其一，直接提供高、低输出电压值。见图 2-2，ADA4077 在±15V 供电，驱动 1mA 电流时，低输出电压为–13.8V，高输出电压为+13.8V。其二，以电源轨供电电压为参考的输出电压摆幅。如图 2-171 所示，ADA4807 在输出负载为 1kΩ 时，低输出电压典型值为$-V_s$+0.07V，高输出电压典型值为$+V_s$–0.04V。其中，$-V_s$表示放大器负电源供电电压，$+V_s$表示放大器正电源供电电压。如果电源电压是±2.5V 时，低输出电压为–2.43V，高输出电压为 2.46V。

输出特性				
饱和输出电压摆幅	R_{LOAD}=1kΩ			
高		$-V_S$−0.08	$+V_S$−0.04	V
低		$-V_S$+0.1	$-V_S$+0.07	V

图 2-171　ADA4807 的输出电压摆幅

高、低输出电压的限制与工作温度相关。如图 2-172 所示，ADA4077 的高、低输出电压随温度升高而变大，因此在迟滞比较器、波形整形等应用时需要结合温度和功耗信息设计门限阈值。

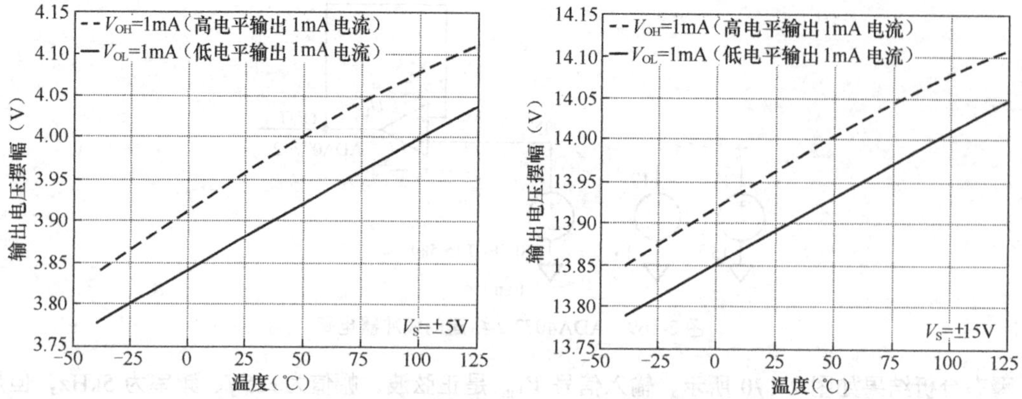

图 2-172　ADA4077 高、低输出电压与温度的关系

2.15.3　轨到轨含义

部分放大器数据手册的首页标有轨到轨（Rail-to-Rail，RR）的描述，如图 2-173 所示。它是指放大器的输入电压范围、输出电压的摆幅接近电源电压。具体类型包括轨到轨输出（RRO）、轨到轨输入与输出（RR I/O）。

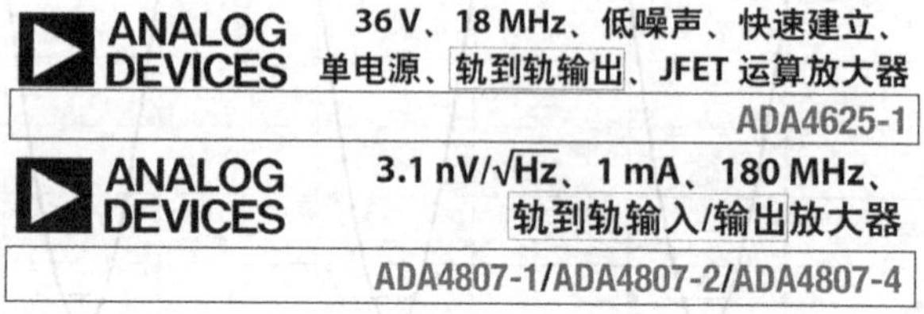

图 2-173　ADA4625-1 与 ADA4807-1 特性概述

轨到轨放大器应用中需要注意以下几点：

（1）信号到正电源轨与信号到负电源轨的绝对值可能不一致；

（2）信号到电源轨的压差与负载大小有关，负载电阻越大（负载电流越小），到轨压差越小；

（3）信号与电源轨之间存在电压差，通常为数十毫伏。

其中，应特别注意第 3 点，轨到轨不代表信号与电源轨完全一致，尤其在单电源供电系统中可能导致小信号失真。2018 年 9 月上旬，笔者收到一位工程师的咨询，他为国产知名 3C 企业即将发布的新产品设计了一款生产线测试设备，其中使用 TI 轨到轨输出的零漂型放大器 OPA2335 处理 0～2V 直流信号，OPA2335 供电电源为单 5V，测试中发现最低输出电压只有 20mV，不能达到 0V 电压输出。

与工程师确认 OPA2335 数据手册参数如图 2-174 所示。单 5V 供电，输出阻抗为 10kΩ时，低电压输出限制为 15mV（典型值），即小于 15mV 信号输出时将发生失真。建议更换为正、负电源供电的放大器，保证在 0V 附近信号不失真，提供 ADA4528/ADA4522 部分样品进行验证。最终工程师使用支持双电源供电的零漂型放大器完成设备整改。

输出特性						
输出摆幅		R_L=10kΩ（全温度范围内）		15	100	mV
		R_L=100kΩ（全温度范围内）		1	50	mV
短路电流	I_{SC}			±50		mA
容性负载驱动能力	C_{LOAD}			见典型值		

图 2-174　OPA2335 输出特性

2.16 总谐波失真与总谐波失真加噪声

在精密测量电路、音频信号处理电路中，不但要关心电路噪声，还要考虑谐波对信号失真程度的影响。本节介绍总谐波失真与总谐波失真加噪声的影响。

2.16.1 总谐波失真与总谐波失真加噪声的定义

使用示波器可以观测正弦波的幅值和频率信息。图 2-175 是看似标准的峰-峰值为 2V、频率为 1kHz 的正弦波。但是到目前为止，没有任何一款设备可以产生“标准正弦波”。将图 2-175（a）正弦波使用傅里叶变换得到它的频率成分，如图 2-175（b）所示。在 1kHz 处，正弦波的幅度最高，这是正弦波的基波成分，另外，在 2kHz，3kHz，4kHz，5kHz……整数倍频处都存在谐波成分，在高频和低频率处还会有噪声。因此，为了衡量时域检测的波形与标准正弦波的差异程度，引入总谐波失真与总谐波失真加噪声的概念。

总谐波失真（Total Harmonic Distortioin，THD）定义为信号中各谐波分量的均方根电压值与信号基波的均方根电压值之比，见式 2-102，单位是 dB、dBc 或百分比。

$$\mathrm{THD}(\%)=\frac{\sqrt{\sum_{i=2}^{\infty}V_{\mathrm{iRMS}}^{2}}}{\sqrt{V_{\mathrm{1RMS}}^{2}}}\times 100\% \quad（式 2-102）$$

总谐波失真加噪声参数（Total Harmonic Distortioin+Niose，THD+N）定义为信号中均方根噪声电压值加上信号的各谐波分量的均方根电压值与信号基波的均方根电压值之比，见式 2-103，单位是 dB、dBc 或百分比。

$$\mathrm{THD+N}(\%)=\frac{\sqrt{\sum_{i=2}^{\infty}V_{\mathrm{iRMS}}^{2}+V_{\mathrm{Niose\_RMS}}^{2}}}{\sqrt{V_{\mathrm{1RMS}}^{2}}}\times 100\% \quad（式 2-103）$$

式中，V_{1RMS} 为基波分量有效值，V_{iRMS} 为多次谐波分量有效值。

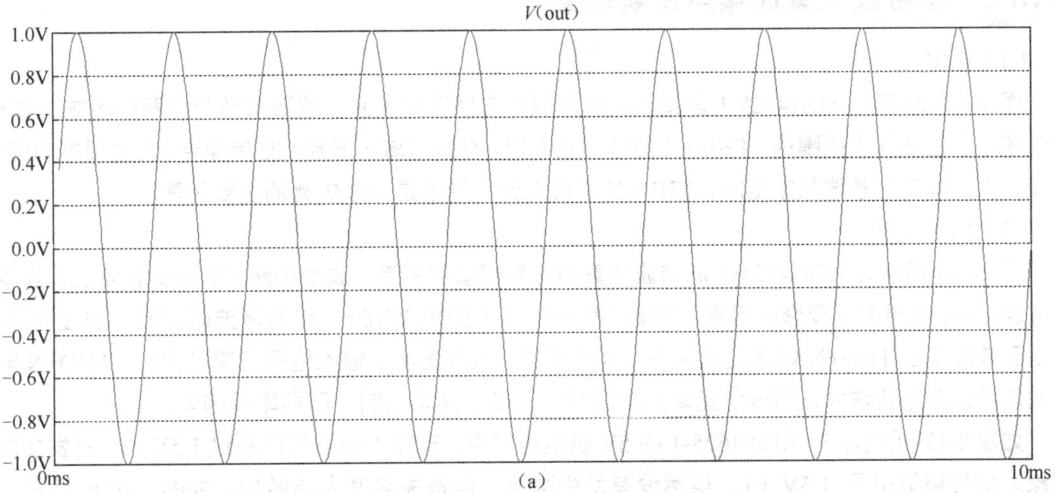

（a）

图 2-175 1kHz 正弦波的时域图与频谱图

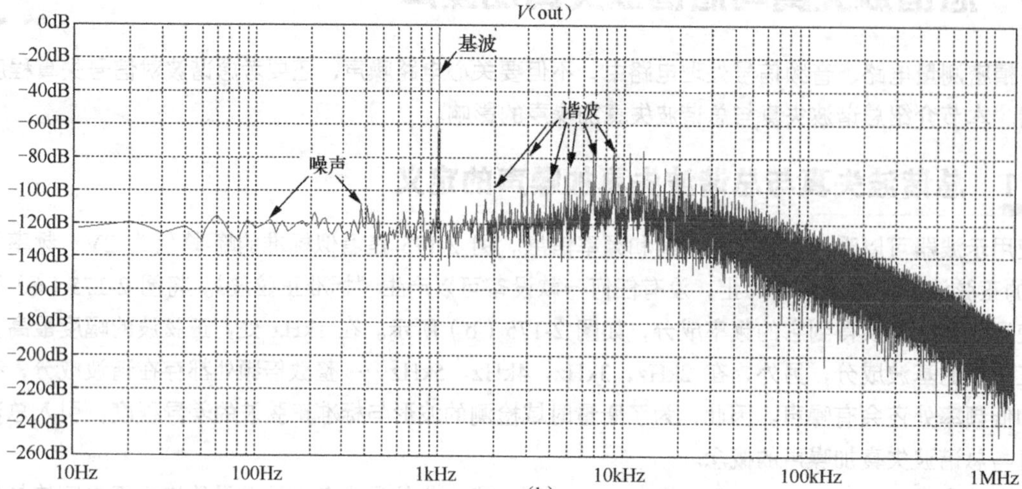

(b)

图 2-175　1kHz 正弦波的时域图与频谱图（续）

如图 2-176 所示，表示在采用 ADA4625、增益为+1 倍的电路中，使用±18V 供电，输出负载为 2kΩ，在输入信号基波有效值为 1V、信号频率为 1kHz、带宽为 80kHz 条件下，总谐波失真加噪声参数值为 0.0003%。

总谐波失真 + 噪声	THD+N	A_V=1，f=10Hz～20kHz，R_L=2kΩ，V_{IN}=6V_{RMS}（1kHz 时）		
带宽 =80kHz			0.0003	%
			−109	dB
带宽 =500kHz			0.0007	%
			−103	dB

图 2-176　ADA4625 的总谐波失真加噪声参数

2.16.2　总谐波失真加噪声影响因素

（1）频率

图 2-177 所示为 ADA4625-1 总谐波失真加噪声与频率的关系。波形大致分为两个区域。其一，在频率小于基波频率范围内，THD+N 曲线比较平坦，在该区域内噪声（宽带噪声）为主要影响成分。其二，在频率高于基波频率范围，THD+N 曲线上升，谐波是导致失真的主要因素。

（2）信号幅值

图 2-178 所示为 ADA4625-1 总谐波失真与信号幅值的关系。波形仍然可以分为两部分。当输入信号较小时，噪声为主要影响因素，在噪声宽带保持不变时，THD+N 随着基波幅值的增加线性降低，直到到波形底部 THD+N 偏离线性关系，这是受到谐波的影响。输入信号幅值较大时，THD+N 随信号幅值增大而迅速增大，原因包括输入电压限制、输出摆幅限制、压摆率等因素。

如图 2-179 所示，在 ADA4625-1 的 5V 供电电路中，当输入信号幅值超过 1.5V 时，将发生削波现象。信号幅值小于 1.5V 时，虽然没有发生削波，但是失真度大幅增加。如图 2-178 所示，在 ADA4625-1 的 5V 供电电路中，当输入信号幅值接近 1V 时，THD+N 参数骤升。

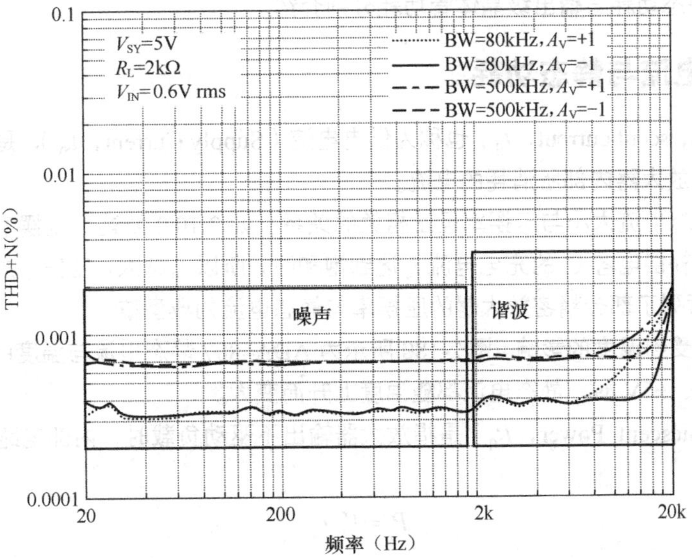

图 2-177　ADA4625-1THD+N 与频率的关系

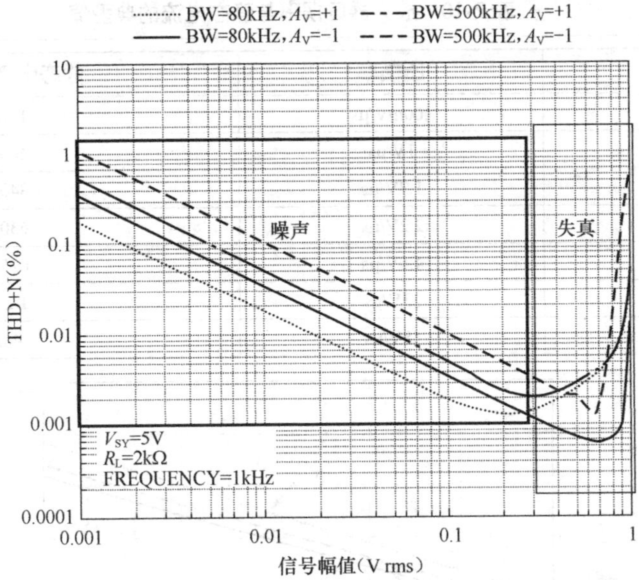

图 2-178　ADA4625-1 的 THD+N 与幅值

电气特性—5V电源供电

除非另有说明，V_{SY}=5V，V_{CM}=1.5V，V_{OUT}=V_{SY}/2，T_A=25℃

参数	符号	测试条件/注释	最小值	典型值	最大值	单位
输入特性						
输入电压范围	IVR		−0.2		+1.5	V

图 2-179　ADA4625-1 输入电压范围

2.17　功耗

放大器的封装功耗总 P_t 由两部分组成，静态电流所产生静态功耗（P_q）和输出级晶体管功耗

（P_{dc}），本节将对静态功耗与输出级晶体管功耗分别介绍。

2.17.1 静态电流与静态功耗

静态电流（Quiescent current，I_q）也称为供电电流（Supply Current，I_{sy}），是指单个放大器不带负载（I_{out} 为 0）时放大器内部所消耗的电流。

通常放大器静态电流大小与压摆率呈正相关的关系。如 2.10.2 所述，压摆率限制是发生在放大器内部放大级米勒补偿电容 C_c 的充电电流 I_c 达到饱和时，所以 I_c 越大，压摆率越高，需要的静态电流越大。表 2-10 暂列了部分精密放大器的压摆率与静态电流的典型值。

静态电流还会受到温度的影响。图 2-180 所示为 ADA4807 静态电流与温度的关系，供电电源分别为±1.5V、±2.5V、±5V 时，静态电流都随温度上升而变大。

静态功耗（Quiescent Power，P_q）是指放大器输出不驱动负载时，内部电路所消耗的功耗，见式 2-104。

$$P_q = V_{sy} I_q \quad (式 2-104)$$

其中，V_{sy} 为放大器的供电范围，即 V_{cc} 与 V_{ee} 之差。

表 2-10　放大器压摆率与静态电流的典型值

型号	压摆率	静态电流（typ）
AD8538	400mV/μs	180μA
ADA4077-1	1V/μs	400μA
ADA4522-1	1.7V/μs	840μA
ADA4661-2	2.2V/μs	630μA
ADA4084-1	4.6V/μs	625μA
ADA4841-1	13V/μs	1.2mA
ADA4625-2	48V/μs	4mA

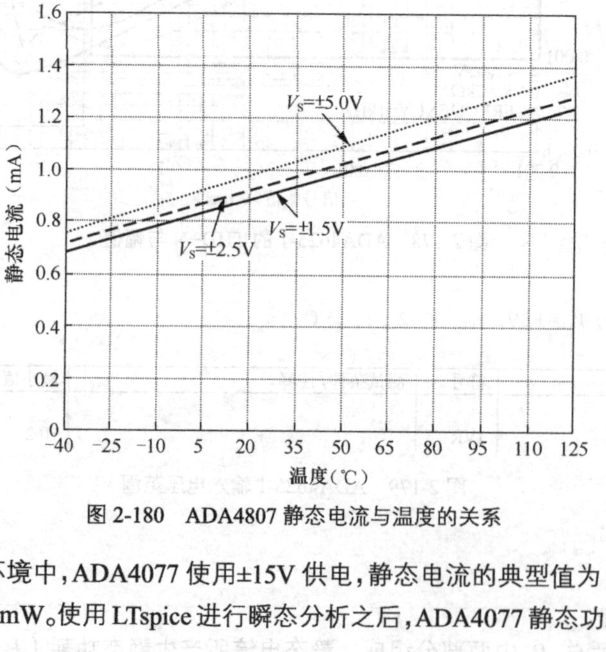

图 2-180　ADA4807 静态电流与温度的关系

见图 2-4，在 25℃环境中，ADA4077 使用±15V 供电，静态电流的典型值为 400μA。代入式 2-104，计算得出静态功耗为 12mW。使用 LTspice 进行瞬态分析之后，ADA4077 静态功耗仿真电路如图 2-181 所示。

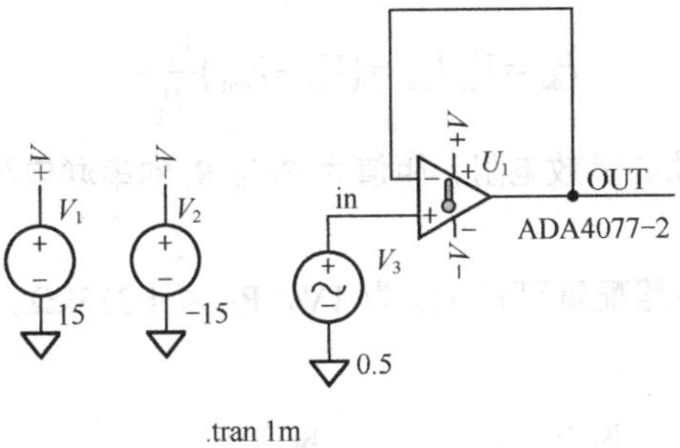

图 2-181　ADA4077 静态功耗仿真电路

仿真结果如图 2-182 所示，ADA4077 静态功耗的平均值为 10.84mW，接近 ADA4077 静态功耗的计算值。

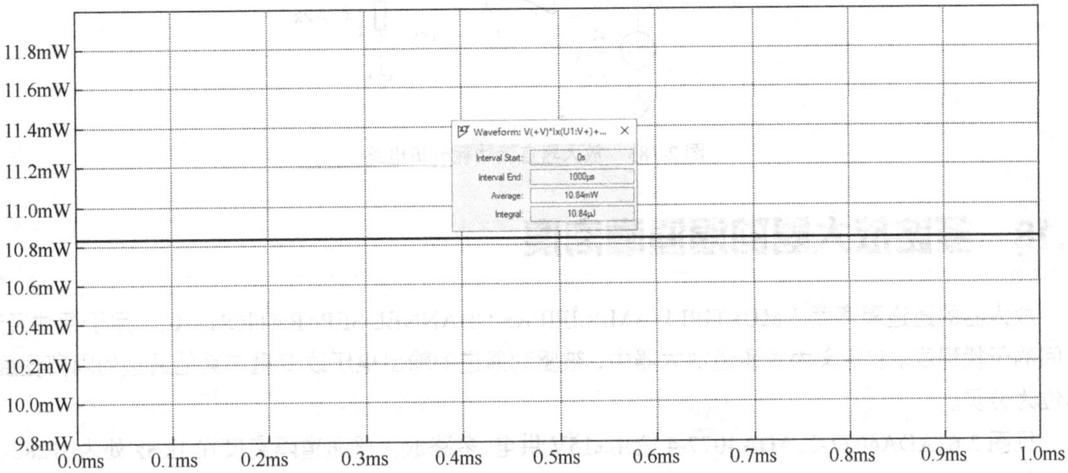

图 2-182　ADA4077 静态功耗仿真结果

2.17.2　短路电流、输出电流与输出级晶体管功耗

短路电流（Short-Circuit Current，I_{sc}）定义为放大器输出端与地、电源的两个端电压之一或者特定电位短接时，放大器可以输出的最大电流值。

输出电流（Output Current，I_{out}）定义为放大器输出端所输出的电流值。输出电流值必须小于短路电流值，放大器才能工作正常。放大器输出电流有两种形式：流出电流“Source”为正值，灌入电流“Sink”为负值。两者参数值可以不相等，见图 2-160，ADA4807 流出电流为 50mA，灌入电流为 60mA。

输出级晶体管功耗定义为在指定输出电流 I_{out} 的网络中，放大器内部所消耗的功耗。如图 2-183 所示，放大器流出的电流 I_{out}，计算公式为式 2-105。

$$I_{out}=\frac{V_{out}}{\dfrac{R_{load}\left(R_f+R_1\right)}{R_{load}+R_f+R_1}} \qquad （式 2-105）$$

放大器自身消耗的电压落差为式 2-106。

$$V_{dp}=V_{cc}-V_{out} \qquad （式 2-106）$$

通过式 2-105 与式 2-106，计算输出级晶体管功耗为式 2-107。

$$P_{dc} = V_{dp} I_{out} = \left(V_{cc} - V_{out}\right)\frac{V_{out}}{R_L} \qquad \text{（式 2-107）}$$

其中，R_L 为放大器输出端的等效电阻，阻值为 R_f 与 R_1 的串联电阻之和再与 R_{Load} 并联形成的等效电阻。

如图 2-183 所示，根据电路配置可知 V_{out} 为 1V，R_L 为 1.333kΩ，代入式 2-107 计算 ADA4077 直流功耗为 10.5mW。

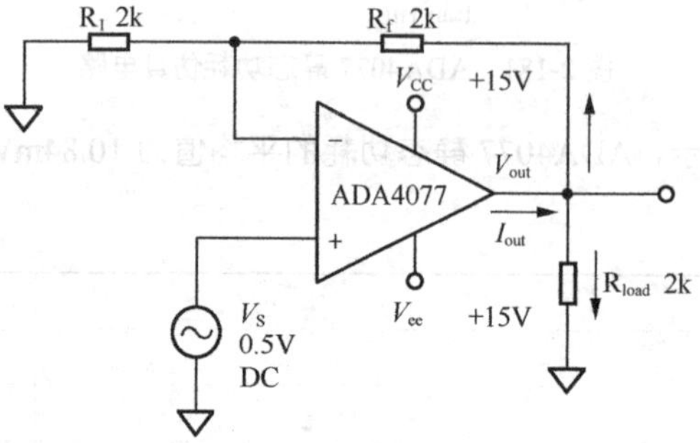

图 2-183 放大器直流功耗分析电路

2.18 多路放大器的通道隔离度

放大器的通道隔离度（MULTIPLE AMPLIFIERS CHANNEL SEPARATION，C_s）用于评估通道之间的干扰程度。它定义为多通道放大器中，被驱动通道的输出电压改变量与其他通道的隔离程度，单位为分贝。

见图 2-6，ADA4077-2、ADA4077-4 使用±15V 供电，多路放大器通道隔离度在 1kHz 处为−128dB，表示如果一个通道输出信号的峰-峰值为 1V、频率为 1kHz 时，在其他通道将产生峰-峰值为 389.1nV 的同频率信号。

多路放大器的通道隔离度会随频率的上升而变差。如图 2-184 所示，ADA4077-2、ADA4077-4 的通道隔离度在 100kHz 处为−78dB，在 1MHz 处为−69dB。所以高频信号调理电路中需要注意这个问题。

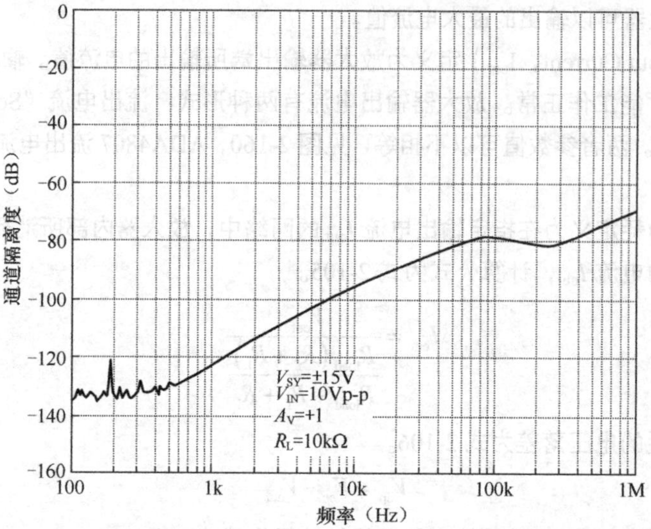

图 2-184 ADA4077 通道隔离度与频率的关系

2.19 芯片热阻

芯片热阻定义为热量在从晶圆结点传导至周围环境中遇到的阻力，用 θ_{JA} 表示，即热量从芯片热源节传至芯片周围环境遇到的阻力，单位是℃/W。进一步分析热量从芯片热源节至周围环境热传导过程，如图 2-185 所示。PN 结总功耗（P_D）导致温度上升并向芯片的封装进行热传递，传递过程中遇到的阻力是芯片热源节传导至芯片外壳的热阻 θ_{JC}。外壳温度上升并与周围环境进行热传递，传递过程中遇到的阻力为芯片外壳至周围环境的热阻 θ_{CA}。散热过程计算公式见式 2-108。

$$T_J = T_A + P_D\theta_{JA} = T_A + P_D\left[\theta_{JC} + (\theta_{CA})\right] \quad （式 2-108）$$

如图 2-186 所示，ADA4077 不同封装的结至外壳的热阻，外壳至周围环境的热阻。如果在室温 25℃条件下，选择 8-Lead MSOP 封装的 ADA4077 组建图 2-183 所示的电路，输出级晶体管功耗为 10.5mW，静态功耗为 12mW，θ_{JC} 为 44℃/W，θ_{CA} 为 190℃/W，代入式 2-108 计算得到芯片内部结温为：

$$T_J = T_A + P_D\theta_{JA} = 25 + (0.012 + 0.0105) \times (190 + 44) = 30.27℃$$

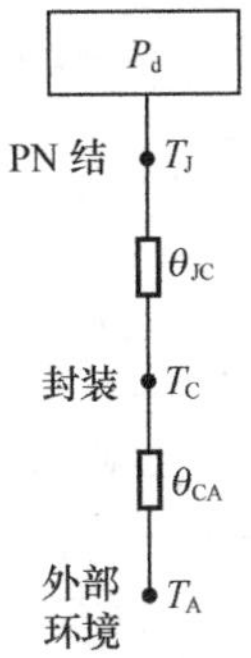

图 2-185　芯片热力学模型

热阻

θ_{JA}针对最差条件，即焊接在电路板上的器件为表贴封装

表 5. 热阻

封装类型	θ_{JA}	θ_{JC}	单位
8 引脚 MSOP	190	44	℃/W
8 引脚 SOIC	158	43	℃/W
14 引脚 TSSOP	240	43	℃/W
14 引脚 SOIC	115	36	℃/W

图 2-186　ADA4077 不同封装的热阻

2.20 绝对最大额定值

绝对最大额定值（ABSOLUTE MAXIMUM RATINGS）是芯片能够承受的额定最大值，不代表在这些条件下器件能够正常工作。长期在超出绝对最大额定值的条件下工作，可能会导致芯片永久性损坏，这种损坏会按一定的概率发生。

笔者从业以来遇到过一次超过绝对最大额定值设计的案例。图 2-187 所示为一款模拟开关 ADG1408 的绝对最大额定值。其中，供电正电源轨到负电源轨的电压为 35V，但是正、负电源轨到地的电压最高为 25V。工程师设计正电源为+30V，负电源为–3V，为实现输入信号最高值为 28V 的需求，但是在产品小批量测试时，偶尔会出现芯片烧坏的情况，需要按比例储备替换的主板。所以在项目整改时，推荐替换为宽电压供电的模拟开关，保证产品长期可靠地运行。

绝对最大额定值

T_A=25℃（另有说明除外）

参数	额定值
V_{DD} 到 V_{SS}	35V
V_{DD} 到 GND	−0.3 ~ +25V
V_{SS} 到 GND	+0.3 ~ −25V
模拟输入	V_{SS}−0.3V ~ V_{DD}+0.3V 或 30 mA，以先发生者为准
数字输入	GND −0.3V ~ V_{DD}+0.3V 或 30 mA，以先发生者为准

图 2-187　ADG1408 的绝对最大额定值

图 2-188 所示为 ADA4077 的绝对最大额定值，包括电源电压（Supply Voltage，V_{sy}）为 36V，输入电压（Input Voltage）为±V_{sy}，输入电流（Input Current）为±10mA，差分输入电压（Differential Input Voltage）为±V_{sy}，输出到地持续短路电流（Output Short-Circuit Duration to GND）未定义，存储温度范围（Storage Temperature Range）为−65～+150℃，运行温度范围（Operating Temperature Range）为−40～+125℃，结温范围（Junction Temperature Range）为−65～+150℃，引脚温度（Lead Temperature，Soldering）10 秒焊接为 300℃，最大回流温度（Maximum Reflow Temperature）为 260℃，人体模型（Human Body Model，HBM）静电放电（Electrostatic Discharge，ESD）为 6kV，场感应充电器件模式（Field Induced Charge Device Model，FICDM）静电放电（Electrostatic Discharge，ESD）为 1.25kV。

绝对最大额定值

参数	额定值
电源电压	36V
输入电压	±V_{SY}
输入电流	±10mA
差分输入电压	±V_{SY}
对地输出短路持续时间	未定义
存储温度范围	−65℃～+150℃
工作温度范围	−40℃～+125℃
结温范围	−65℃～+150℃
最大回流温度(MSL1 额定值)	260℃
引脚温度，焊接(10s)	300℃
静电放电(ESD)	
人体模型(HBM)	6kV
场感应充电器件模型(FICDM)	1.25V

图 2-188　ADA4077 的绝对最大额定值

第 3 章

专用放大器

由于通用放大器的某些参数不理想，在一些应用中会受到限制，所以衍生出多种专用放大器，它们的参数类型与通用放大器的基本相同，但是在使用中可能会有所不同。本章将介绍仪表放大器、跨阻放大器、全差分放大器和电流检测放大器的典型应用。

3.1 仪表放大器

在工业传感领域中，仪表放大器的应用最为广泛，相比通用放大器，它的输入阻抗高，抗共模干扰强，在强噪声环境下，能保证放大电路的增益与精度。本节将对仪表放大器的失调电压、噪声、共模抑制比进行分析。

3.1.1 仪表放大器的定义与特性

仪表放大器（Instrumentation Amplifier，INA）典型结构如图 3-1 所示，内部由 3 个放大器组建而成。第一级由两个放大器（AMP1、AMP2）组建同相放大电路，实现高阻抗差分输入，内置反馈电阻 R_{f1}、R_{f2}，与外部配置电阻 R_g 调节增益。第二级使用一个放大器（AMP3）组建差动电路，R_1、R_2、R_3、R_4 是经过校准的高精度匹配电阻。另外，通过 REF 基准引脚调节输出电压的参考。

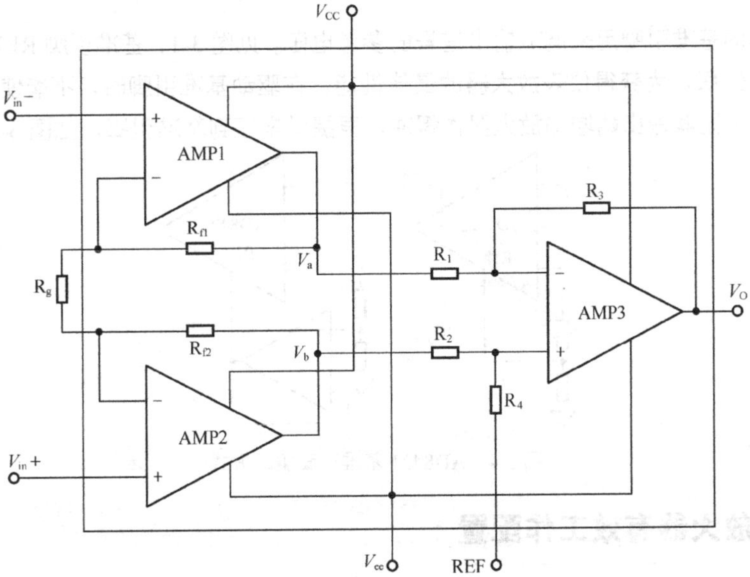

图 3-1 仪表放大器的典型结构

仪表放大器输入阻抗通常为 GΩ 等级。如图 3-2 所示，AD8421 的共模、差模输入阻抗都为 30GΩ。

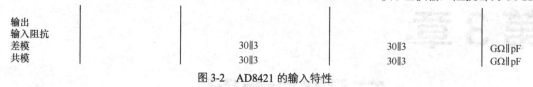

输出				
输入阻抗				
差模		30‖3	30‖3	GΩ‖pF
共模		30‖3	30‖3	GΩ‖pF

图 3-2　AD8421 的输入特性

仪表放大器的增益配置通过内部 R_{f1}、R_{f2} 与外部 R_g 阻值实现，由于每款仪表放大器内部反馈电阻的阻值不同，需要通过数据手册进行参数确认，AD8421 引脚功能描述如图 3-3 所示。AD8421 的增益计算公式见式 3-1。

$$G = 1 + \left(\frac{9.9\text{k}\Omega}{R_g}\right) \quad \text{（式 3-1）}$$

增益电阻 R_g 满足式 3-2。

$$R_g = \frac{9.9\text{k}\Omega}{G-1} \quad \text{（式 3-2）}$$

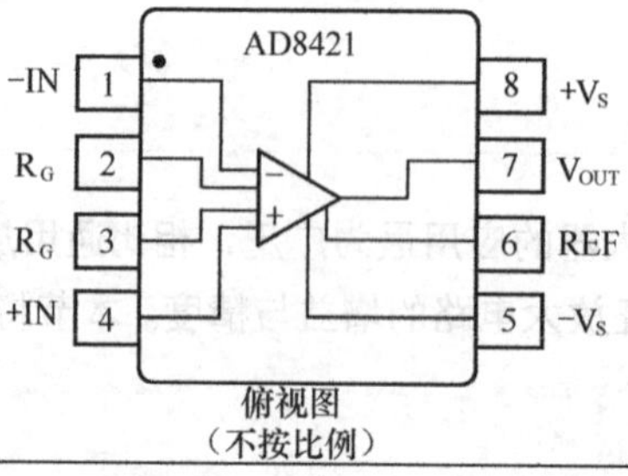

引脚编号	名称	描述
1	−IN	负输入引脚
2，3	R_G	增益设置引脚。在 R_G 引脚本上放置电阻来设定增益。$G=1+(9.9\text{k}\Omega/R_G)$。
4	+IN	正输入引脚。
5	$-V_S$	负电源引脚。
6	REF	基准电压引脚。使用低阻抗电压源驱动该引脚，实现输出电平转换。
7	V_{OUT}	输出引脚。
8	$+V_S$	正电源引脚。

图 3-3　AD8421 引脚功能描述

仪表放大器的基准引脚用来调节输出信号的参考电压。见图 3-1，基准引脚 REF 在电阻 R_4 的一端，R_4 通常为 kΩ 级。为获得仪表放大器的最佳性能，在驱动基准引脚时，不能使用电阻器分压直接驱动，而是在电阻器输出端增加放大器作缓冲，再提供电压到基准引脚，如图 3-4 所示。

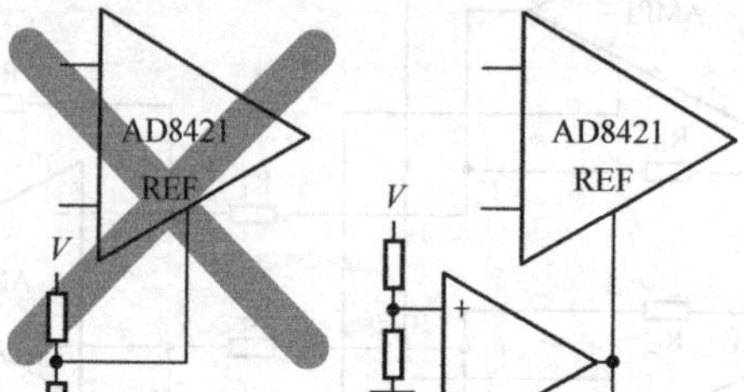

图 3-4　AD8421 基准引脚驱动方式

3.1.2　仪表放大器有效工作配置

仪表放大器、差分放大器的用途是将输入的差模信号进行放大，但是只关注差模信号，忽略共模信号使用时就会发生问题。

2017 年 11 月初，一位测量领域的工程师反馈，他使用 AD8221 数据手册推荐的电路，如图 3-5（a）所示，将±10V 单端信号转为+5V 差分信号驱动一款∑Δ 型 ADC。测试中，使用信号源产生幅值为 1V 的直流信号作为激励与电路连接，AD8221 电路输出信号如图 3-5（b）所示。

工程师希望使用该电路实现万用表的电压测量功能，检测指定范围内任意两点的电压，目前这个电路不能工作。了解到这里，笔者让工程师查看测量电路与信号源是否存在共地端，答案是没有，信号源与 AD8221 两个输入端相连接，除此以外没有任何电气连接。

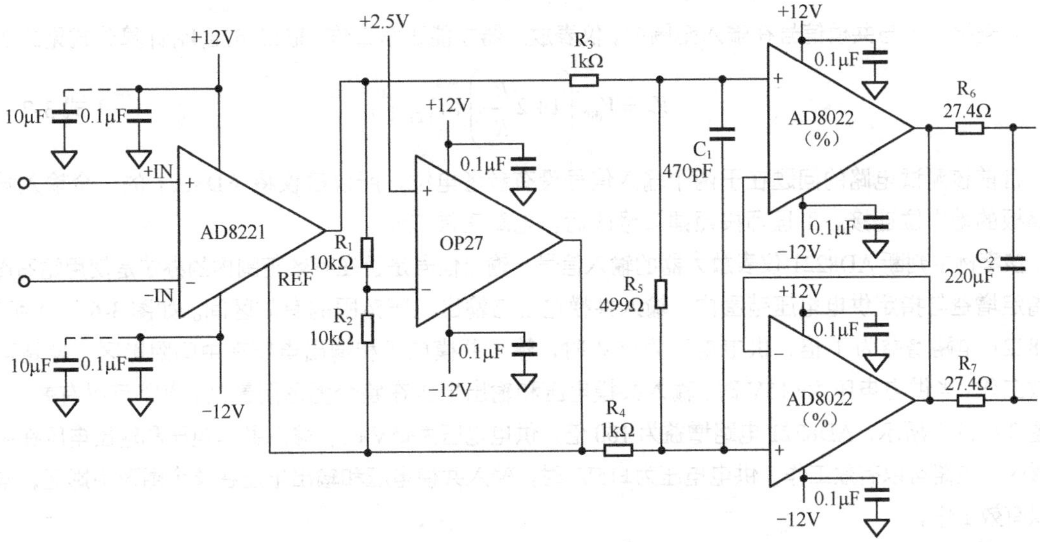

（a）

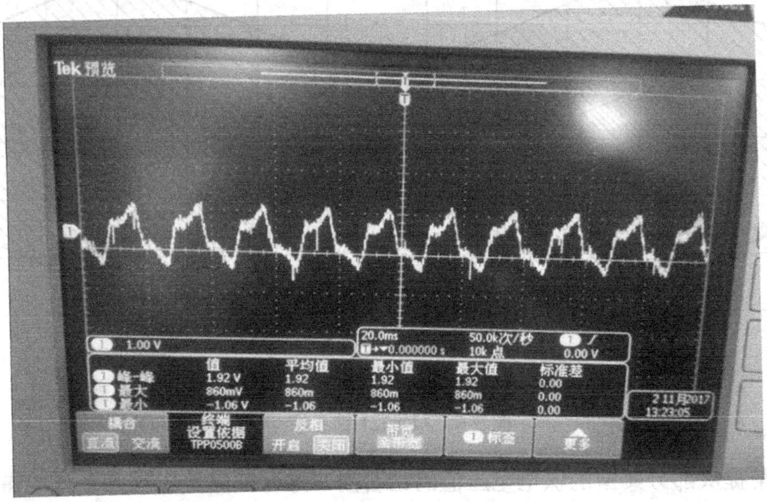

（b）

图 3-5　AD8221 应用电路与测试情况

分析仪表放大器的结构见图 3-1，放大的差模信号 V_{diff} 是两个输入端以地电位为参考的电压之差，见式 3-3。

$$V_{diff} = V_{in+} - V_{in-} \quad \text{（式 3-3）}$$

这两个输入端都存在共模信号，等于两个输入端对地电压的平均值，见式 3-4。

$$V_{cm} = \frac{1}{2}\left(V_{in+} + V_{in-}\right) \qquad (式 3-4)$$

仪表放大器电路第一级放大器的输出电压 V_a、V_b 计算公式分别为式 3-5、式 3-6。

$$V_a = V_{cm} - \frac{V_{diff}}{2}\left(1 + 2\frac{R_f}{R_g}\right) \qquad (式 3-5)$$

$$V_b = V_{cm} + \frac{V_{diff}}{2}\left(1 + 2\frac{R_f}{R_g}\right) \qquad (式 3-6)$$

当差模信号与共模信号在输入范围内，仪表放大器才能正常工作，输出电压 V_O 计算公式见式 3-7。

$$V_O = V_{diff}\left(1 + 2\frac{R_f}{R_g}\right) + V_{REF} \qquad (式 3-7)$$

目前该测试电路的问题在于两个输入信号没有参考电位，所以建议将 AD8221 的一个输入端与电路板的地电位连接。工程师按照建议修改后，电路正常工作。

该案例中判断 AD8221 仪表放大器的输入信号、输出信号是否在有效范围内的办法是使用钻石图。在指定增益与指定供电电压范围内，输入共模电压与输出电压范围的有效区间。如图 3-6（a）所示，AD8221 电路增益为 1 倍，供电电压为±5V 时，输入共模电压和输出电压在中间阴影区，电路可以有效工作；当供电电压为±15V 时，输入共模电压和输出电压在整个图形阴影区，电路可以有效工作。如图 3-6（b）所示，AD8221 电路增益为 100 倍，供电电压为±5V 时，输入共模电压和输出电压在中间阴影区，电路可以有效工作；供电电压为±15V 时，输入共模电压和输出电压在整个图形阴影区，电路可以有效工作。

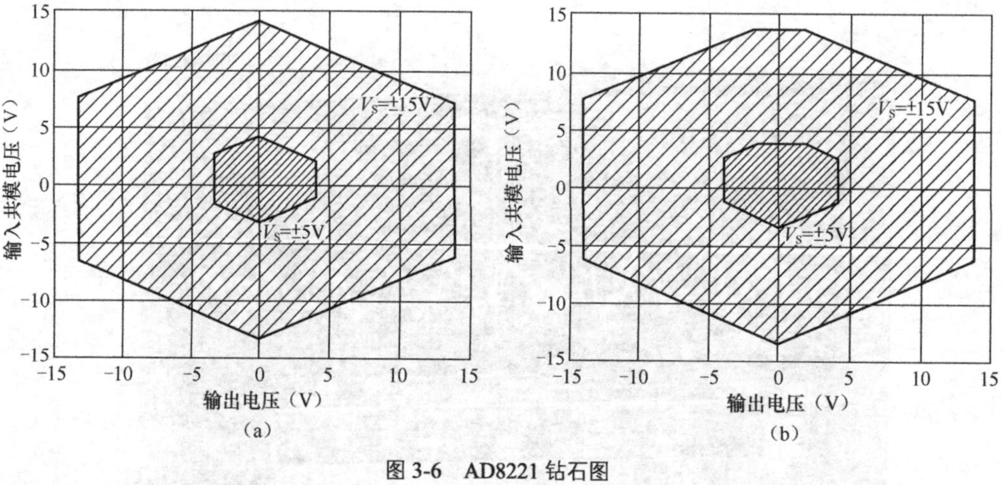

图 3-6　AD8221 钻石图

数据手册通常提供部分典型的供电电压值的钻石图，这无法满足工程师多样的需求，给工程师的设计工作带来很多不便。所以在此推荐一款在线评估工具，笔者已经使用该工具帮助过 20 余位工程师快速找出设计中的问题。建议在设计之初，使用工具进行评估。

图 3-7 所示为 ADI 公司精密信号在线设计的工具界面，单击“In amp”链接，进入仪表放大器配置窗口，如图 3-8（a）所示。通过选项 1 选择需要评估的器件 AD8221，然后在选项 2 配置为差分输入架构，接下来配置供电电压±V_s 为±10V，参考电压源 V_{REF} 为 0V，增益为 100，输入共模电压 V_{cm} 为±5V，输入差模电压 V_{diff} 为±50mV，该电路配置状态下的钻石图如图 3-8（b）所示，在 25℃条件下，输出电压 V_{out} 与输入共模电压 V_{cm} 形成的阴影区没有受到限制，电路正常工作。

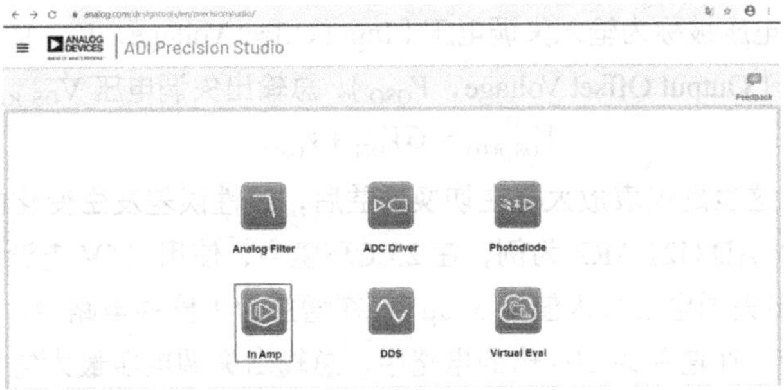

图 3-7　精密信号链设计工具

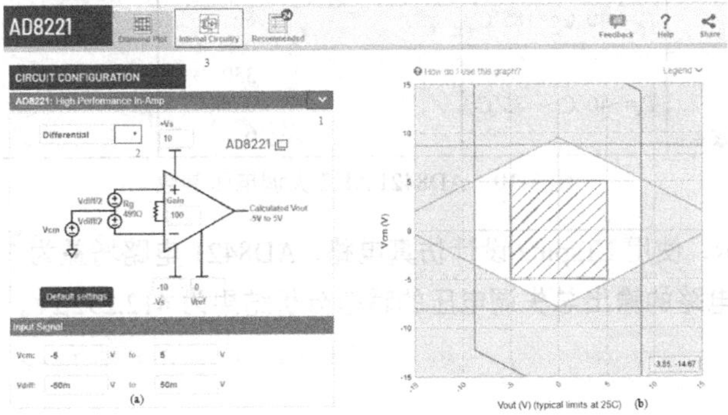

图 3-8　AD8221 有效工作配置

如图 3-9 所示，当输入共模电压调整为±6V，使用该配置的电路会出现故障提示：AD8221 内部节点电压受到供电电压限制。整改方式具体如下。

（1）缩小输入信号范围。

（2）增大 AD8221 供电电压。

（3）降低 AD8221 增益。

（4）替换器件。

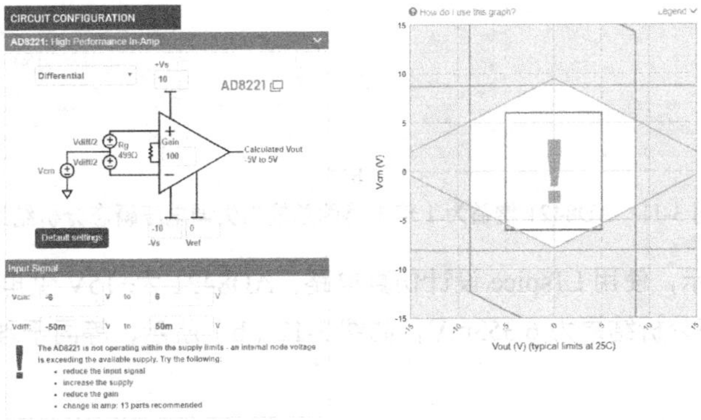

图 3-9　AD8221 异常的工作配置

3.1.3　仪表放大器失调电压分析

仪表放大器与通用放大器的失调电压参数计算存在很大差异。仪表放大器内部的两级放大器都存在失调电压，图 3-1 中 AMP1、AMP2 所在的第一级放大器的失调电压，如果折算到输出端，需要乘以电路增益。AMP3 所在的第二级放大器的失调电压，如果折算到输入端，需要除以电路增益。上述的第一级放大器的失调电压被称为输入失调电压（Input Offset Voltage，V_{OSI}），第二级放大器的失调电压被称为输出失调电压（Output Offset Voltage，V_{OSO}）。总输出失调电压 V_{OS_RTO} 的计算见式 3-8。

$$V_{OS\_RTO} = GV_{OSI} + V_{OSO} \qquad （式 3-8）$$

其中，G 为增益。这也是仪表放大器在切换增益后，线性误差发生变化的原因。

如图 3-10 所示，以 AD8421 ARZ 为例，在 25℃环境中，使用±15V 电源电压供电，输入失调电压最大值为 60μV，输出失调电压最大值为 350μV。在增益为 1 倍的电路中，AD8421 ARZ 输出总失调电压最大值为 410μV。在增益为 100 倍的电路中，总输出失调电压最大值为 6.35mV。

失调电压				
输入失调电压，V_{OSI}	V_S=±5V～±15V	60	25	μV
全温度范围	T_A=−40℃～+85℃	86	45	μV
平均温度系数（TC）		0.4	0.2	μV/℃
输出失调电压，V_{OSO}		350	250	μV
全温度范围	T_A=−40℃～+85℃	0.66	0.45	mV
平均温度系数（TC）		6	5	μV/℃

图 3-10 AD8421 ARZ 失调电压参数

如图 3-11（a）所示，使用 LTspice 设计仿真电路，AD8421 电路增益为 1 倍，供电电源为±15V。如图 3-11（b）所示，电路的输出总失调电压的瞬态分析结果为 412.292μV，等同于理论计算值。

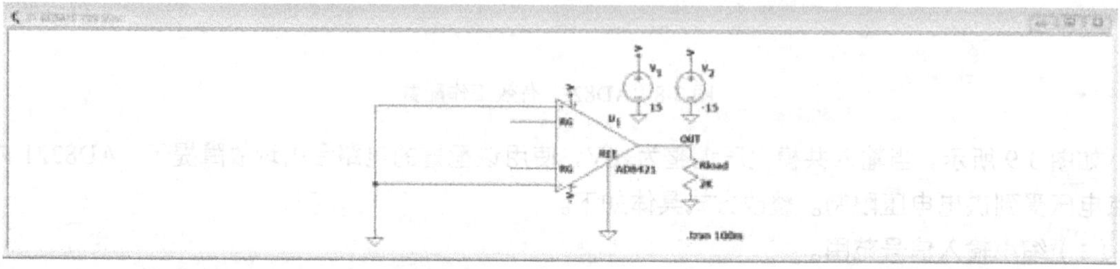

（a）

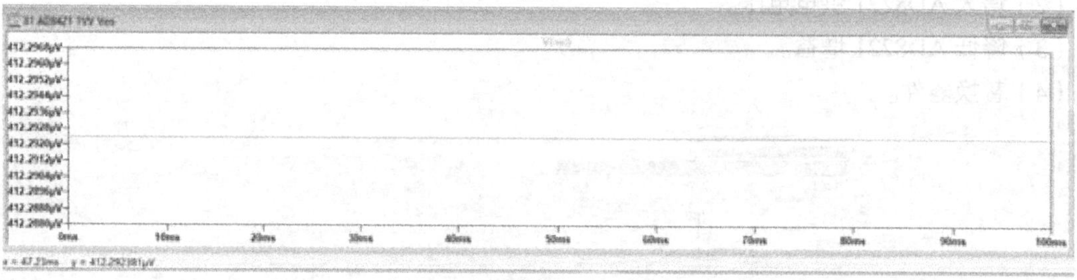

（b）

图 3-11 AD8421 增益为 1 倍电路的总输出失调电压瞬态分析结果

如图 3-12（a）所示，使用 LTspice 设计仿真电路，AD8421 为±15V 供电，电路增益为 100 倍。输出总失调电压的瞬态分析结果为 6.353mV，如图 3-12（b）所示，等同于理论计算值。

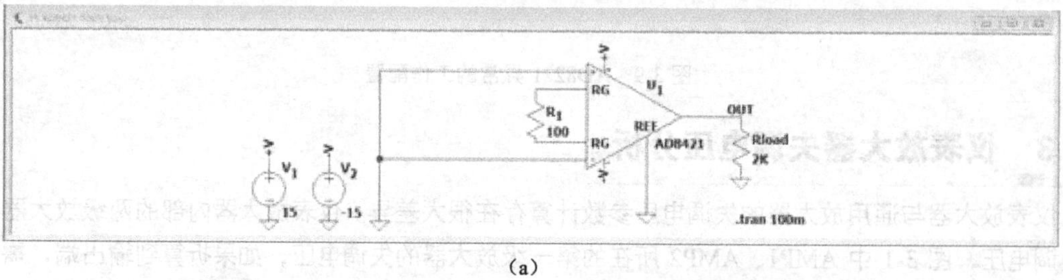

（a）

图 3-12 AD8421 增益为 100 倍电路的总输出失调电压瞬态分析结果

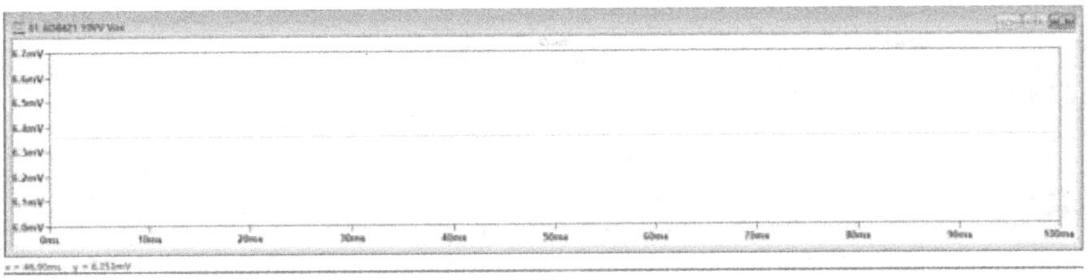

(b)

图 3-12　AD8421 增益为 100 倍电路的总输出失调电压瞬态分析结果（续）

3.1.4 仪表放大器噪声分析

仪表放大器的电压噪声有两个来源。一是输入端串联的噪声源 E_{NI}，与通用放大器一样，通过电路增益折算到输出端。二是仪表放大器输出端串联的噪声电压源 E_{NO}，除以电路增益，折算到输入端。如图 3-13 所示，在 25℃环境中，±15V 电源供电时，在 1kHz 处，AD8421 输入电压噪声密度 e_{ni} 最大值为 $3.2\,\text{nV}/\sqrt{\text{Hz}}$，输出电压噪声密度 e_{no} 最大值为 $60\,\text{nV}/\sqrt{\text{Hz}}$。

仪表放大器输入端的电流噪声源也有两个，分别是 i_{N+} 和 i_{N-}。尽管两个电流噪声近似相等。如图 3-13 所示，25℃环境中，±15V 电源供电时，在 1kHz 处，AD8421 电流噪声谱密度 i_n 最大值为 $0.2\,\text{pA}/\sqrt{\text{Hz}}$。但 i_{N+} 和 i_{N-} 不相关，必须以均方根的方式求和。i_{N+} 流过信号源电阻 R_S 的一半，i_{N-} 流过信号源电阻 R_S 的另一半。产生的两个噪声电压幅度各为 $I_N R_S$ 的一半。这两个噪声源通过电路增益折算到输出端。

仪表放大器的增益电阻也会产生一个噪声源，通过电路增益折算到输出端。

由此，仪表放大器总输出噪声的 RMS 值计算公式为式 3-9。

$$V_{n\_RMS} = \sqrt{BW}\sqrt{e_{no}^2 + G^2\left(e_{ni}^2 + \frac{I_n^2 R_s^2}{2} + e_{n_{Rg}}^2\right)} \qquad \text{（式 3-9）}$$

其中，BW 为 1.57 倍的信号带宽。

噪声						
电压噪声，1kHz	$V_{IN}+, V_{IN}-=0V$					
输入电压噪声，e_{ni}		3	3.2	3	3.2	$nV/\sqrt{Hz}$
输出电压噪声，e_{no}			60		60	$nV/\sqrt{Hz}$
峰-峰值，RT1	f=0.1Hz～10Hz					
G=1		2		2	2.2	μV p-p
G=10		0.5		0.5		μV p-p
G=100～1000		0.07		0.07	0.09	μV p-p
电流噪声						
谱密度	f=1kHz	200		200		$fA/\sqrt{Hz}$
峰-峰值，RT1	f=0.1Hz～10Hz	18		18		pA p-p

图 3-13　AD8421 的噪声参数

如图 3-14（a）所示，使用 AD8421 配置 1 倍增益（R_g 取消）的仿真电路，信号源内阻设置为 0，在 0.1～10kHz 频率内，输出噪声电压 RMS 最大值约为：

$$V_{n\_RMS} = \sqrt{BW}\sqrt{e_{no}^2 + e_{ni}^2} = \sqrt{1.57\times(10000-0.1)}\times\sqrt{60^2+3.2^2} \approx 7.52(\mu V)$$

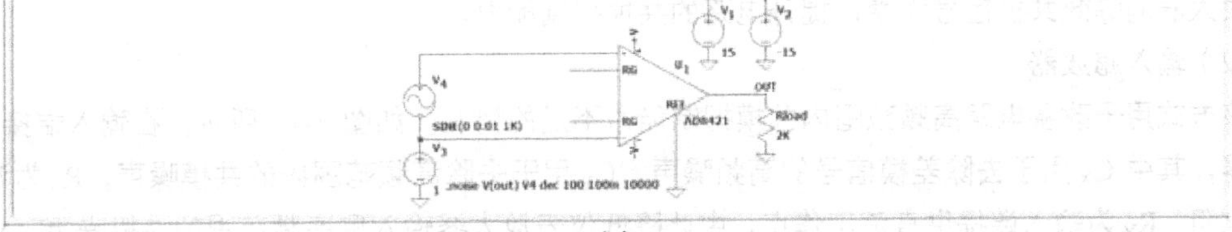

(a)

图 3-14　AD8421 增益为 1 倍的电路噪声分析

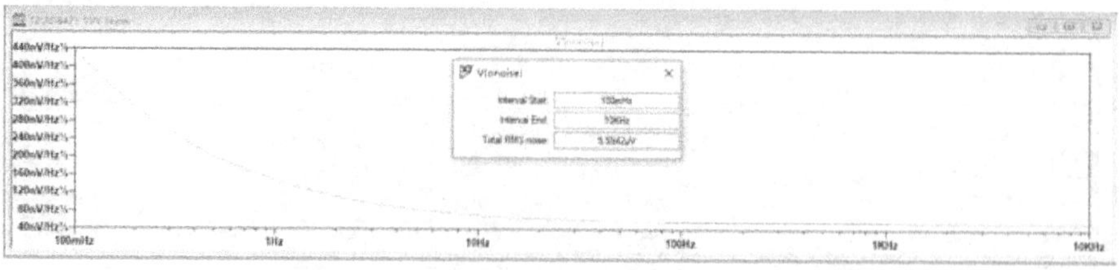

（b）

图 3-14　AD8421 增益为 1 倍的电路噪声分析（续）

噪声分析结果如图 3-14（b）所示，AD8421 的总输出噪声 RMS 值为 5.59μV，小于 7.52μV。

如图 3-15（a）所示，电路配置为 100 倍增益（R_g 为 100Ω），信号源内阻设置为 0，在 0.1～10kHz 频率内，输出噪声电压 RMS 最大值近似为：

$$V_{\text{n\_RMS}} = \sqrt{1.57 \times (10000 - 0.1)} \times \sqrt{60^2 + 100^2 \times (3.2^2 + 1.26^2)} \approx 43.74(\mu\text{V})$$

噪声分析结果如图 3-15（b）所示，AD8421 总输出噪声为 34.315μV，小于 43.74μV。

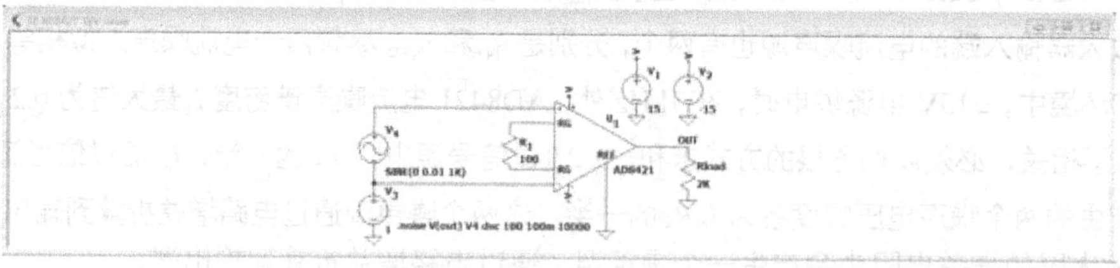

（a）

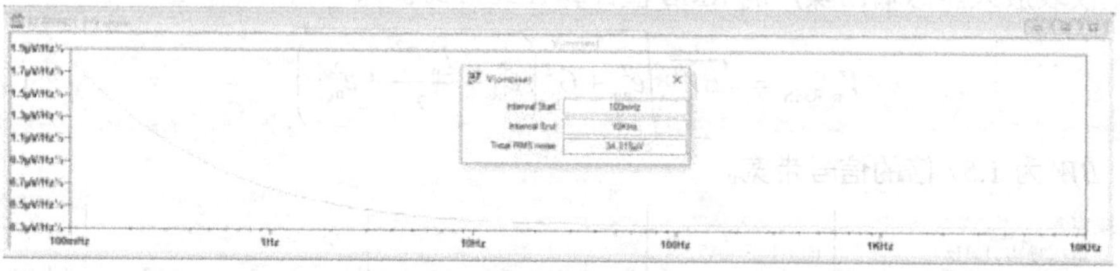

（b）

图 3-15　AD8421 增益为 100 倍电路的噪声分析

3.1.5　仪表放大电路提高共模抑制比的方法

仪表放大电路常常应用在共模干扰较大的环境中，而保证系统抗共模干扰能力的关键，在于抑制共模噪声变为差模噪声。引起这一问题的原因可归结为从信号源、连接线缆到放大器输入端的阻抗失配。下面几种电路可用于提升系统共模抑制能力。

（1）浮置电源

早期使用通用放大器组建仪表放大电路，并通过该方法提升系统的共模抑制比。如图 3-16 所示，AMP1、AMP2、AMP3 实现仪表放大器的功能，使用 AMP4 将共模信号作为前级放大器的电源，使前级放大器的等效共模信号为零，提升电路的共模抑制能力。

（2）输入滤波器

该方式用于改善电路高频范围内共模抑制能力不足的情况。如图 3-17 所示，在输入端接入 RC 滤波器，其中 C_X 用于去除差模信号的高频噪声，C_Y 用于去除高频范围内的共模噪声，R_S 为滤波器串联电阻，R_Y 为输入端提供直流工作点，由此降低仪表放大器输入侧高频范围的共模噪声，从而改善电路的共模抑制比。

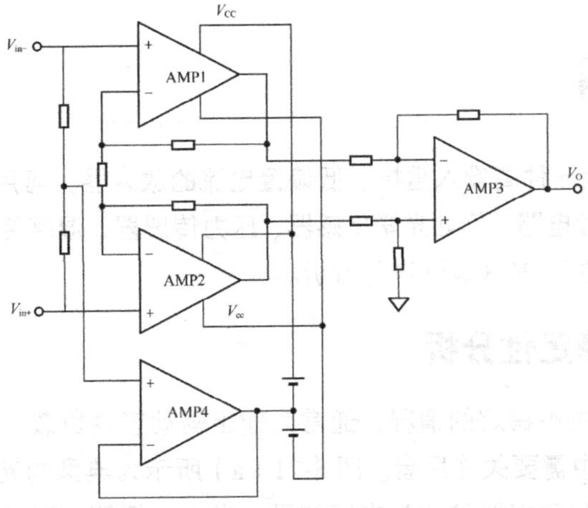

图 3-16　浮置电源电路

另一种改善电路高频共模抑制比的方法，是在输入端使用共模扼流圈，如图 3-18 所示。由于扼流圈内部存在分布电容，使得频带受到限制。若使用一个共模扼流圈不能确保共模抑制特性时，可以串联多个不同频带的共模扼流圈。

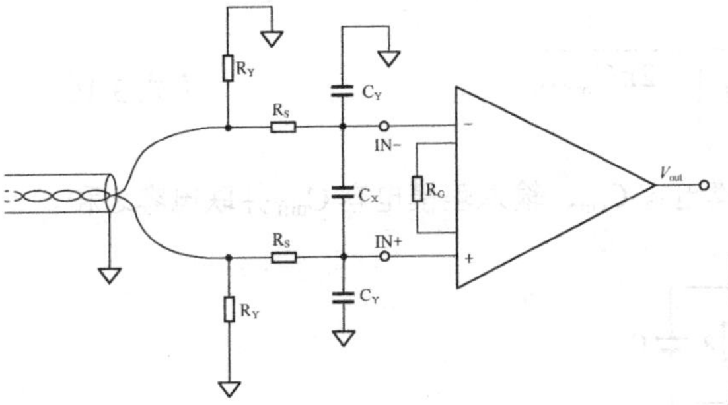

图 3-17　RC 滤波电路

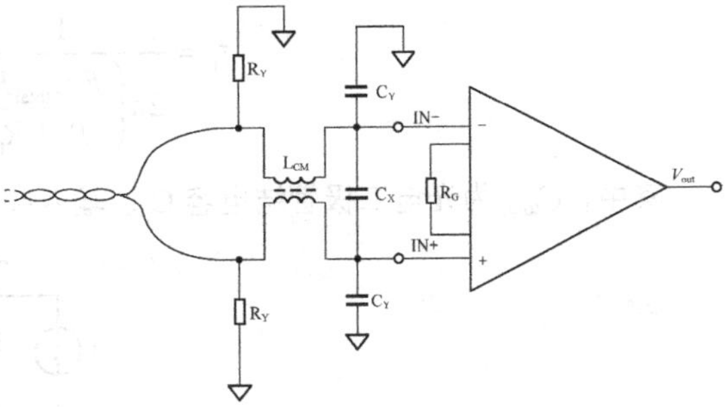

图 3-18　LC 滤波电路

（3）输入电缆屏蔽

该方法用于改善在复杂电磁环境或远距离信号传输时，信号线受到环境电磁场的影响程度。在处理直流至数百赫兹以下的低频信号时，通常使用双芯屏蔽线，并将屏蔽层电势接地。而处理数百赫兹以上的信号时，有如下两种方法。其一，使用带有屏蔽层的双绞线。如图 3-19 所示，将共模信号作为屏蔽层电势，并通过一个放大器构成的缓冲电路连接到屏蔽层。其二，使用带有屏蔽层的单芯线缆，将两根信号线缆绞合连接，使用两个放大器构成缓冲器，分别将增益电阻两边的电势作为对应单芯屏蔽线的屏蔽层电势，如图 3-20 所示。

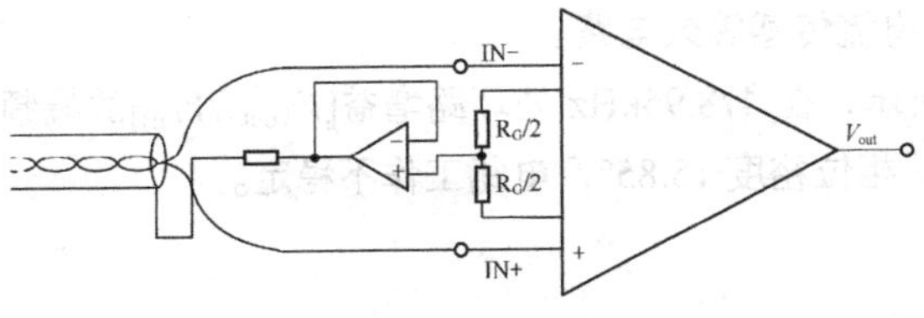

图 3-19　双芯屏蔽线信号处理电路

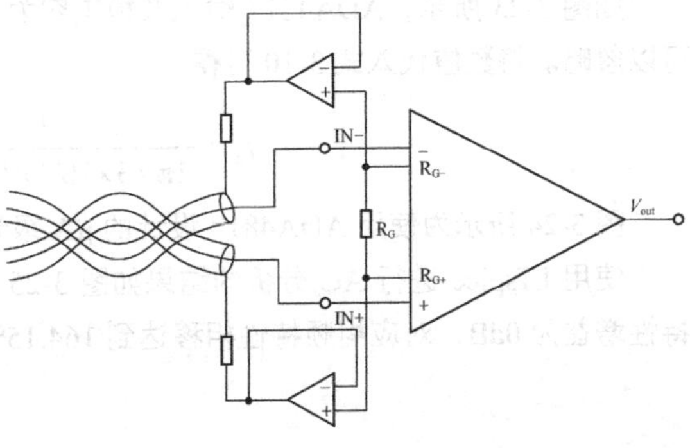

图 3-20　单芯屏蔽线信号处理电路

3.2 跨阻放大器

跨阻放大器（TIA）是一种高输入阻抗、低偏置电流的放大器，可用于信号源阻抗为兆欧姆甚至吉欧姆的传感器信号处理电路，例如光学传感器、压力传感器、湿度传感器、pH 值传感器等。本节将对跨阻放大器的稳定性与 PCB 设计进行分析。

3.2.1 跨阻放大器稳定性分析

放大器设计中容易发生不稳定的情况，通常为输出驱动容性负载，或者反相输入端连接电容的情况，跨阻放大器应用中需要关注后者。图 3-21（a）所示为典型的光电二极管传感电路，光电二极管的电流信号通过跨阻放大器转化为电压信号。光电二极管可以等效为电阻、结电容和恒流源并联的结构。图 3-22 所示为滨松光电传感器的规格，S1277-1010BR 内部电阻典型值为 2GΩ，结电容为 3nF。

在图 3-21（b）所示的光电二极管传感等效电路中，R_f、C_p、C_{diff}、C_{cm} 会产生一个极点，将对电路的稳定性产生影响，极点频率计算公式见式 3-10。

$$f_p = \frac{1}{2\pi\left(\dfrac{R_s C_{total} R_f}{R_s + R_f}\right)} \approx \frac{1}{2\pi C_{total} R_f} \quad \text{（式 3-10）}$$

其中，C_{total} 为光电二极管结电容 C_p、输入共模电容 C_{cm}、输入差模电容 C_{diff} 并联电容之和。

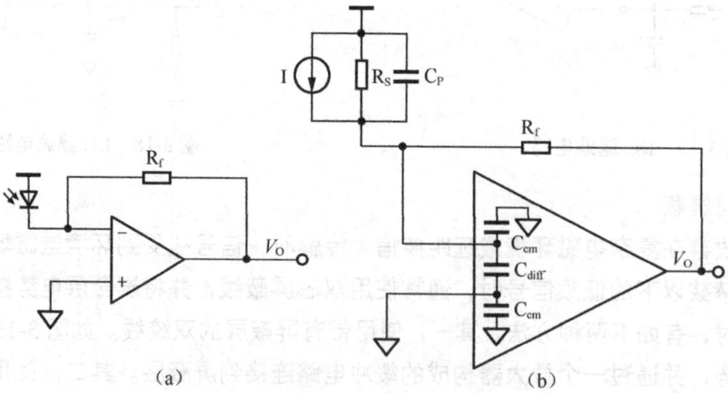

图 3-21 光电二极管的典型电路及传感等效电路

如图 3-23 所示，ADA4817 输入共模电容为 1.3pF，输入差模电容为 0.1pF，相比结电容的影响可以忽略。将数值代入式 3-10 可得：

$$f_p \approx \frac{1}{2\pi \times 3\times10^{-9} \times 100\times10^3} = 531(\text{Hz})$$

图 3-24 所示为使用 ADA4817 设计的 μA 级光电流传感等效电路。

使用 LTspice 进行 AC 分析的结果如图 3-25 所示，在 478.95kHz 处环路增益[$V_{(out)}/V_{(in)}$]的幅频特性增益为 0dB，对应相频特性相移达到 164.15°，相位裕度 15.85°，电路工作不稳定。

电学和光学特性（Typ.T_a=25℃，另有说明除外）

型号	光谱响应范围 λ (nm)	峰值灵敏度波长 λp (nm)	灵敏度 S (A/W) λp	灵敏度 S 200 nm Min.	灵敏度 S 200 nm Typ.	He-Ne Laser 633 nm	短路电流 Isc 100 lx Min. (μA)	短路电流 Isc 100 lx Typ. (μA)	暗电流 V_R=10 mV Max. (pA)	温度系数 TCID (times/℃)	上升时间 V_R=0 V R_L=1 kΩ (μs)	节电容 Ct V_R=0 V f=10 kHz (pF)	并联电阻 R_{sh} V_R=10 mV (GΩ) Min.	并联电阻 R_{sh} (GΩ) Typ.	噪声等效功率 NEP (W/Hz$^{1/2}$)
S1227-16BQ	190 to 1000	720	0.36	0.10	0.12	0.34	2.0	3.2	5	1.12	0.5	170	2	20	2.5×10^{-15}
S1227-16BR	340 to 1000		0.43	-	-	0.39	2.2	3.7							2.1×10^{-15}
S1227-33BQ	190 to 1000		0.36	0.10	0.12	0.34	2.0	3.0	5		0.5	160	2	20	2.5×10^{-15}
S1227-33BR	340 to 1000		0.43	-	-	0.39	2.2	3.7							2.1×10^{-15}
S1227-66BQ	190 to 1000		0.36	0.10	0.12	0.34	11	16	20		2	950	0.5	5	5.0×10^{-15}
S1227-66BR	340 to 1000		0.43	-	-	0.39	13	19							4.2×10^{-15}
S1227-1010BQ	190 to 1000		0.36	0.10	0.12	0.34	32	44	50		7	3000	0.2	2	8.0×10^{-15}
S1227-1010BR	340 to 1000		0.43	-	-	0.39	36	53							6.7×10^{-15}

图 3-22　滨松光电传感器的规格

输入特性				
输入电阻	共模		500	GΩ
输入电容	共模		1.3	pF
	差模		0.1	pF
输入共模电压范围			$-V_S \sim +V_S-2.8$	V
共模抑制	$V_{CM}=\pm0.5V$	−77	−90	dB

图 3-23　ADA4817 输入特性

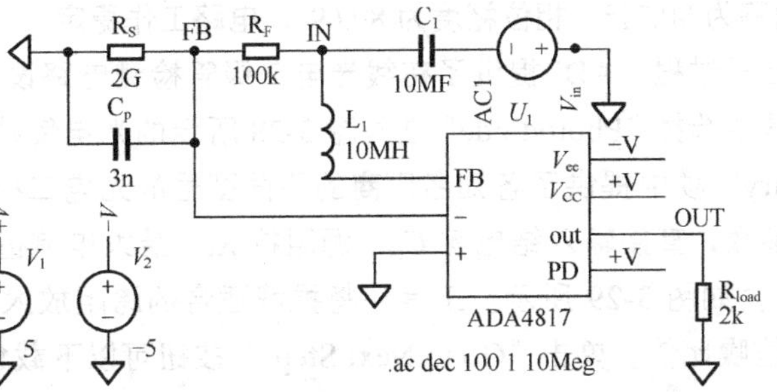

图 3-24　使用 ADA4817 设计的μA 级光电流传感等效电路

为保证放大器稳定工作，引入零点的频率应小于 0.1 倍环路增益为 0dB 时的频率，见式 3-11。

$$\frac{1}{10} f_{p|(A_{VO}\beta=0dB)} = \frac{1}{2\pi R_f C_f} \qquad （式 3-11）$$

整理得到反馈电容值见式 3-12。

$$C_f = \frac{10}{2\pi R_f f_{p|(A_{VO}\beta=0dB)}} \qquad （式 3-12）$$

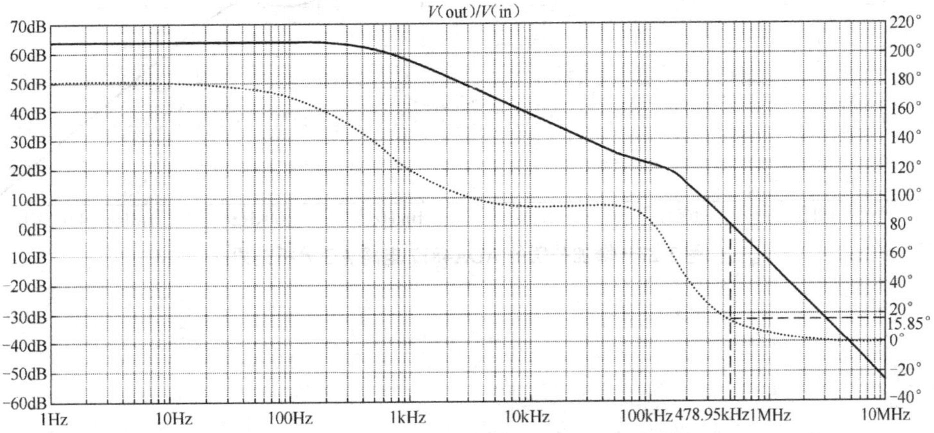

图 3-25　ADA4817 环路增益波特图 AC 分析结果

将参数代入式 3-12，计算得到 C_f 为 33pF。如图 3-26 所示，将反馈电容配置在补偿仿真电路中，再次进行仿真。

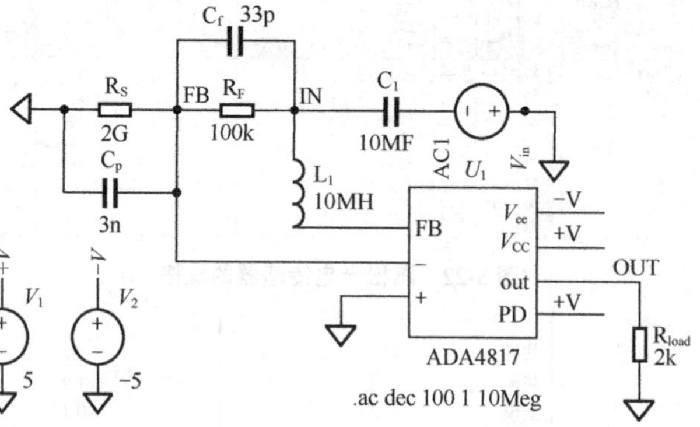

图 3-26　增加补偿的 ADA4817 电路

AC 分析结果如图 3-27 所示，在 4.67MHz 处的环路增益[$V_{(\text{out})}/V_{(\text{in})}$]的幅频特性增益为 0dB，对应相频特性曲线中相移为 90.31°，相位裕度为 89.69°，电路工作稳定。

相比上述复杂的分析过程，ADI 提供了在线光电二极管检测电路设计工具。如图 3-7 所示，在精密信号链设计工具中选择“Photodiode”进入图 3-28 所示的光电传感器配置窗口。在“Select Photodiode Form Library”项中提供了各知名厂商的不同型号的光电二极管，不在库中的光电二极管可以根据所使用参数，直接输入结电容 C_D、源阻抗 R_s、最大电流值 I_P 参数，然后单击进入“Circuit Design”窗口，如图 3-29 所示。工具还将推荐适合的跨阻放大器、反馈电阻 R_f 值、反馈电容 C_f 值，并计算信噪比值。单击“Go to Next Steps”按钮可以下载包括 LTspice 电路的全部设计资料。

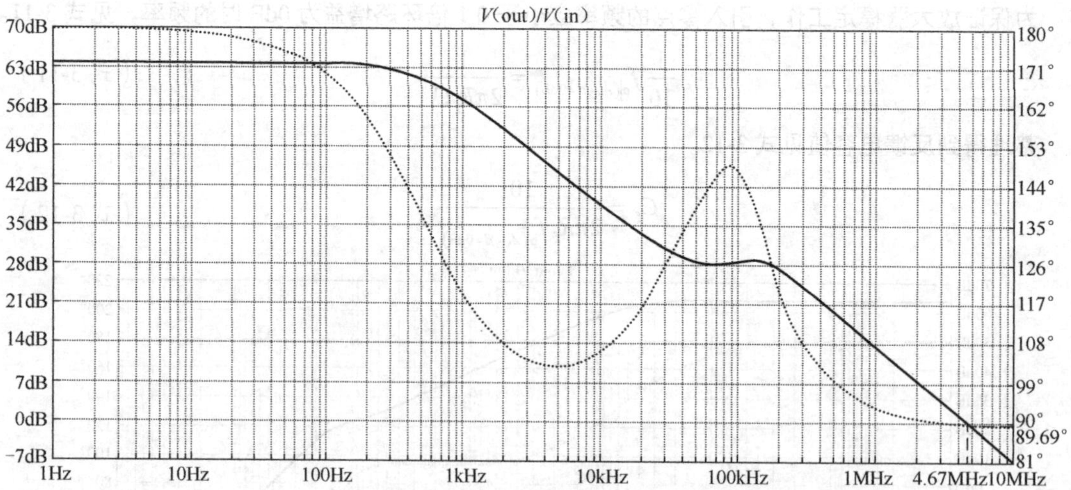

图 3-27　增加补偿的 ADA4817 电路 AC 分析结果

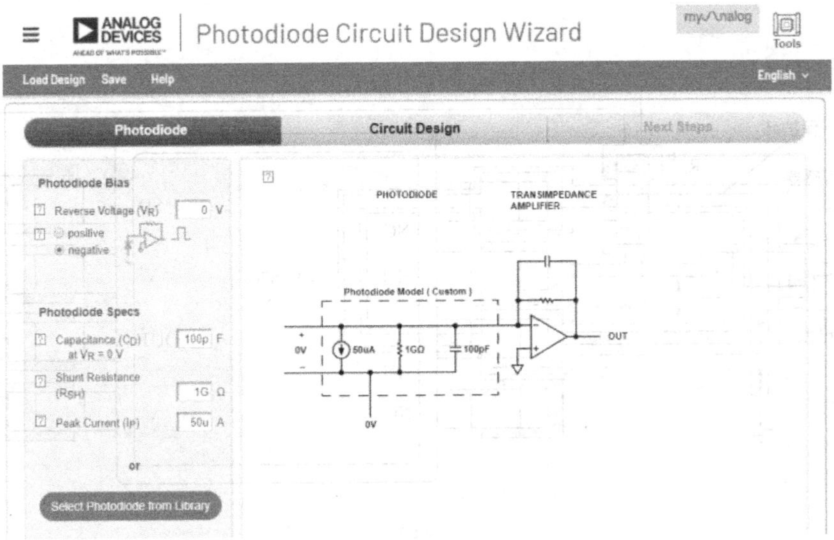

图 3-28 跨阻放大器设计工具——光电传感器配置窗口

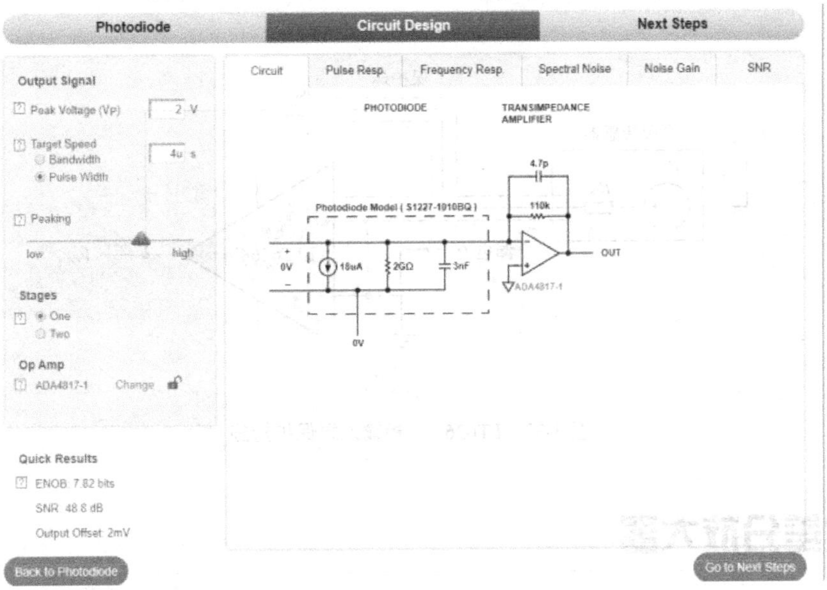

图 3-29 跨阻放大器设计工具——电路设计窗口

3.2.2 跨阻放大器的 PCB 设计

笔者曾经支持数家企业的工程师实现高阻信号源 nA 级以下电流检测，以及 GΩ 级高阻抗电压源信号处理项目。在这类项目中应当特别注意 PCB 设计，普通 FR-4 型 PCB 板材的阻抗在百兆欧姆级别，导致 FR-4 型 PCB 板材的漏电流会轻而易举地损害 pA 级电流信号的测量准确度。

如图 3-30（b）所示，在 LTC6268 的跨阻放大电路中，信号源连接的 LTC6268 反相输入端与地之间存在漏电流，所以要设计一个保护网络（GUARD）用于隔离 LTC6268 反相输入端和地。同时，为避免 LTC6268 反相输入端与保护网络之间存在漏电流，LTC6268 反相输入端与保护网络之间为等电势。PCB 的布局方式可参考图 3-30（a），在多层 PCB 结构中，LTC6268 反相输入端在 PCB 不同层的映射区都需要保护网络覆盖。

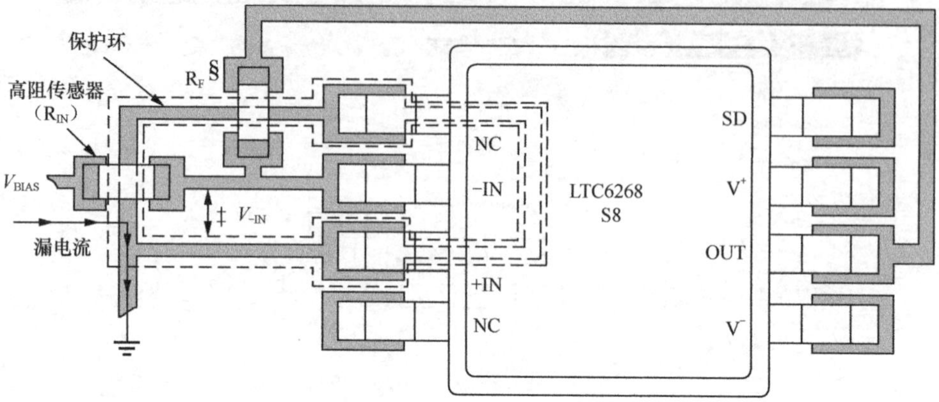

（a）

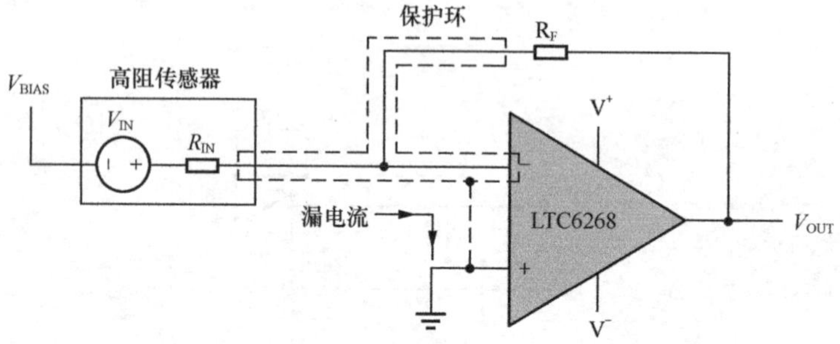

（b）

图 3-30　LT6268 反相输入端保护措施

3.3 全差分放大器

全差分放大器在高速信号处理中使用广泛，本节将通过介绍全差分放大器的特点，分析全差分放大器的配置方式及噪声分析方法。

3.3.1 全差分放大器特点

图 3-31（a）所示是通用放大器。通用放大器具有一组差分输入端（正输入、负输入），一个以系统地为参考的输出端，以及两个电源输入端，连接到供电系统，电源端通常在电路符号中隐藏。

如图 3-31（b）所示，全差分放大器的不同点在于增加第二个输出端，形成差分输出的方式。增加输出共模电压参考端，方便配置输出信号的偏置电压范围。

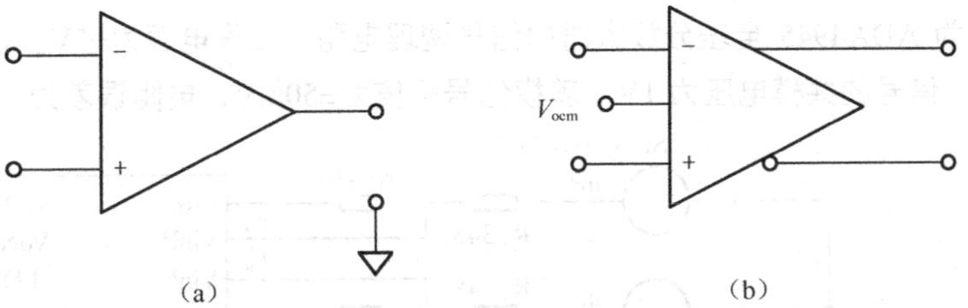

图 3-31　通用放大器与全差分放大器符号

全差分放大工作电路如图 3-32 所示，每个输出端使用一个反馈电阻 R_f，构成 2 组反馈回路，每个输入端使用一个 R_g 作为差分输入电阻。在电路工作过程中，与通用放大电路相比，该电路具有以下特点。

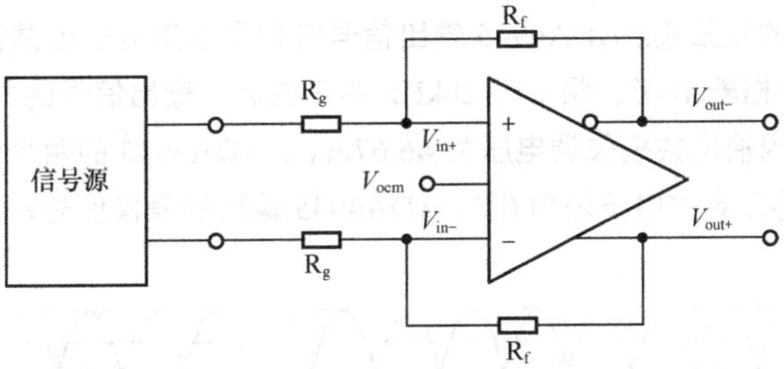

图 3-32　全差分放大器工作电路

（1）全差分放大电路增益为 R_f 与 R_g 的比值。

（2）全差分放大器的输入端电压（V_{in+}，V_{in-}）相互跟随。

（3）全差分放大器的输出范围扩展一倍。

（4）全差分放大器两个输出端（V_{out+}，V_{out-}）的交流信号频率相同，幅值相等，相位相差 180°，所以输出信号的偶次谐波可以抵消，降低输出信号失真。

（5）全差分放大器两个输出端直流信号的平均值近似等于 V_{ocm}，但不是完全相等。二者之间存在的差值定义为输出共模失调电压 V_{out_cm}。如图 3-33 所示，在 25℃环境中，供电电压为 10V 时，ADA4945 的输出共模失调电压典型值为±5mV，最大值为±60mV。

（6）为评估全差分放大器的输出差分信号的幅度匹配、相位偏离 180°的程度，引入输出平衡误差，等于输出共模电压值除以输出差模电压值，见式 3-13。

$$输出平衡误差=\left|\frac{V_{out\_cm}}{V_{out\_dm}}\right| \quad （式 3-13）$$

V_{OCM} 特性								
输入共模电压范围		$-V_S+0.4$		$+V_S-1.4$	$-V_S+0.4$		$+V_S-1.4$	V
输入电阻			125			125		kΩ
失调电压	共模失调（$V_{os,cm}$）$=V_{out\_cm}-V_{ocm}$，正输入（V_{IP}）=负输入（V_{IN}）$=V_{ocm}=0V$							
	25℃		±5	±60		±5	±60	mV
	T_A=20℃～85℃		±10			±10		mV
	T_A=−40℃～125℃		±20			±20		mV

图 3-33　ADA4945 的 V_{ocm} 特性

图 3-34 所示为 ADA4945 全差分放大器的信号调理电路，工作电源为±5V，输出共模电压设置为 2.5V，两组输入信号的共模电压为 1V，差模信号幅值为±50mV，电阻误差为 1%。

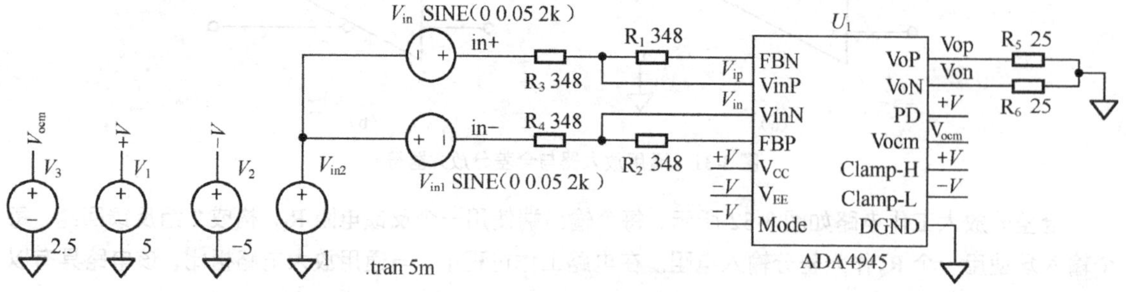

图 3-34　ADA4945 工作电路

瞬态分析结果如图 3-35 所示，信号源分别提供具有 1V 直流偏置、峰-峰值为 100mV、相位相差 180°、频率为 20kHz 的正弦波。ADA4945 输出信号分别是以接近输出共模电压 V_{ocm} 为共模信号，峰-峰值为 100mV、相位相差 180°、频率为 20kHz 的正弦波。输出信号的共模信号与所配置的输出共模电压 V_{ocm} 之间存在的输出共模失调电压为 46.67mV。ADA4945 的两个输入引脚电压 V(vip)、V(vin)紧密跟随，使得二者的电压差为 0V。ADA4945 输出的差模信号是峰-峰值为 200mV、频率为 20kHz 的正弦波。

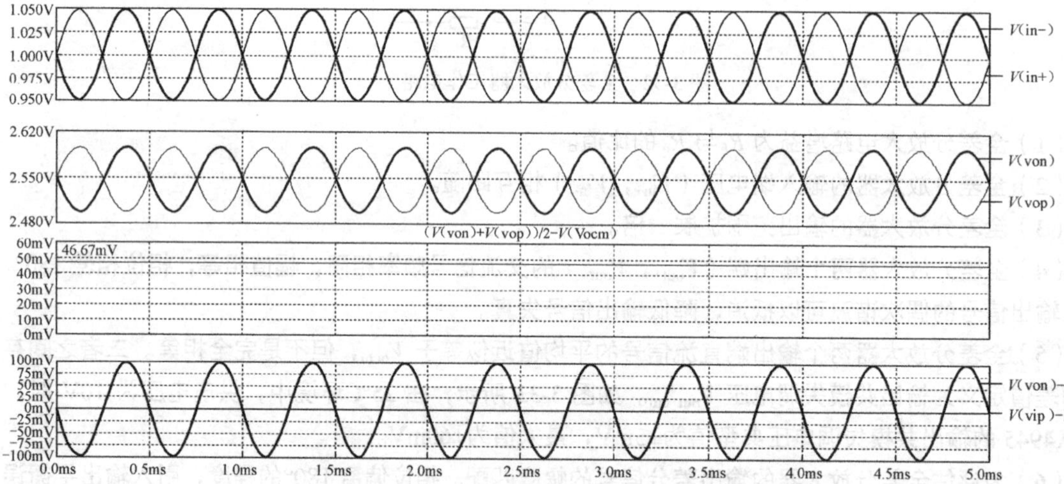

图 3-35　ADA4945 工作电路瞬态分析结果

3.3.2　全差分放大电路输入端配置

设计全差分放大电路时，输入接口的匹配需要谨慎分析，尤其是单端信号输入的情况，其分析步骤十分复杂，主要体现在单端输入信号的内阻和匹配的特征电阻对电路闭环增益的影响，计算过程需要多次迭代。

（1）差分信号输入结构

图 3-36（a）所示为差分输入结构。在传输信号较长的电路中，需要使用一个匹配电阻 R_t 并联在输入端，达到电路预期的特征阻抗 R_{L_dm}，如图 3-36（b）所示，匹配电阻的阻值计算见式 3-14。

$$R_t = \frac{1}{\dfrac{1}{R_{L\_dm}} - \dfrac{1}{R_{in\_dm}}} \quad （式 3-14）$$

其中，R_{in_dm} 为电路差模输入阻抗，由于全差分放大器的两个输入端近似短路，输入阻抗为 2 倍 R_g。R_{L_dm} 为输入端预期的差模特征电阻。

当 R_f 与 R_g 的值为 500Ω，输入端期望差模阻抗为 100Ω 时，代入式 3-14 计算可得到匹配电阻 R_t 为 111Ω。

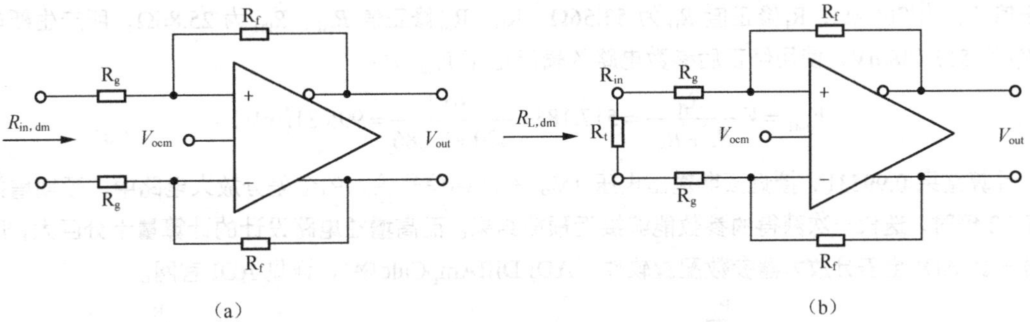

图 3-36　差分输入结构的匹配电路

（2）单端信号输入结构

图 3-37（a）所示为单端信号输入的全差分电路，电阻 R_g、R_f 均为 500Ω，电路预期增益为 1 倍。使用峰-峰值为 1V 的单端信号 V_{in} 连接到端口，输入阻抗 R_{in} 为 R_g、R_f、R_f 并联阻抗与 R_g 值之和，即：

$$R_{in}=R_g+\frac{1}{\dfrac{1}{R_f}+\dfrac{1}{R_f}+\dfrac{1}{R_g}}=666.67$$

如图 3-37（b）所示，信号源 V_{in} 的内阻 R_s 为 50Ω 时，需要的匹配电阻 R_t 的阻值为：

$$R_t=\frac{1}{\dfrac{1}{R_s}-\dfrac{1}{R_{in}}}=\frac{1}{\dfrac{1}{50}-\dfrac{1}{666.67}}=54(\Omega)$$

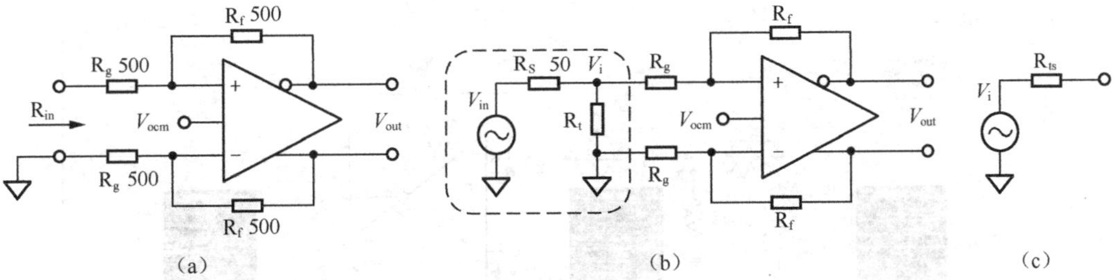

图 3-37　单端输入信号的全差分电路

如图 3-37（b）所示，信号源 V_{in} 会在内阻 R_s 与匹配电阻 R_t 上产生分压 V_i，使用戴维南定律将输入信号源 V_{in} 等效为具有内阻为 R_{ts} 的信号源 V_i，如图 3-37（c）所示。其中 R_{ts} 值为 R_s 与 R_t 的并联值，示例中 R_{ts} 为 25.96Ω，V_i 为 519.23mV。

再将等效信号源 V_i 代入图 3-37（b）。为保证差分输入端阻抗相等，在同相输入端增加电阻 R_{th}，阻值与 R_{ts} 相同，得到图 3-38（a）所示电路，此时该电路的输出差模电压为：

$$V_{out}=V_i\frac{R_f}{R_g+R_{ts}}=519.23\times\frac{500}{500+25.96}=493.6(\text{mV})$$

计算结果与 1V 的期望输出电压 V_{out_ideal} 存在差异，需要对 R_f 进行调整，改变增益，即修正 R_f 值为：

$$R_{f1}=\left(R_g+R_{ts}\right)\frac{V_{out\_ideal}}{V_i}=\left(500+25.96\right)\times\frac{1}{0.51923}=1.012\left(\text{k}\Omega\right)$$

使用 R_{f1} 值替换 R_f 值，并恢复为戴维南等效前的电路，得到最终电路架构，如图 3-38（b）所示。由于 R_f 值从 500Ω 修正为 1.012kΩ，所以电路输入电阻 R_{in} 发生变换，重新迭代上述计算过程，R_{in} 修正值 R_{in1} 为 705.6Ω，R_t 修正值 R_{t1} 为 53.56Ω，R_{ts}、R_{th} 修正值 R_{ts1}、R_{th1} 为 25.86Ω，所产生新电压源 V_{i1} 为 517.188mV，使用修正后参数电路的输出电压 V_{out1} 为：

$$V_{out1}=V_i\frac{R_{f1}}{R_g+R_{ts1}}=517.188\times\frac{1012}{500+25.86}=995.31\left(\text{mV}\right)$$

计算结果 0.99531V 接近预期输出电压 1V。在单端信号输入的全差分放大电路中，预期增益为 1 倍、2 倍时，迭代一次获得的参数能够接近预期结果。而高增益电路设计的计算量十分巨大，所以推荐一款 ADI 全差分放大器参数配置软件“ADI DiffAmpCalc™”，详见 ADI 官网。

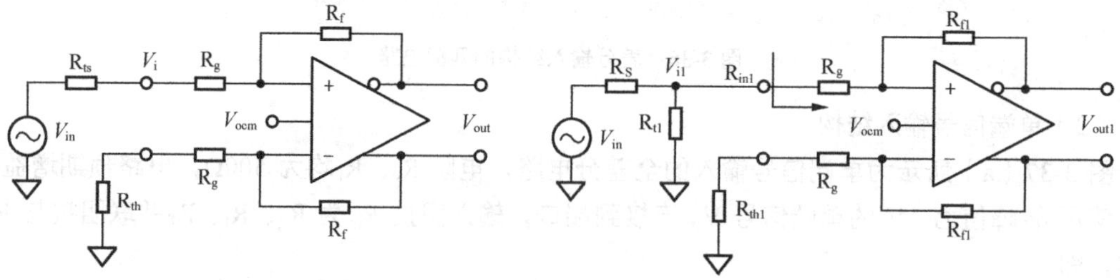

（a）　　　　　　　　　　　　　　　　（b）

图 3-38　单端输入匹配等效电路

如图 3-39 所示，安装工具之后，通过单击“▼”选择所需型号 ADA4945，在“Resister Tolerance”项中选择电阻精度为 E96，在“Topology”项中选择输入方式为“Terminate”，然后配置电路增益为 1，设置电阻 R_g 值为 499Ω，输入信号峰-峰值为 1V，信号源阻抗为 50Ω，工具将自动计算出 R_{tp} 值为 53.6Ω，反相输入匹配源电阻值为 25.8Ω，与上述理论计算值接近。

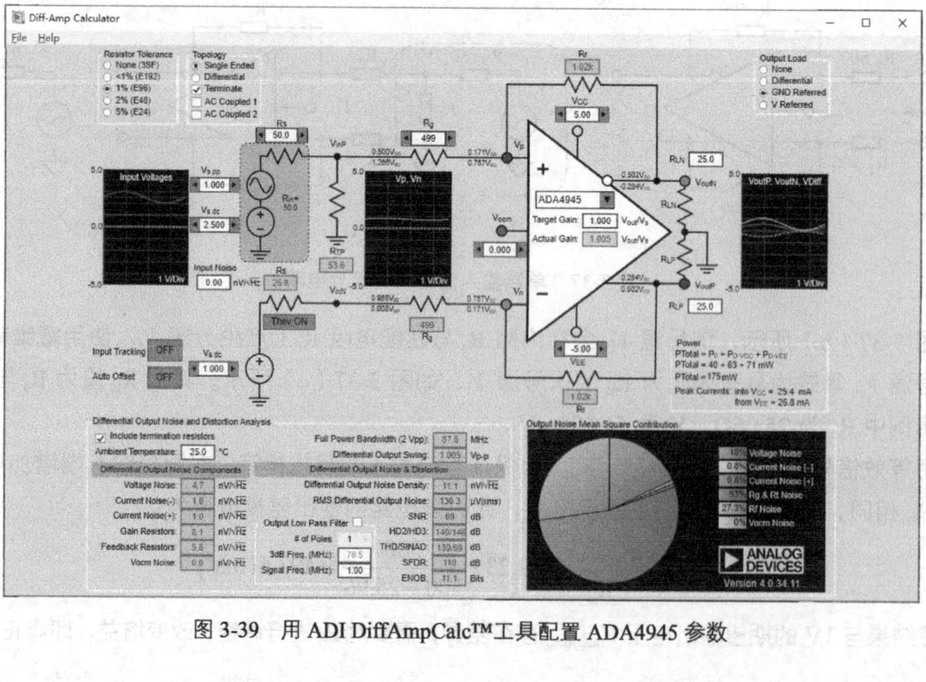

图 3-39　用 ADI DiffAmpCalc™工具配置 ADA4945 参数

3.3.3 全差分放大电路噪声评估

全差分放大电路的噪声分析相比增益配置更为复杂。图 3-40 所示为 ADA4945-1 的差分电路噪声模型，包括折算到输入端的电压噪声 V_{nIN}、电流噪声 i_{nIN-}和 i_{nIN+}（假定相等），通过增益电阻和反馈电阻的并联组合产生噪声电压。V_{nCM} 是 V_{OCM} 引脚的噪声电压密度。每个电阻产生 $\sqrt{(4kTR_x)}$ 的噪声。

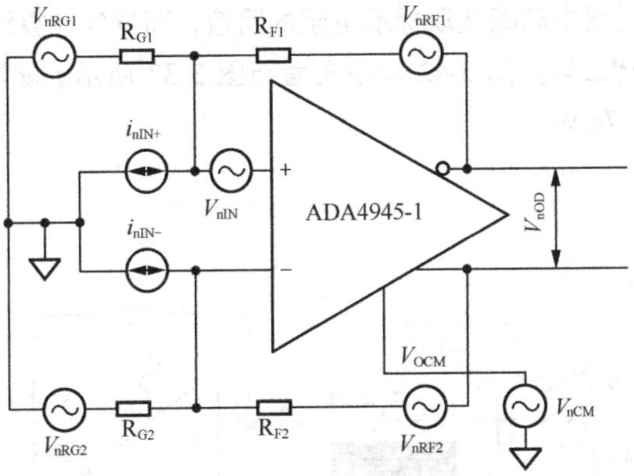

图 3-40 ADA4945 电路噪声模型

全差分放大器输入端所有的噪声种类，折算到输出端的关系如图 3-41 所示。

其中，噪声增益 G_n 的计算见式 3-15。

$$G_n = \frac{2}{\beta_1 + \beta_2} \quad (式\ 3\text{-}15)$$

输入噪声源	输入噪声项	输入电压噪声密度	输出倍增因子	折合到输出端的噪声电压密度项
差分输入	V_{nIN}	V_{nIN}	G_N	$V_{nO1}=G_N(V_{nIN})$
反相输入	i_{nIN-}	$i_{nIN-}\times(R_{G2}\|R_{F2})$	G_N	$V_{nO2}=G_N[i_{nIN-}\times(R_{G2}\|R_{F2})]$
同相输入	i_{nIN+}	$i_{nIN+}\times(R_{G1}\|R_{F1})$	G_N	$V_{nO3}=G_N[i_{nIN+}\times(R_{G1}\|R_{F1})]$
V_{OCM}输入	V_{nCM}	V_{nCM}	$G_N(\beta_1-\beta_2)$	$V_{nO4}=G_N(\beta_1-\beta_2)(V_{nCM})$
增益电阻，R_{G1}	V_{nRG1}	$(4kTR_{G1})^{1/2}$	$G_N(1-\beta_2)$	$V_{nO5}=G_N(1-\beta_2)(4kTR_{G1})^{1/2}$
增益电阻，R_{G2}	V_{nRG2}	$(4kTR_{G2})^{1/2}$	$G_N(1-\beta_1)$	$V_{nO6}=G_N(1-\beta_1)(4kTR_{G2})^{1/2}$
反馈电阻，R_{F1}	V_{nRF1}	$(4kTR_{F1})^{1/2}$	1	$V_{nO7}=(4kTR_{F1})^{1/2}$
反馈电阻，R_{F2}	V_{nRF2}	$(4kTR_{F2})^{1/2}$	1	$V_{nO8}=(4kTR_{F2})^{1/2}$

图 3-41 ADA4945 电路噪声电压密度

反馈因子 β_1 的计算见式 3-16，β_2 的计算见式 3-17。

$$\beta_1 = \frac{R_{G_1}}{R_{G_1} + R_{F_1}} \quad (式\ 3\text{-}16)$$

$$\beta_2 = \frac{R_{G_2}}{R_{G_2} + R_{F_2}} \quad (式\ 3\text{-}17)$$

当 R_{F1} 与 R_{F2}、R_{G1} 与 R_{G2} 完全匹配时，β_1 与 β_2 相同，设为 β，代入式 3-15 整理得到式 3-18。

$$G_n = \frac{1}{\beta} = 1 + \frac{R_F}{R_G} \quad (式\ 3\text{-}18)$$

此时 V_{OCM} 输出噪声变为零。总输出噪声 V_{nOD} 是各输出噪声项的均方根之和，见式 3-19。

$$V_{nOD} = \sqrt{\sum_{i=1}^{8} V_{nOi}^2} \qquad （式 3-19）$$

然而，全差分放大电路的噪声分析并非独立参数计算，它会涉及增益的调整，增益电阻、反馈电阻的调整，这些调整还会影响电路功耗，计算过程需要大量迭代，由此产生的计算工作量是惊人的。笔者在这里曾走过弯路，2011 年从事研发时，在一个高速采集项目中使用 ADA4932 设计三级放大电路，包括单端转差分增益 5 倍、全差分增益 2 倍、全差分增益 1 倍等，通过几个工作日计算的多组数据，因为在迭代过程中忽略选取标准电阻的阻值，而导致计算结果不能使用，所以再次建议使用 ADI DiffAmpCalc™工具。图 3-42 所示配置与图 3-37 所示的配置相比，噪声 RMS 值下降 34.9μV，但功耗却增加了 27mW。

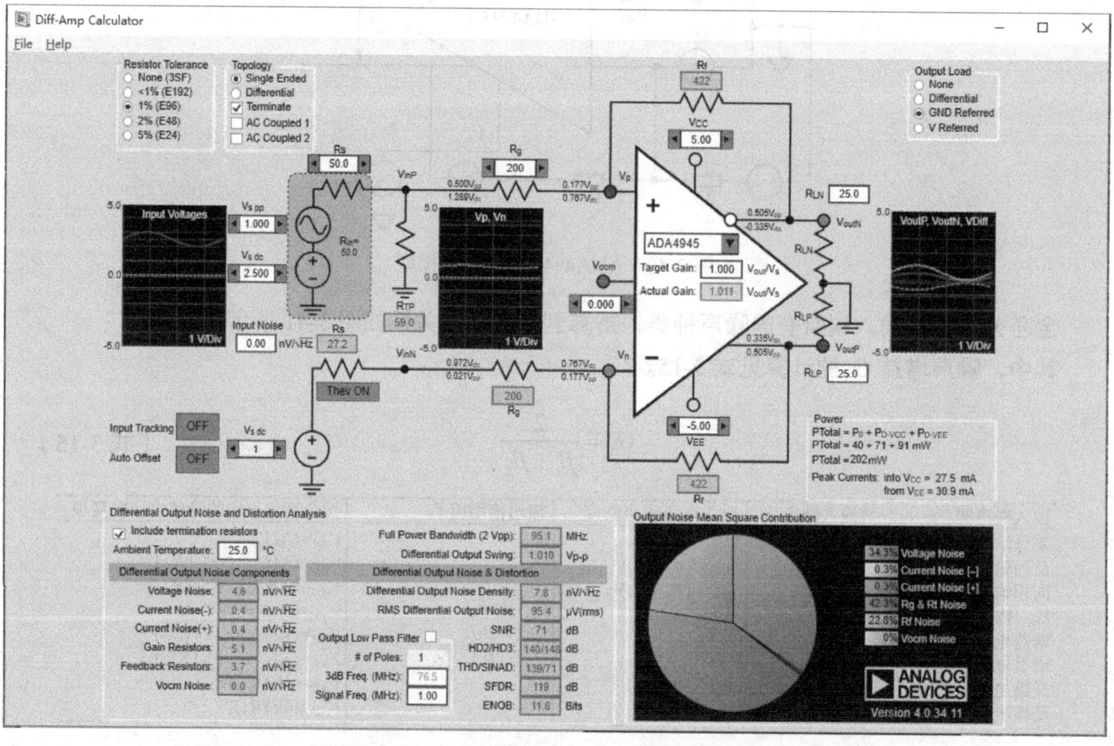

图 3-42 ADA4945 电路配置 R_g 为 200、增益为 1 的噪声计算结果

3.4 电流检测放大器

汽车和工业领域常常需要对电机、电磁阀进行控制，其中离不开对设备电流的检测。电流检测放大器凭借使用简单、测量电流范围大、共模电压范围宽的优势具有良好的应用。其中共模电压范围关系到测量电路的架构，因而需要重点考虑。

如图 3-43 所示，AD8418A 输入（共模）电压范围为–2～70V，可以实现双向电流的高边、低边检测。

输入					
输入偏置电流			130		μA
输入电压范围	共模，连续	−2		+70	V
共模抑制比（CMRR）	额定温度范围，f=DC	90	100		dB
	f=DC～10kHz		86		dB

图 3-43 AD8418A 输入特性

如图 3-44 所示，AD8219 输入（共模）电压范围为 4～80V，只能做高边电流检测。

输入					
偏置电流		130		μA	T_A，输入共模电压为=4V，V_S=4V
			220	μA	T_{OPR}
共模输入电压范围	4		80	V	共模连续
差分输入电压范围	0		83	mV	差分输入电压
共模抑制比（CMRR）	94	110		dB	T_{OPR}

图 3-44 AD8219 输入特性

3.4.1 低边测量方法

图 3-45 所示为 AD8215 数据手册提供的低边电流检测电路，比使用通用放大器实现的电流检测电路简洁，对地面噪声能够有效抑制，共模抑制比通常高于 90dB，输出线性度不会受到输入差动电压的影响。需要注意，低边电流检测方法的不足在于：

（1）负载短路时难以判断；

（2）串联在地路径的检测电阻产生的电压，会影响整个地平面的电位。

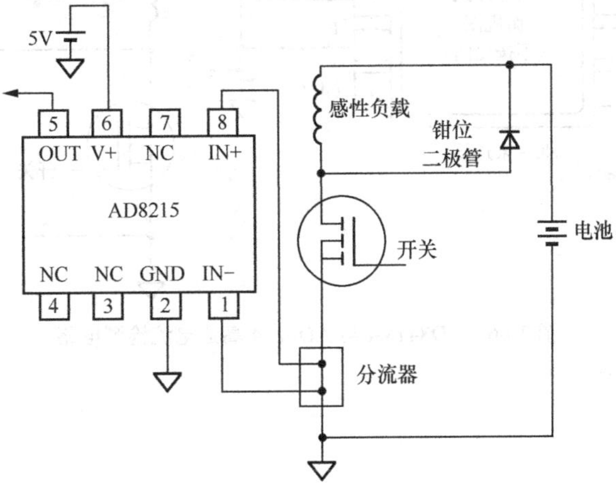

图 3-45 AD8215 低边电流检测电路

3.4.2 高边测量方法

图 3-46 所示为 AD8418A 数据手册推荐的一款高边电流检测电路。当采样电阻以电池为参考时，AD8418A 产生以地为基准的线性模拟输出，而 AD8214 可在短至 100 ns 的时间内提供过流检测信号。对于过流条件下必须快速关断的大电流系统，该特性十分有用。比普通放大器实现的高边电流检测电路节省 PCB 面积，可在宽共模范围内实现精密测量。

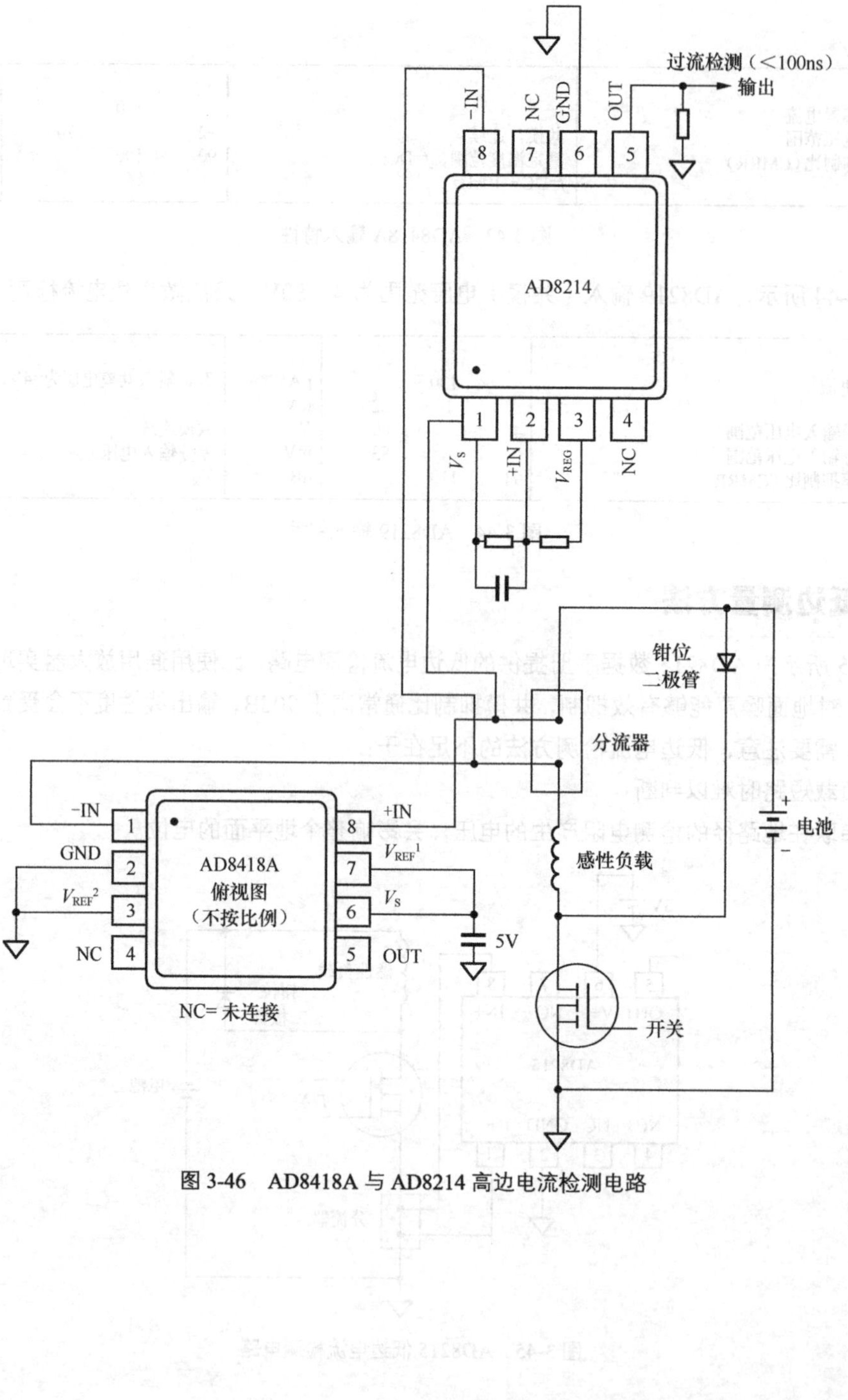

图 3-46　AD8418A 与 AD8214 高边电流检测电路

第 4 章

模拟电路系统设计

图 4-1 所示为经典测量系统框图，包括传感器、放大器、ADC、控制器、通信接口和电源。传感器将待测变量转换为电压、电流信号。放大器将电信号调理到 ADC 输入电压范围，同时具有一定抑制噪声能力。ADC 由控制器操作将模拟电压信号转化为数字信号，并通过通信接口将数据传输到上位机。电源为系统正常工作提供所需的电能。本章将从系统应用角度介绍与放大器直接相关的传感器、ADC、电源部分的设计。

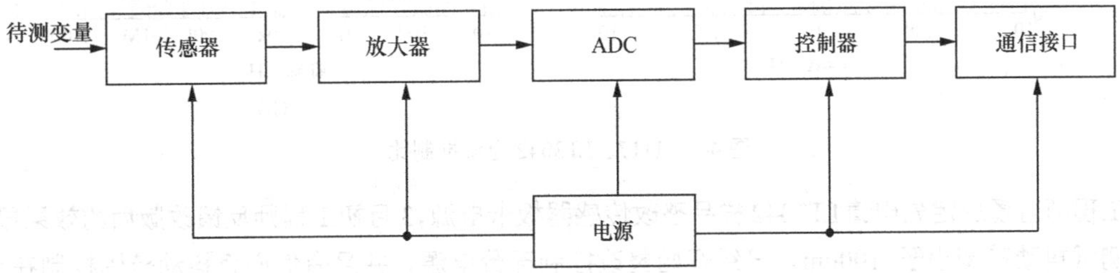

图 4-1　经典测量系统框图

4.1　电源设计

如图 4-1 所示，电源为包括放大器在内的全部芯片提供能量。一款抗干扰、低噪声、低纹波、高效率的电源是系统稳定工作的基础。这一点在多数专注信号链设计的工程师的工作中很少得到体现。在笔者所接触到的众多电路异常问题中，由于电源性能引发的问题比例超过五成。这也是笔者将电源设计放在硬件系统设计第一节的原因。当然，电源设计是另一专属领域，本节的出发点是帮助非电源领域工程师快速完成高性能电源设计。

4.1.1　线性电源参数分析

线性电源是放大器等模拟芯片的首选供电方式，优势是自身噪声低，同时对外界噪声具有一定抑制能力。其中高频范围的抑制能力，需要具体分析每款线性电源的数据手册。

2018 年 1 月 12 日，笔者拜访某创业孵化基地的团队，了解到他们正在研发一款控制手抖动范围的设备。项目是 2016 年底启动，由海外专家团队负责软件与算法，孵化基地负责硬件研发。样机中使用 ADI 极低噪声、高性能的 MEMS 传感器，已经研发 1 年却接近停滞状态，样机所能控制的手抖动范围在 500μm。

笔者与工程师沟通硬件情况，发现传感器板卡与电机控制板卡使用同一开关电源，然后通过 1117 降压到 3.3V 供给传感器板卡。笔者建议工程师整改样机电源系统的架构，包括独立处理控制部分与传感部分的电源，传感器板还应增设低噪声、抑制能力强的线性电源。某品牌 1117 的电源抑制比如图 4-2（a）所示，对比所推荐的 LT3042 的电源抑制比如图 4-2（b）所示。1117 在 1kHz 处电源抑制比最强达到 84dB，频率高于 100kHz 时电源抑制比仅为 40dB。LT3042 在 1kHz 处电源抑制比超过 110dB，在 1MHz 处电源抑制比至少为 76dB。

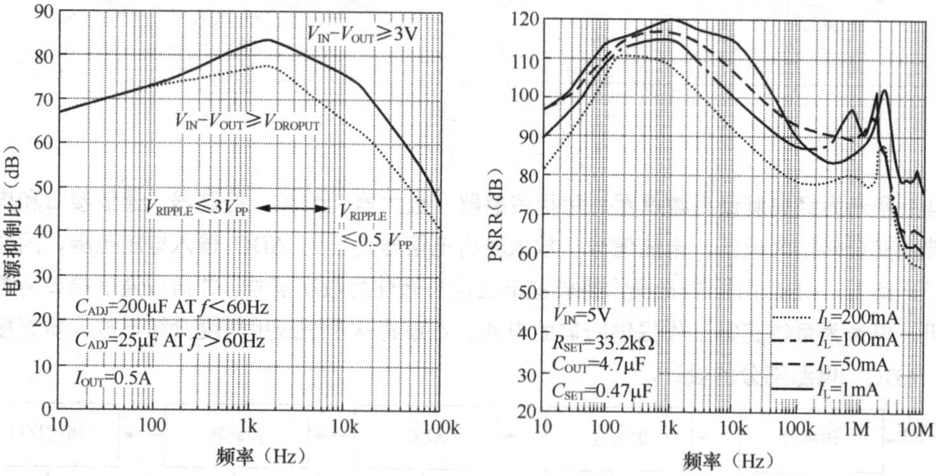

（a）　　　　（b）

图 4-2　1117、LT3042 电源抑制比

工程师当场决定先申请 LT3042 样品整改传感器板卡电源，3 月初工程师反馈改版后的效果显著，样机测试抖动范围小于 100μm，已经开始整改控制部分电源，并且有信心将抖动范围控制在小于 50μm 的水平。同年 5 月中旬，项目在海外临床试验取得良好反馈，同年 8 月项目完成孵化成立公司，后期由专门负责医疗领域的同事继续支持。

线性电源选型不合理的情况，笔者遇过十余例。在线性电源选型中需要关注的主要参数如下：

（1）输入电压范围——线性电源输入的最大值与最小值；

（2）压差——指定负载电流条件下，输出电压不变时，最小输入电压与输出电压的电压差；

（3）电源抑制比——抑制电源输入端噪声，使其不影响输出电源的能力，见式 4-1；

$$PSRR(\mathrm{dB}) = 20\log_{10}\left(\frac{V_{in}}{V_{out}}\right) \quad （式 4-1）$$

（4）静态电流——外部空载时线性电源内部工作所需的电流；

（5）输出电压噪声——在指定输出负载条件和指定范围（0.01～100kHz 或 0.1～100kHz），当没有输入纹波时，电压噪声的 RMS 值。

上述参数中，电源抑制比对放大器信号的影响最为直接。以 LT3042 同系列产品，支持 500mA 电流输出的线性电源 LT3045 为例，电源抑制比仿真电路如图 4-3 所示。输入电压为 5V，输出设置为 3V，输出负载为 6.02Ω，即负载电流 500mA。

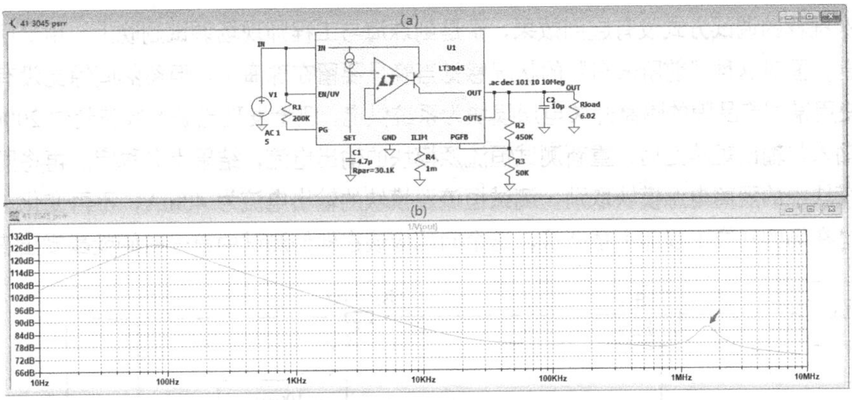

图 4-3　LT3045 电源抑制比仿真电路

AC 分析结果如图 4-3（b）下图所示，频率低于 1kHz 时，电源抑制比普遍高于 100dB，频率为 10～300kHz 时，电源抑制比在 77dB 左右。频率为 1～2MHz 时，电源抑制能力增强，处理开关电源纹波。

表 4-1 为 ADI 公司部分高性能线性电源，方便工程师评估选型。

表 4-1　ADI 公司部分高性能线性电源

型号	PSRR	输入最小值	输入最大值	输出电流	静态电流	RMS 噪声	压差
LT3093	108dB	–20V	–1.8A	200mA	2.35mA	$800\ \text{nV}\sqrt{\text{Hz}}$	190mV
LT3094	108dB	–20V	–1.8A	500mA	2.35mA	$800\ \text{nV}\sqrt{\text{Hz}}$	235mV
LT3045	117dB	1.8V	20A	500mA	2.2mA	$800\ \text{nV}\sqrt{\text{Hz}}$	260mV
LT3042	117dB	1.8V	20A	200mA	2mA	$800\ \text{nV}\sqrt{\text{Hz}}$	350mV
LT3088	90dB	1.2V	36A	800mA	400μA	$27\ \mu\text{V}\sqrt{\text{Hz}}$	1.35V
LT3089	90dB	1.2V	36A	800mA	1.1mA	$27\ \mu\text{V}\sqrt{\text{Hz}}$	1.47V
LT3086	80dB	1.4V	40A	2.1A	1.2mA	$40\ \mu\text{V}\sqrt{\text{Hz}}$	330mV
LT3050	85dB	1.6V	45A	100mA	45μA	$30\ \mu\text{V}\sqrt{\text{Hz}}$	340mV
LT3082	90dB	1.2V	40A	200mA	300μA	$33\ \mu\text{V}\sqrt{\text{Hz}}$	1.3V
LT3060	85dB	1.6V	45A	100mA	40μA	$30\ \mu\text{V}\sqrt{\text{Hz}}$	300mV
LT3085	90dB	1.2V	36A	500mA	300μA	$40\ \mu\text{V}\sqrt{\text{Hz}}$	275mV
LT3091	85dB	–36V	–1.5A	1.5A	1.2mA	$18\ \mu\text{V}\sqrt{\text{Hz}}$	300mV
LT3063	85dB	1.6V	45A	200mA	45μA	$30\ \mu\text{V}\sqrt{\text{Hz}}$	300mV
LT3066	85dB	1.8V	45A	500mA	64μA	$25\ \mu\text{V}\sqrt{\text{Hz}}$	300mV

4.1.2　开关电源设计方法

笔者遇过由开关电源参数问题所导致信号链工作异常的案例，已经难以统计数量，深切体会到只要在设计或者测试中忽略它的存在，必将有一段难忘的经历。

2017 年 12 月底，珠海某工程师邮件发来一份测试报告，反馈一款 40mA 恒流源模块工作异常。电路结构如图 4-4 所示，工程师使用 ADI 仪表放大器与模拟开关设计成可编程仪表放大器，将电阻 R2 两端的差模电压放大，与 DAC 输出电压的比较值作为闭环的控制信号。测试中发现当负载电阻 R_L 由 190Ω 下降到 0Ω 的过程中，输出电流会由 40mA 上升到 65mA。调整 R_L 的过程中仪表放大器的输入端电压跟随变化，但是输出却没有变换。

笔者首次推荐的调试方式没有起到效果，于是到珠海与工程师现场调试到晚上，用尽所有想到的方法都没有改善，面对这种“前所未有”的状况感觉当晚是要留在珠海了，但忽然间惊觉没有查看电源的状态！项目使用某国产品牌的隔离开关电源模块为系统供电，测量发现电源的纹波超过 200mV。将隔离开关电源的输入与输出短路之后，重新测试恒流源模块的输出电流，结果十分稳定。再将同批次生产的多个恒流源模块中的隔离电源模块取消，测试恒流源模块的输出电流为 40mA，不再变化。问题虽然处理完毕，但是在场的几位工程师不禁感叹，这个问题应该在他们测试的第一时间就暴露出来才对。

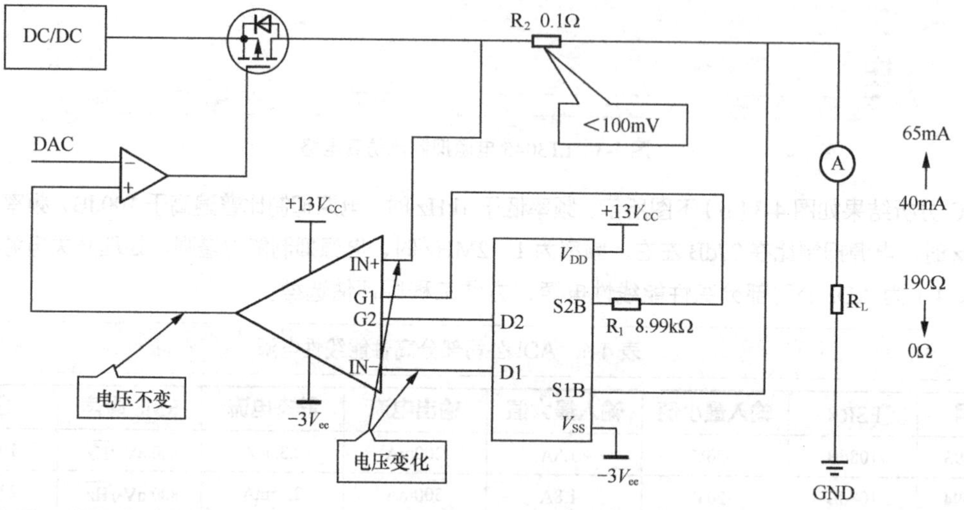

图 4-4　恒流源电路结构

设计一款好的开关电源需要考虑的因素众多，不仅是输入电压范围、输出电压、输出电流，还有输出纹波、反馈环路的稳定性、电源效率、EMI 等。选取开关电源控制器是第一步，外围无源器件的配置、PCB 布局、布线同等重要。对于这部分内容工程师需要通过专业书籍进行学习。

下面介绍一款开关电源设计软件（LTpowerCAD），对非电源领域工程师进行开关电源设计有非常好的帮助，下载链接可至 ADI 官网查询。

安装之后，软件启动界面如图 4-5 所示。选择“Supply Design”进入设计窗口，如图 4-6 所示。

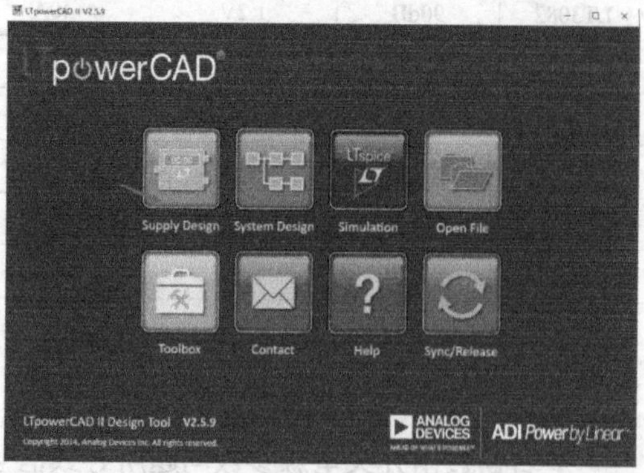

图 4-5　LTpowerCAD 软件启动界面

通过配置“Min Input Voltage”（最小输入电压）、“Nom Input Voltage”（常规输入电压）、“Max Input Voltage”（最大输入电压）、“Num of Output Rails”（输出电源轨数量），以及相应的输出电压“V_{out}”和输出电流“I_{out}”，单击“Search Parts”筛选型号。

图 4-6 中的案例为输入电压范围是 15～36V，输出电压为 12V，输出电流为 1A，在所推荐的型号中选择 LT3646-1，单击“Excel”图标汇总无源器件的配置参数，或者单击 LT 图标进入 LT3646-1 配置电路窗口。如图 4-7 所示，电路中浅蓝色区域数据是用户能够进行调整的参数，黄色区域数据是针对现有元件计算的参考值，如果出现红色区数据显示，表示为系统警告参数配置有误，用户可以需要优化电阻、电容、电感或替换型号，最后生成 LTspice 电路文件进行仿真。

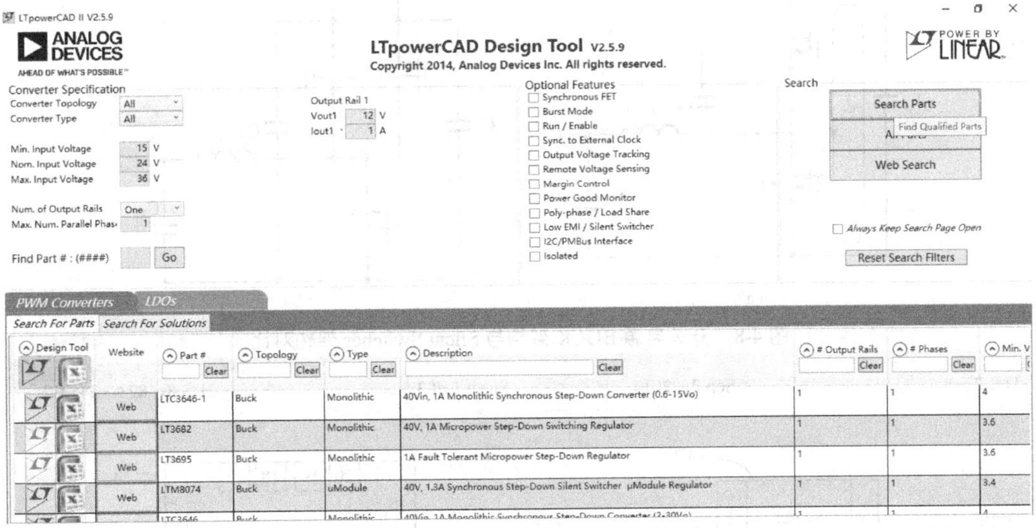

图 4-6　LTpowerCAD 电源需求选择

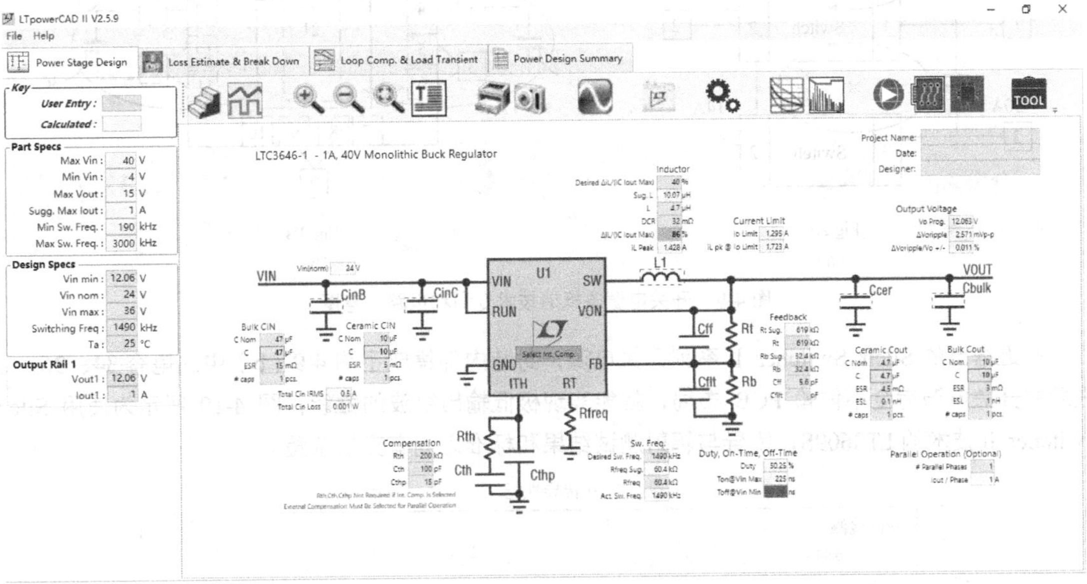

图 4-7　LT3646-1 电路配置

对于 EMI 要求较高的项目，在图 4-6 选型筛选条件中，勾选 LowEMI/Silent Switcher 项，工具将推荐两类开关电源芯片。其一，具有专利技术保护的 Silent Switcher 系列开关电源，如图 4-8（a）所示。普通 BUCK 开关电源在工作过程中，在 d*i*/d*t* 路径中会产生很大的干扰源向外辐射，而 Silent Switcher 结构电路中，通过新增 MOS 管 M3、C3 形成新的 d*i*/d*t* 路径，大大降低了辐射。

图 4-9（a）所示为美国 US 8823345 B2 开关电源磁抵消技术专利。使用右手定则判定，两个 d*i*/d*t* 路径产生的磁场方向相反，在空间中将形成一个闭合电磁场，由此减少能量向外界辐射。电路示意图如图 4-9（b）所示，在 PCB 布板中将电容 36、34 对称分布与走线就能行实现低辐射。

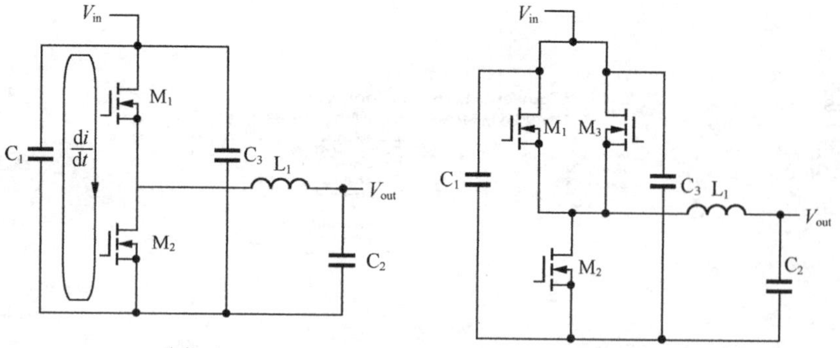

（a）　　　　　　　　　　　　（b）

图 4-8　开关电源 BUCK 架构与 Silent Switcher 架构对比

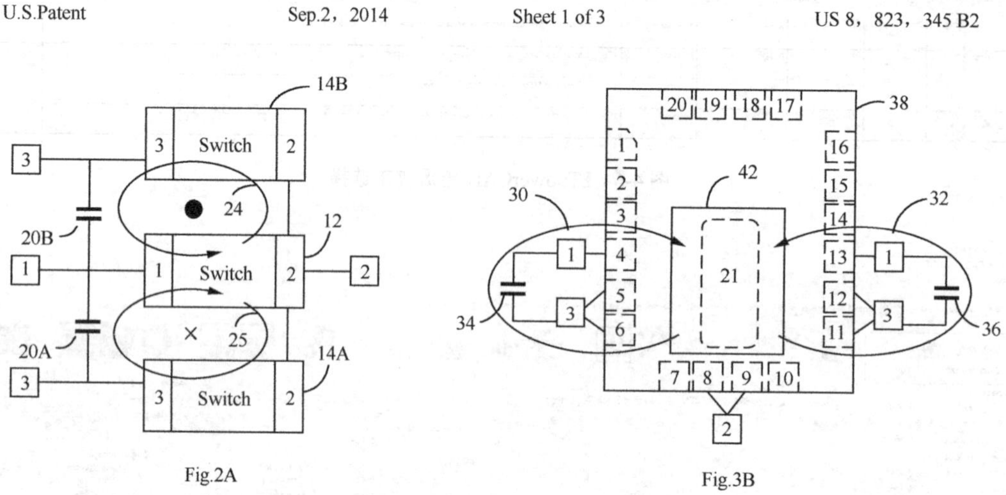

（a）　　　　　　　　　　　　（b）

图 4-9　开关电源磁抵消技术专利和电路示意图

最近推出的 Silent Switcher Ⅱ系列开关电源，封装内部集成了图 4-9（b）中的电容 34、36，改进后的开关电源完全不依赖 PCB 布局，就能实现极低输出纹波的性能，图 4-10 所示为使用 Silent Switcher Ⅱ技术的 LT8609S，传导与辐射测试结果和标准之间有充足余量。

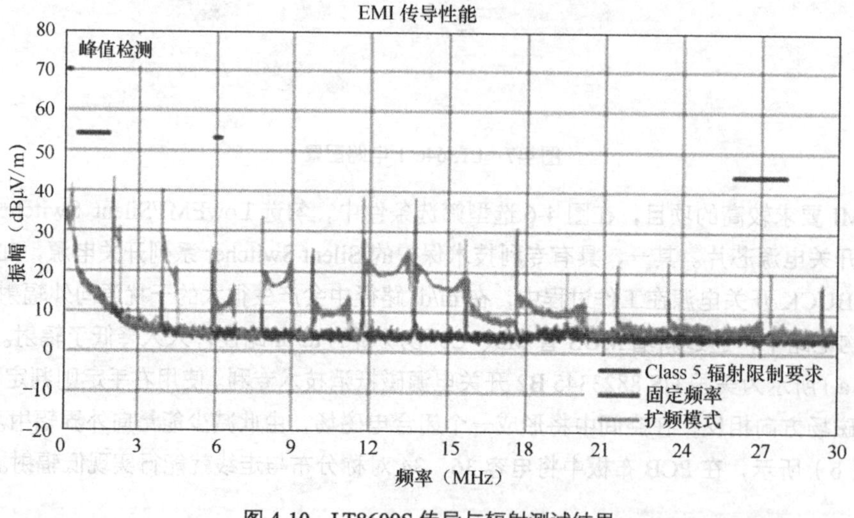

图 4-10　LT8609S 传导与辐射测试结果

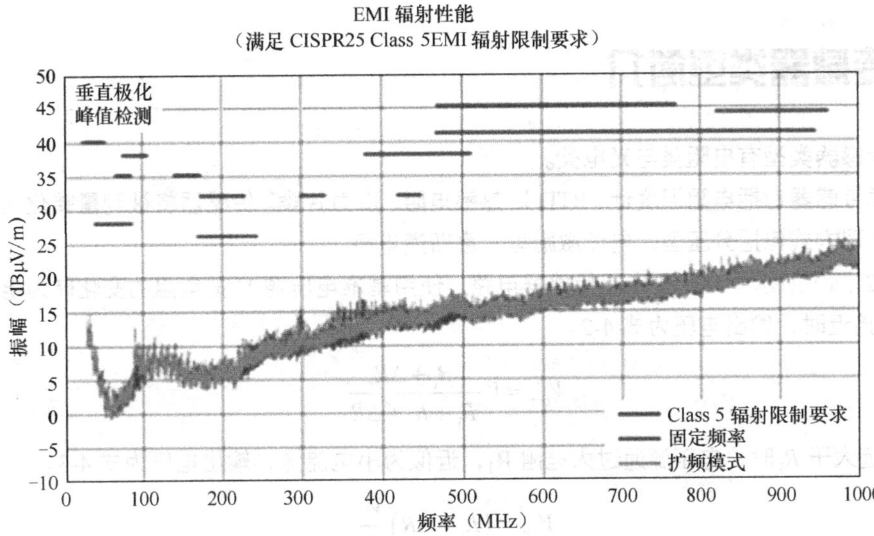

图 4-10　LT8609S 传导与辐射测试结果（续）

另一类低 EMI 开关电源是 μModule 系列，将开关电源芯片和配置元件封装在小体积中，实现高效率、低噪声等指标。整体封装为 4mm×4mm，如图 4-11（a）所示。图 4-11（b）所示为 LTM8074 内部结构，集成输入电容、MOS 对管、电感、输出电容。模块电源唯一需要设置的是输出电压以及开关频率，如图 4-11（c）所示。EMI 测试结果低于 CISPR22 10dB 左右，如图 4-11（d）所示。该系列电源在大功率、高可靠性、恶劣环境中具有良好的应用。

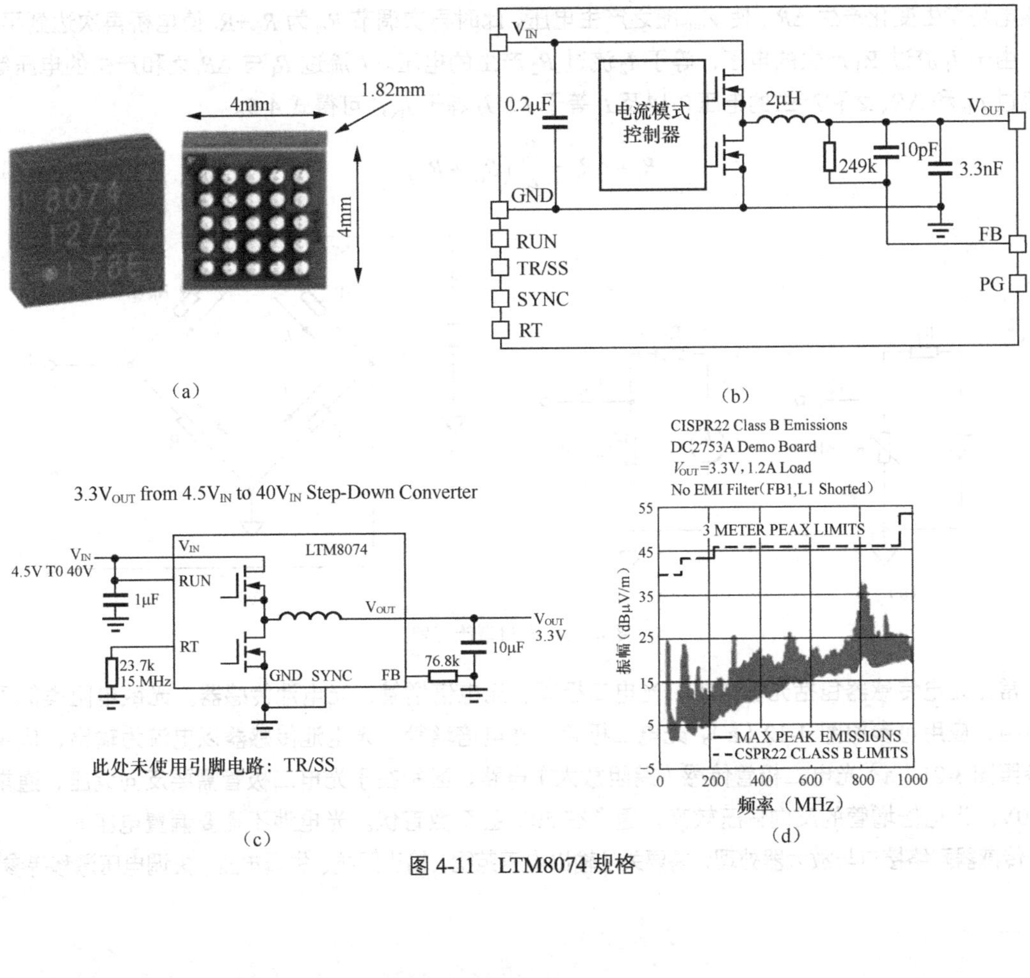

图 4-11　LTM8074 规格

4.2 传感器类型简介

常见传感器类型有电阻类与光电类。

电阻类传感器包括电阻温度计（RTD）、热敏电阻、应力片类。传感器将被测量转化为电阻（ΔR）的变化，实现方式包括分压型、电流激励型、惠斯通电桥。

图 4-12（a）所示为分压型电阻传感器电路，使用基准电压源 V 把电阻的变化转为电压的变化。当 R_1 与 R_t 接近时，输出电压为式 4-2。

$$V_{out} = V\frac{R_t + \Delta R}{R_1 + R_t + \Delta R} \quad \text{（式 4-2）}$$

当 R_1 远大于 R_t 时，电压源通过大电阻 R_1，近似为小电流源，输出电压为式 4-3。

$$V_{out} = \left(R_t + \Delta R\right)\frac{V}{R_1} \quad \text{（式 4-3）}$$

图 4-12（b）所示为电流源激励的电阻传感器，使用一个偏置电流源对电阻网络进行激励，且不需要 R_1 远大于 R_t，输出电压为式 4-4。

$$V_{out} = I\left(R_t + \Delta R\right) \quad \text{（式 4-4）}$$

图 4-12（c）所示为惠斯通电桥电路，原理是在 R_1 等于 R_{tx}、R_2 等于 R_t 时，电桥达到平衡，输出电压为 0V。使用时，首先在 ΔR_t 为零时调节 R_{tx} 的阻值，使其等于 R_t，即 V_{out} 为 0V。在电桥平衡后传感电阻发生变化产生 ΔR_t，使 V_{out} 随之产生电压，此时再次调节 R_{tx} 为 $R_{tx}+R_x$ 使电桥再次达到平衡。

由于 I_1 流过 R_1 产生的电压，等于 I_2 流过 R_2 产生的电压。I_t 流过 R_t 与 ΔR_t 之和产生的电压等于 I_{tx} 流过 R_{tx} 和 ΔR_X 之和产生的电压，以及 I_1 等于 I_t、I_2 等于 I_{tx}，可得式 4-5。

$$R_t + \Delta R_t = \frac{R_1}{R_2}\left(R_{tx} + R_x\right) \quad \text{（式 4-5）}$$

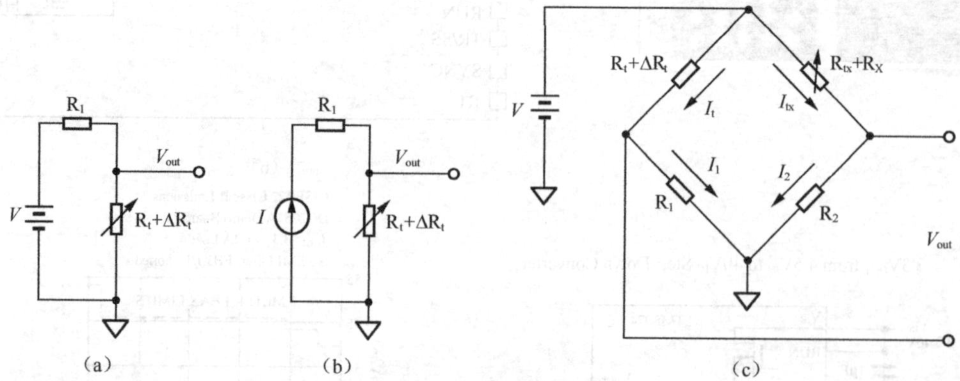

图 4-12　电阻型传感器

常见光电传感器包括光敏电阻、光电二极管、光电倍增管、光电池传感器。光敏电阻类似于热敏电阻，应用可参照图 4-12（a）。光电二极管、光电倍增管、光电池传感器以电流为输出，应用电路参照图 3-21（a）光电二极管传感（跨阻放大）电路，区别在于光电二极管需要反向偏压，通常小于 10V。光电倍增管的反向偏压较高，通常在 50V 甚至数百伏。光电池不需要偏置电压。

传感器网络接口与放大器处理，需要关注输出电压范围、输出阻抗、失调电压、失调电压漂移等参数。

4.3 放大电路误差分析

误差包括两个概念，精度与精密。精度（Accuracy）是系统特性与绝对真实数值之间的差距。精密（Precision）是以数字形式表示的数值分布。以射击比赛为例，选手中靶位置与靶心的偏差可以理解为精度，所有中靶位置之间的分布距离表示为精密。本节将讨论的内容属于精度范畴。

4.3.1 单级放大电路总输出误差

本小节将总结放大器的总输出误差。如图 4-13 所示，以同相放大电路为例，导致总输出误差的项目折算到输入端为式 4-6。

$$V_{er\_RT1} = V_{os} + I_{b-}R_1 + \frac{V_{cm}}{CMRR} + \frac{\Delta V_{cc}}{PSRR_+} + \frac{\Delta V_{ee}}{PSRR_-} + \frac{V_O}{A} + e_n \quad \text{（式 4-6）}$$

其中，输入失调电压 V_{os} 的最大特点是与温度相关，存在漂移。

I_{b-}流过同相端等效电阻 R 形成一个误差电压。

$\frac{V_{cm}}{CMRR}$ 是输入端的共模电压所产生的误差。共模抑制比是随共模信号频率增加而下降的，使误差电压变大。

$\frac{\Delta V_{cc}}{PSRR_+}$、$\frac{\Delta V_{ee}}{PSRR_-}$ 是由电源电压的变化引入的误差，*PSRR* 也是随频率增大而下降。

由于运放开环增益 A 不为无穷大，导致使用闭环增益计算公式（式 2-66）得到的输出结果与真实输出存在误差，这个误差折算到输入端就是 V_O/A。

e_n 是等效输入噪声，它是电压噪声、电流噪声、电阻噪声折算到输入端的总和。

在评估中确认折算到输入总误差占比，对于占比较大的因素，在设计时目标与极限值应保留余量。

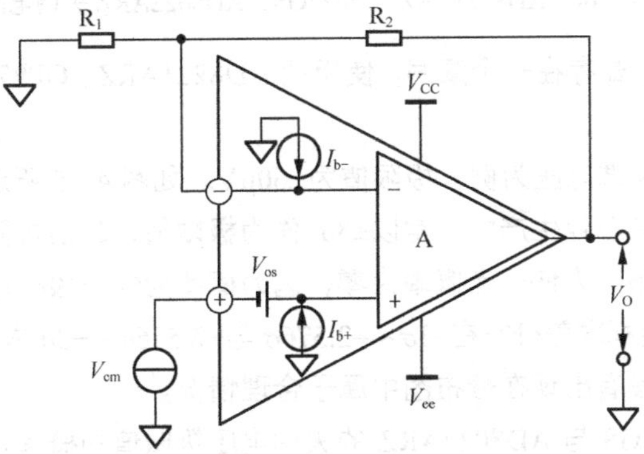

图 4-13 同相放大电路总输出误差分析电路

4.3.2 多级放大电路直流误差分析

如图 3-5（a）所示，笔者接触过三家测量领域企业的工程师使用该电路驱动 24bit ∑Δ 型 ADC 测量直流信号，其中有工程师预期在没有标定的前提下实现 1mV 电压测量。下面以该案例分析多级放大器的直流误差。

首先查验电路架构，对直流噪声的影响最大因素是失调电压。

如图 4-14（a）所示，AD8221ARZ 在 25℃环境中，供电电源±15V 时，输入失调电压最大值为 60μV，输出失调电压最大值为 300μV。如图 4-14（b）所示，OP27GS 在 25℃环境中，供电电源±15V 时，输入失调电压典型值为 30μV，最大值为 100μV。如图 4-14（c）所示，AD8022ARZ 在 25℃环境中，供电电源±12V，电路增益为 1 时，输入失调电压典型值为 1.5mV，最大值为 6mV。

如果以最大值进行评估，可得 AD8221 增益为 5 倍，电路输出的最大失调误差为：

$$V_{\mathrm{DC\_er\_Max}} = GV_{\mathrm{OSI\_AD8221}} + V_{\mathrm{OSO\_AD8221}} + V_{\mathrm{OS\_OP07}} + V_{\mathrm{OS\_AD8022}} = 6.7\mathrm{mV}$$

所得输出失调电压超出预期，在没有标定的测量系统中不适用，所以需要更换型号。

V_S=±15V，V_{REF}=0V，T_A=25℃，G=1，R_L=2kΩ，特别声明除外。

参数	条件	AR 级 最小值	AR 级 典型值	AR 级 最大值	BR 级 最小值	BR 级 典型值	BR 级 最大值	单位
失调电压								
输入失调，V_{OSI}	V_S= ±5V～±15V			60			25	μV
全温度范围	T=−40℃～+85℃			86			45	μV
平均温度系数（TC）				0.4			0.3	μV/℃
输出失调，V_{OSO}	V_S= ±5V～±15V			300			200	μV
全温度范围	T=−40℃～+85℃			0.66			0.45	mV
平均温度系数（TC）				6			5	μV/℃

（a）

参数	符号	测试条件	OP27A/OP27E 最小值	OP27A/OP27E 典型值	OP27A/OP27E 最大值	OP27G 最小值	OP27G 典型值	OP27G 最大值	单位
输入失调电压	V_{OS}			10	25		30	100	μV

At 25℃，V_S=±12V，R_L=500Ω，G=+1，T_{MIN}=−40℃，T_{MAX}=+85℃（另有说明除外）

（b）

参数	条件	最小值	典型值	最大值	单位
直流电性能					
输入失调电压			1.5	±6	mV
	T_{MIN}～T_{MAX}			±7.25	mV
输入失调电流				±120	nA

（c）

图 4-14　AD8221ARZ、OP27GS、AD8022ARZ 失调电压

该分析过程看似合理，却存在一个漏洞。使用的 AD8221ARZ、OP27GS 与 AD8022ARZ 同时出现最大值的可能性有多少？

以 AD8221ARZ 输入失调电压为例，极限值为±60μV。如图 4-15 所示，在输入失调电压分布图中极限值没有出现。其实在芯片生产中，常以±3σ 作为极限值，超出极限值的芯片将视为“次品”报废处理。而在±3σ 坐标系之内任一点概率为零，因为概率为任一段概率曲线下的面积。所以极限失调电压的概率，可以使用标准差分布在-3σ～-2.576σ 与$+2.576\sigma$～$+3\sigma$ 内的概率 0.73%，参照表 2-5。可见，±60μV 极限值附近没有出现在分布图中属于合理情况。

以同样方式分析 OP27GS 与 AD8022ARZ 的失调电压极限值的概率，得到三个芯片同时出现最大值的概率为 0.73%的三次方，即 0.0000389%，这种概率几乎是不可能出现。直接叠加不同器件极限值的评估方式不合理。因为随着电路器件增多，同时出现极限参数的概率更低。

在多级电路中，应该使用典型值的均方根叠加这些不相关噪声，计算系统失调直流噪声。在三款放大器中，AD8022ARZ 的失调电压典型值为 1.5mV，远大于其他放大器失调电压，均方根计算值最小为 1.5mV，超出 1mV 的预期要求。虽然两种方法的判断结果相同，但是不代表极限值累加的方法正确。

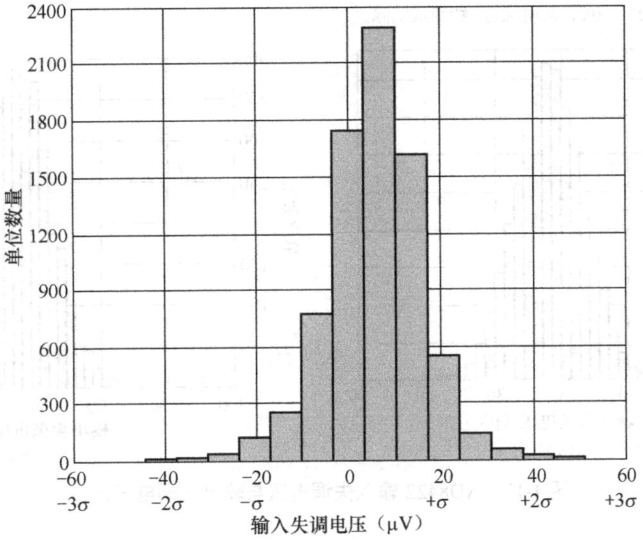

图 4-15　AD8221 输入失调电压分布

笔者首先推荐使用 ADA4522-2 进行替换，如图 2-46 所示，ADA4522-2ARZ 在 25℃环境中，供电电压范围为 30V 时，失调电压典型值为 1μV。

其次，笔者推荐使用 ADA4077-1 替换 OP27。如图 4-16 所示，在 OP27 官网页面标出“不推荐在新设计中使用”，不排除后续存在停产的风险。参见图 2-2，ADA4077-1ARZ 在 25℃环境中，供电电压为±15V 时，失调电压典型值为 15μV。

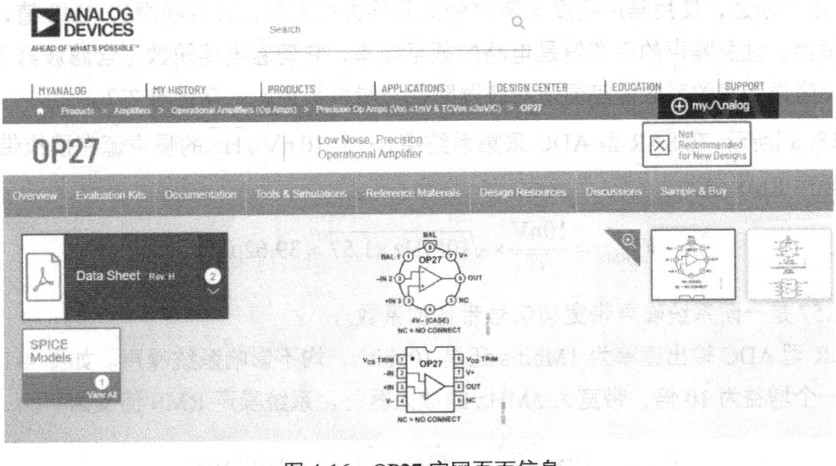

图 4-16　OP27 官网页面信息

另外，由于 AD8221 数据手册中没有输出失调电压参数典型值及分布，所以介绍管脚封装兼容 AD8422BRZ 进行评估。AD8422 在 25℃环境中，供电电压±15V 时，输入失调电压典型值为±30μV，如图 4-17（a）所示。输出失调电压典型值为±100μV，如图 4-17（b）所示。调整后电路的输出直流误差为。

$$V_{\mathrm{DC\_er}}=\sqrt{\left(GV_{\mathrm{OSI\_AD8422}}+V_{\mathrm{OSO\_AD8422}}\right)^2+V_{\mathrm{OS\_ADA4077}}^2+V_{\mathrm{OS\_ADA4522}}^2}\approx 0.25(\mathrm{mV})$$

整改后的直流误差约为 0.25mV，小于预期目标 1mV。后续工程师使用 ADA4077、ADA4522 替换 OP27、AD8022，完成验证。

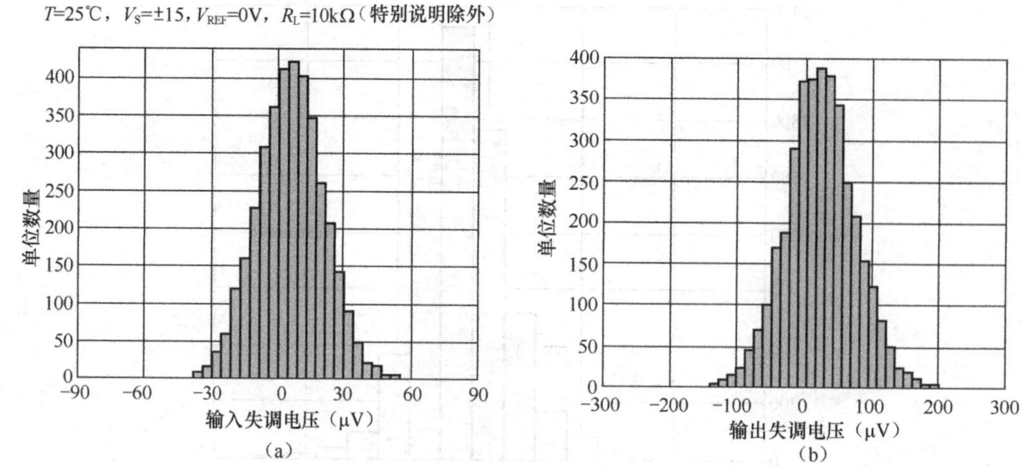

图 4-17 AD8422 输入失调电压与输出失调电压分布

4.4 滤波器设计

滤波器设计也是一项专属领域，本节内容从应用的角度分析滤波器的原理，以及滤波器截止频率设计，并介绍一款滤波器电路设计软件。

4.4.1 系统噪声与滤波分析

如 2.7.2 小节所述，使用噪声密度与噪声带宽开平方的乘积，计算噪声的 RMS 值，在系统噪声分析中同样适用。注意噪声的带宽值是电路的截至频率，它随着电路阶数（含滤波器）增加趋近于信号带宽值。噪声带宽的系数值等同于滤波器阶数与噪声带宽比，参照表 2-7。

如图 4-18（a）所示，在 SAR 型 ADC 采集系统中，一个 $10\,\text{nV}\sqrt{\text{Hz}}$ 的噪声源在模拟带宽为 10MHz 时，所产生噪声 RMS 值为：

$$V_{\text{n\_RMS}}=\frac{10\text{nV}}{\sqrt{\text{Hz}}}\times\sqrt{10\text{MHz}\times1.57}\approx39.62\mu\text{V}$$

其中，1.57 是一阶系统噪声带宽与信号带宽的系数。

不论 SAR 型 ADC 输出速率为 1Mbit/s 还是 10kbit/s，均不影响系统噪声。如图 4-18（b）所示，当电路增加一个增益为 10 倍、带宽为 5MHz 的放大器时，系统噪声 RMS 值变为：

$$V_{\text{n\_RMS}}=10\times\frac{10\text{nV}}{\sqrt{\text{Hz}}}\times\sqrt{5\text{MHz}\times1.57}\approx280.18\mu\text{V}$$

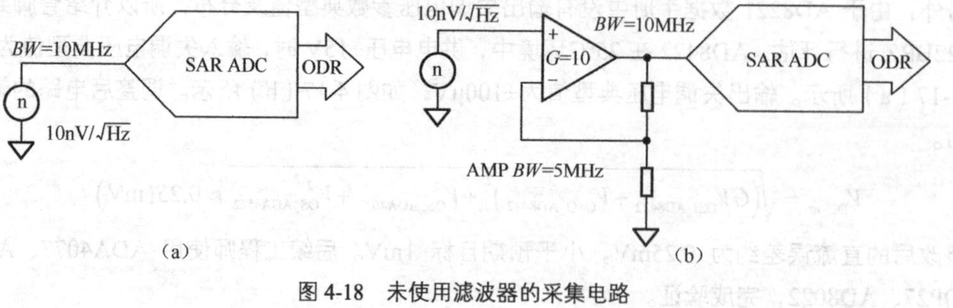

图 4-18 未使用滤波器的采集电路

如图 4-19（a）所示，当使用 1MHz 带宽的 RC 电路驱动 SAR 型 ADC 时，系统噪声 RMS 值为：

$$V_{\text{n\_RMS}}=10\times\frac{10\text{nV}}{\sqrt{\text{Hz}}}\times\sqrt{1\text{MHz}\times1.57}\approx125.3\mu\text{V}$$

这里纠正部分工程师的错误观念，SAR 型 ADC 的驱动 RC 电路，虽然组成一阶低通滤波器，但是它的主要功能是驱动 SAR 型 ADC 而并非滤除噪声，详情参考 4.5.1 小节。

如图 4-19（b）所示，使用带宽为 10kHz 的二阶低通滤波器之后，系统噪声 RMS 值为：

$$V_{\text{n\_RMS}}=10\times\frac{10\text{nV}}{\sqrt{\text{Hz}}}\times\sqrt{10\text{kHz}\times1.22}\approx11\mu\text{V}$$

其中，1.22 是二阶系统噪声带宽与信号带宽的系数，见表 2-7。

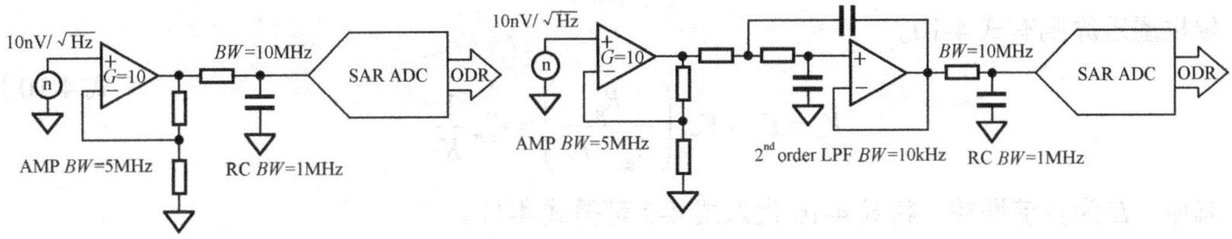

图 4-19　使用模拟滤波器的采集电路

由此可见，在 SAR 型 ADC 采集电路中，必须使用滤波器才能有效抑制电路噪声，而滤波器的截止频率需要重点评估，因为在信号的频率接近 SAR 型 ADC 采样频率时会出现“混叠现象”。如同人眼看飞行的直升机时，会发现螺旋桨转得很慢或者倒转，这是因为人眼采集图像的速率慢于螺旋桨的转速导致图像混叠。

在采集系统中，如果使用频率为 100kHz 的 ADC 采集频率为 90kHz 的正弦波，将采样点恢复成波形，会发现数据中存在一个 10kHz 的波形，这就是混叠信号，或称为“镜像信号”“折叠信号”。

如图 4-20 所示，产生混叠噪声的根本原因是，对频率为 F_s 的信号进行采样时，频率超过 0.5 倍 F_s 以上的信号都会映射到 0.5 倍 F_s 以下的频带中，和原有的 0.5 倍 F_s 频率以下的成分叠加起来，对信号造成干扰。其中 0.5 倍 F_s 频率处称为奈奎斯特频率。

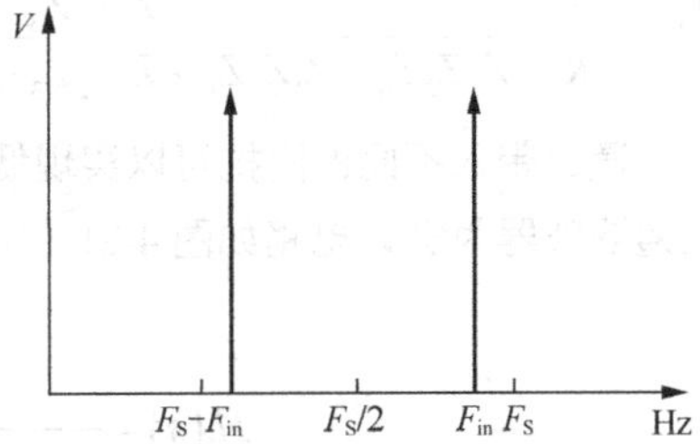

图 4-20　奈奎斯特采样频率

消除混叠噪声的方法有两种：

（1）采用抗混叠滤波器，抑制于高于奈奎斯特频率的信号成分；

（2）使用过采样并配合数字滤波器。

4.4.2　Sallen-Key 滤波器理论分析

Sallen-Key 滤波器是由 R.P.Sallen 与 E.L.Key，在 1955 年提出的一种由放大器、电阻、电容组成的滤波器。如图 4-21（a）所示，Z 表示电阻或电容，这种结构滤波器相比其他结构滤波器，对放大器的增益带宽积要求低，方便设计高频率滤波器。其次，最大电阻与最小电阻的比值、最大电容与最小电容的比值低，便于实现，所以得到广泛的应用。

对 V_f 点使用基尔霍夫电流定律得到式 4-7，又因为 V_+ 对 V_f 形成分压得到式 4-8。

$$\frac{V_{\text{in}}-V_{\text{f}}}{Z_1}=\frac{V_{\text{f}}-V_+}{Z_2}+\frac{V_{\text{f}}-V_{\text{out}}}{Z_4} \quad \text{（式 4-7）}$$

$$V_{\text{f}}=V_+\left(1+\frac{Z_2}{Z_3}\right) \quad \text{（式 4-8）}$$

将式 4-8 代入式 4-7，整理可得式 4-9。

$$\begin{aligned}V_+=&V_{\text{in}}\left(\frac{Z_2Z_3Z_4}{Z_2Z_3Z_4+Z_1Z_2Z_4+Z_1Z_2Z_3+Z_2Z_2Z_4+Z_2Z_2Z_1}\right)\\&+V_{\text{out}}\left(\frac{Z_1Z_2Z_3}{Z_2Z_3Z_4+Z_1Z_2Z_4+Z_1Z_2Z_3+Z_2Z_2Z_4+Z_2Z_2Z_1}\right)\end{aligned} \quad \text{（式 4-9）}$$

根据虚短原则有式 4-10。

$$V_+=V_-=V_{\text{out}}\left(\frac{R_{\text{g}}}{R_{\text{g}}+R_{\text{f}}}\right)=V_{\text{out}}\frac{1}{K} \quad \text{（式 4-10）}$$

其中，K 为直流增益，将式 4-10 代入式 4-9 可得式 4-11。

$$\begin{aligned}V_{\text{out}}\frac{1}{K}=&V_{\text{in}}\left(\frac{Z_2Z_3Z_4}{Z_2Z_3Z_4+Z_1Z_2Z_4+Z_1Z_2Z_3+Z_2Z_2Z_4+Z_2Z_2Z_1}\right)\\&+V_{\text{out}}\left(\frac{Z_1Z_2Z_3}{Z_2Z_3Z_4+Z_1Z_2Z_4+Z_1Z_2Z_3+Z_2Z_2Z_4+Z_2Z_2Z_1}\right)\end{aligned} \quad \text{（式 4-11）}$$

整理获得式 4-12。

$$\frac{V_{\text{out}}}{V_{\text{in}}}=\frac{\dfrac{Z_2Z_3Z_4}{Z_2Z_3Z_4+Z_1Z_2Z_4+Z_1Z_2Z_3+Z_2Z_2Z_4+Z_2Z_2Z_1}}{\dfrac{1}{K}-\dfrac{Z_1Z_2Z_3}{Z_2Z_3Z_4+Z_1Z_2Z_4+Z_1Z_2Z_3+Z_2Z_2Z_4+Z_2Z_2Z_1}}=\frac{K}{\dfrac{Z_1Z_2}{Z_3Z_4}+\dfrac{Z_1}{Z_3}+\dfrac{Z_2}{Z_3}-\dfrac{Z_1(1-K)}{Z_4}+1} \quad \text{（式 4-12）}$$

通过带入不同的阻抗可以实现低通滤波器、高通滤波器、带通滤波器、带阻滤波器。以 Sallen-Key 低通滤波器为例，电路如图 4-21（b）所示，传递函数为式 4-13。

$$H(s)=\frac{1+\dfrac{R_{\text{f}}}{R_{\text{g}}}}{s^2\left(R_1R_2C_1C_2\right)+s\left(R_1C_1+R_2C_1-R_1C_2\dfrac{R_{\text{f}}}{R_{\text{g}}}\right)+1} \quad \text{（式 4-13）}$$

将式 4-10 代入式 4-13，整理得到式 4-14。

$$H(s)=H_0\frac{\omega_{\text{p}}^2}{s^2+\dfrac{\omega_{\text{p}}}{Q}s+\omega_{\text{p}}^2}=\frac{K\dfrac{1}{R_1R_2C_1C_2}}{s^2+s\left[\left(\dfrac{1}{R_1}+\dfrac{1}{R_2}\right)\dfrac{1}{C_2}+\dfrac{1-K}{R_2C_1}\right]+\dfrac{1}{R_1R_2C_1C_2}} \quad \text{（式 4-14）}$$

其中，s 为 $j\omega$，令分母为零，得到理论上的截止频率为式 4-15。

$$f_{\text{p}}=\frac{1}{2\pi\sqrt{R_1R_2C_1C_2}} \quad \text{（式 4-15）}$$

Q 值为式 4-16。

$$Q=\frac{\sqrt{R_1R_2C_1C_2}}{R_1C_1+R_2C_1+R_1C_2\left(1-K\right)}\qquad（式 4-16）$$

通常以 R_1 为 m 倍 R_2，C_1 为 n 倍 C_2 实现滤波器设计。

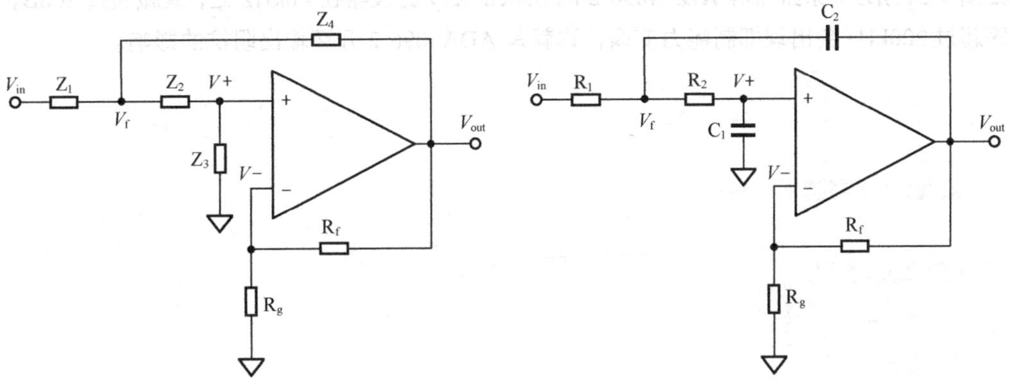

（a）　　　　（b）

图 4-21　Sallen-Key 低通滤波器

上述 Sallen-Key 滤波器的计算得到的理论电阻值仅为参考，主要原因在于真实放大器存在开环输出阻抗。如图 4-21（b）所示，信号流向为：V_{in}→R_1→C_2→Z_o→地电位，频率升高则 C_2 视为短路，示意图如图 4-22 所示。由于开环输出阻抗 Z_o 会随频率上升而变大，导致滤波器在高频段出现抑制能力变弱的情况。所以，对于非专业设计滤波器的工程师，建议使用滤波器设计软件。

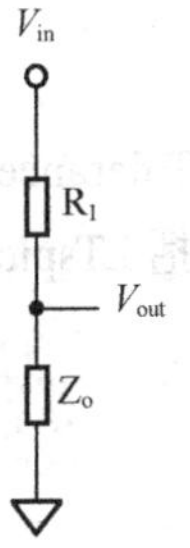

图 4-22　真实放大器的 Sallen-Key 滤波器输出等效图

4.4.3　有源低通滤波器设计工具

如图 3-7 所示，在精密信号链设计工具窗口中单击“Analog Filter”链接，并进入“LPF”低通滤波器窗口。

如图 4-23 所示，在通带内配置增益、带宽、增益衰减，在阻带处配置预期截止频率及对应的信号衰减，另外，还可以选择滤波器响应的速度。

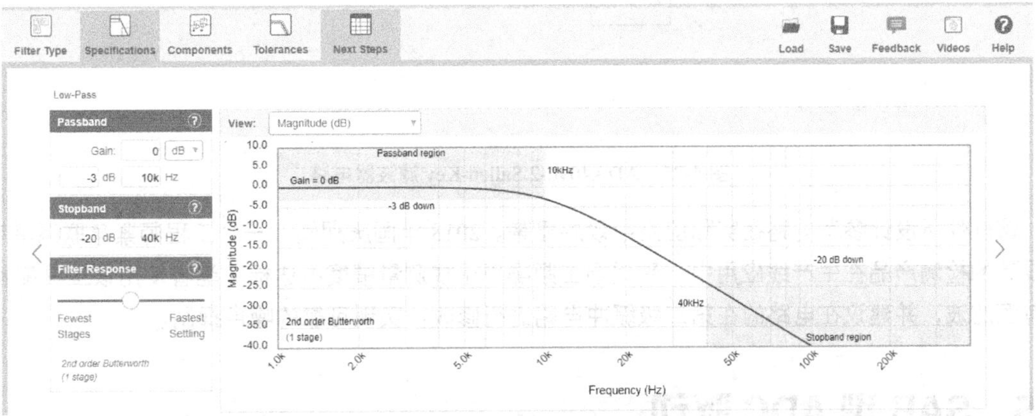

图 4-23　低通滤波器配置

进入“Components”组件选择窗口，在“Voltage Supplies”选项中配置放大器电源电压。在

“Components”选项中可以选择“Pick for me”让程序推荐器件，或者“I want to choose”自主选择器件。在“Implementatioin”选项中可以选择“Sallen-Key”或者“Multiple Feedback”结构。根据选定的结果可以查看滤波器的幅频特性。

如图 4-24 所示，系统推荐 ADA4096-2 的 Sallen-Key 滤波器在 40kHz 处，衰减超过 20dB，然而在频率超过 200kHz 会出现抑制能力变弱，这就是 ADA4096-2 开环输出阻抗的影响。

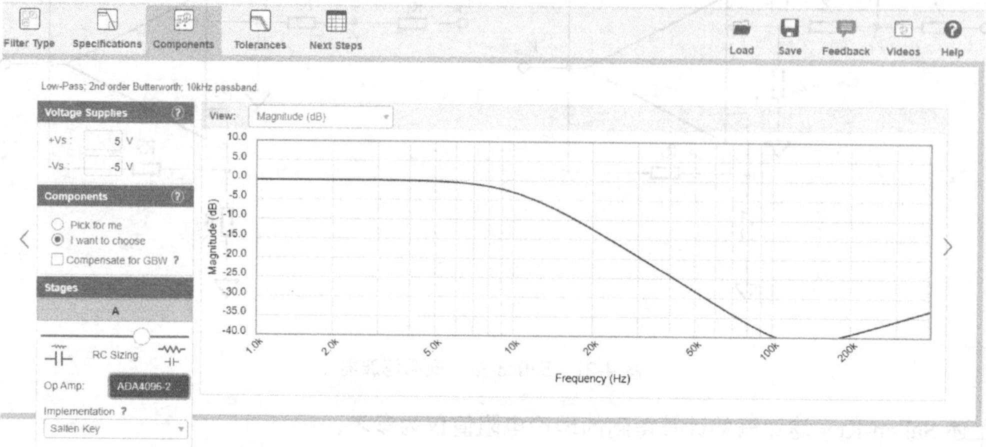

图 4-24　ADA4096-2 Sallen-Key 滤波器的频率响应

进入“Tolerance”组件选择窗口，选择电阻、电容，如图 4-25 所示。还可以在“Next Steps”窗口下载包括 LTspice 仿真电路的全部设计资料。

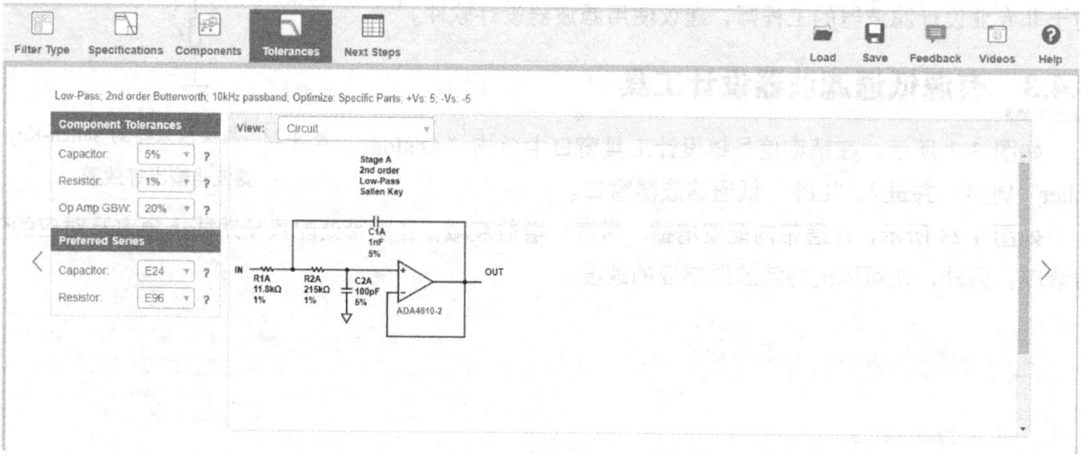

图 4-25　ADA4096-2 Sallen-Key 滤波器电路

该软件所设计参考电路在实际应用中效果显著。2018 年国庆期间，一个工程师紧急联系笔者，其设计的检测产品在生产线应用中，受现场工频噪声干扰测量精度不达标。笔者使用该工具配置二级有源滤波，并建议在电路的在第二级缓冲电路进行修改，实现可靠的噪声抑制。

4.5 SAR 型 ADC 驱动

本节介绍 SAR 型 ADC 工作原理和驱动难点。

4.5.1 SAR 型 ADC 模型与驱动原理

SAR 型 ADC 输入端电路如图 4-26（a）所示，是由两个完全相同的二进制加权电容阵列，并联接到比较器的两个输入端。在采集阶段，SAR 型 ADC 的开关 SW_+、SW_-连接到地（GND），独立开关连接到输入端，捕捉 IN_x+与 IN_x-输入端模拟信号。采集完成后进入转换阶段时，开关 SW_+、SW_-断开，独立开关连接到地，二进制加权电容阵列所捕捉到的 IN_x+与 IN_x-之间差分电压施加到比较器输入端，导致比较器不平衡，比较器输入将按照二进制加权电压步进（$V_{REF/2}$、$V_{REF/4}$、……）变化，将输入模拟信号转化为数字信号。

简化的 SAR 型 ADC 输入电路及模型如图 4-26（b）所示，当开关 S_1 闭合 S_2 断开，输入信号向电容 C_{ADC} 充电，电容电压 V_{ADC} 到达输入信号 V_{in} 电压时采样结束，进入转换阶段。V_{ADC} 波形如图 4-28（a）所示。因此需要驱动电路使电容 C_{ADC} 尽快充电，驱动电路是由放大器和输出 RC 电路组成，如图 4-27 所示。在 S_1 闭合时，C_{ADC} 没有电荷，V_{in} 电压瞬间向下反冲，如图 4-28（b）所示。在放大器与 C_{FILT} 共同向 C_{ADC} 提供电荷，V_{ADC} 电压逐步上升到与输入电压 V_{in} 相同时，输入采集阶段完成。

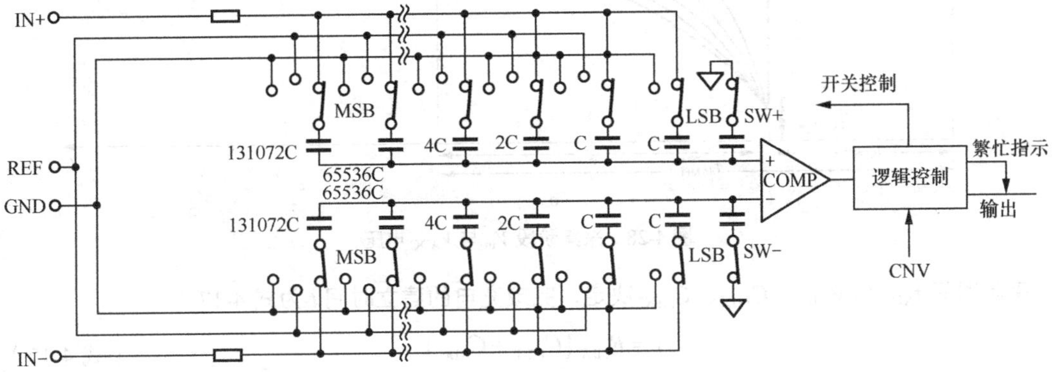

（a）

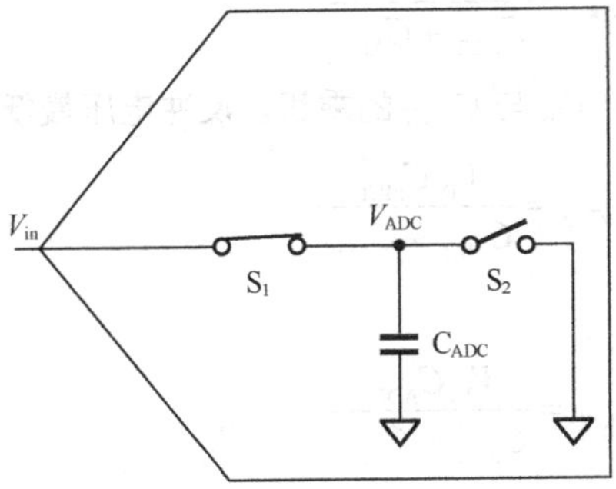

（b）

图 4-26　SAR 型 ADC 输入电路及模型

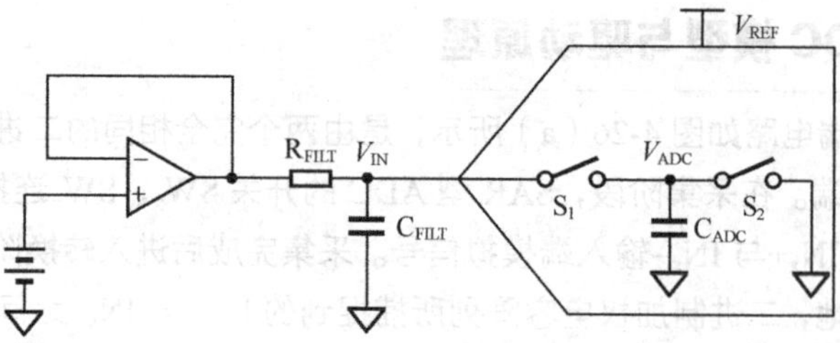

图 4-27 SAR 型 ADC 驱动电路

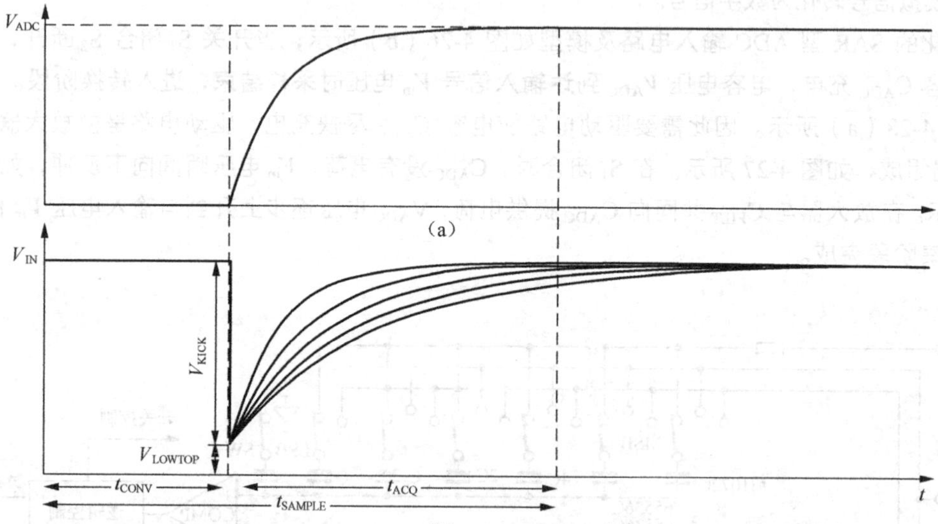

图 4-28 采集阶段 V_{in} 与 V_{ADC} 电压

采集时间 t_{ACQ} 由 R_{FILT}、C_{FILT}、C_{ADC} 决定，完成充电的建立时间 t 为式 4-17。

$$t = R_{FILT}\left(C_{FILT} + C_{ADC}\right) \quad （式 4-17）$$

C_{ADC} 的电压值 V_{ADC} 由电容 C_{FILT}、C_{ADC}，以及两个电容上的电荷量 Q_{FILT}、Q_{ADC} 决定，为式 4-18。

$$V_{ADC} = \frac{Q_{FILT} + Q_{ADC}}{C_{FILT} + C_{ADC}} \quad （式 4-18）$$

由于初始采集时，Q_{ADC} 为 0，Q_{FILT} 为 V_{IN} 与 C_{FILT} 的乘积，反冲电压最低点值为式 4-19。

$$V_{LowTop} = \frac{V_{IN}C_{FILT}}{C_{FILT} + C_{ADC}} \quad （式 4-19）$$

而反冲电压为式 4-20。

$$V_{KICK} = \frac{V_{IN}C_{ADC}}{C_{FILT} + C_{ADC}} \quad （式 4-20）$$

由 RC 网络所产生的时间常数 $\tau_{0.63}$ 为式 4-21。

$$\tau_{0.63} = \ln\frac{V_{Kick}}{\frac{V_{REF}}{2^n}} \quad （式 4-21）$$

其中，V_{REF} 为基准源参考电压值，n 为 ADC 位数。

根据工程经验，从 V_{ADC} 出现反冲恢复到距离 V_{IN} 电压小于 0.5 倍 LSB 电压时，定义为采集时间

t_{ACQ}，该指标可以在 ADC 数据手册中找到。所选择的 RC 参数在 ADC 驱动过程中，需要满足采集时间、时间常数、建立时间的关系为式 4-22。

$$t_{ADC} > t\tau_{0.63} = R_{FILT}\left(C_{FILT} + C_{ADC}\right)\ln\frac{V_{Kick}}{\frac{V_{REF}}{2^n}} \quad （式 4-22）$$

根据式 4-22 确认 RC 参数值，但上述推论没有考虑如下问题。

（1）ADC 采样的带宽为式 4-23。

$$BW = \frac{1}{2\pi R_{FILT}\left(C_{FILT} + C_{ADC}\right)} \quad （式 4-23）$$

所以 RC 参数的选择往往要在带宽和采集时间之间多次迭代计算。

（2）真实放大器的参数中，开环输出阻抗的影响不可忽略。

（3）由于 ADC 内部采样电容的非线性，当 R_{FILT} 值变大会导致 ADC 采样失真，该失真不能通过降低采样率改善。

因此，高效地设计 SAR 型 ADC 驱动的方法仍然是使用辅助工具和 LTspice 仿真软件。

4.5.2 SAR 型 ADC 驱动辅助工具使用

如图 3-7 所示，在精密信号链设计工具界面，单击“ADC Driver”链接进入 ADC 驱动工具窗口。如图 4-29（a）所示，在“ADC”项中选择 ADC 的型号，输入采样率值和基准源电压值。在“Driver”选项中选择放大器型号和电路结构，输入增益值、反馈电阻值、工作电压值。在“Input”选项中选择输入信号类型与输入频率值。在“Filter”选项中输入 RC 参数值。在“Circuit”窗口查看电路结构图。进入“Niose&Distortion”窗口，该工具提供电路的 THD 等信息，如图 4-29（b）所示。

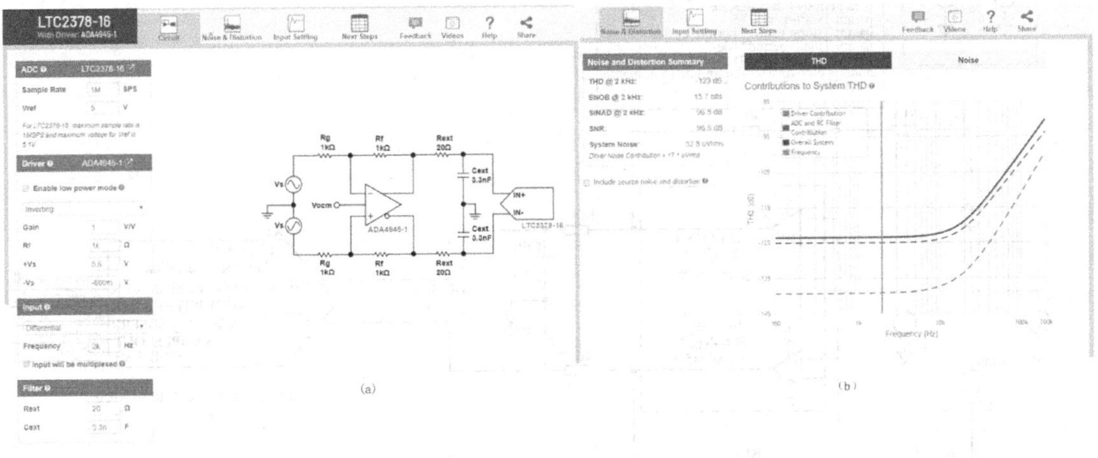

图 4-29　SAR 型 ADC 驱动电路配置

进入“Input Setting”窗口，工具提供计算电路的反冲电压值、ADC 采集时间、RC 电路带宽参数，如图 4-30（a）所示。当 RC 参数配置不良时，在“Niose&Distortion”窗口与“Input Setting”窗口会提供警告。工具还能够生成 LTspice 电路，可在“Next Step”窗口下载，如图 4-30（b）所示。

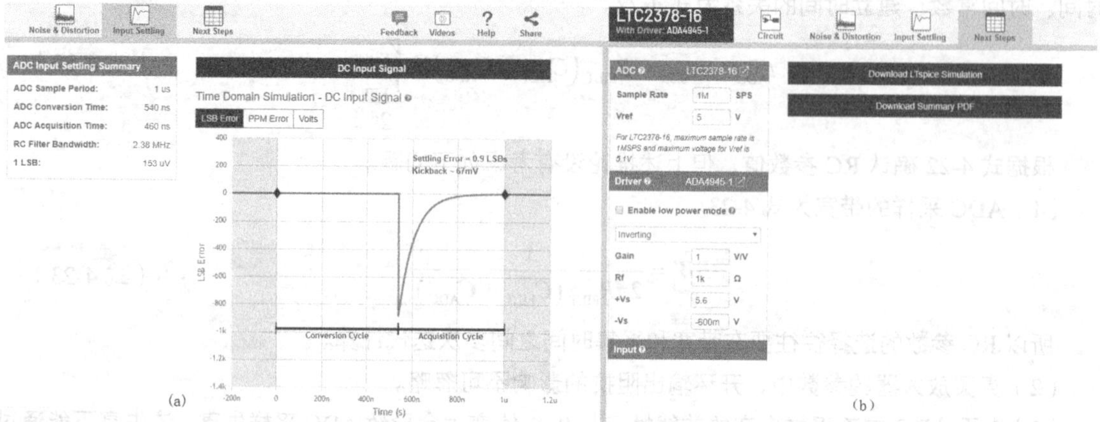

图 4-30　SAR 型 ADC 驱动电路性能

4.5.3　LTspice 仿真 SAR 型 ADC 驱动

图 4-29 中 ADC 使用 LTC2378-16，输出速率为 1Mbit/s，基准源电压为 5V。放大器使用 ADA4945-1，增益配置为 1，电源轨电压为–0.6V 与 5.6V，R_{FILT} 为 20Ω，C_{FILT} 为 3.3nf。得到反冲电压为 67mV，RC 建立时间应该小于采集时间 t_{ACQ}460ns。

下载仿真的电路如图 4-31 所示，电路瞬态仿真结果如图 4-32 所示。电压从 4.99979 最低跌落到 4.93705V，反冲电压为 62.74mV，RC 建立时间为 358.5ns，小于采集时间 t_{ACQ}460ns。

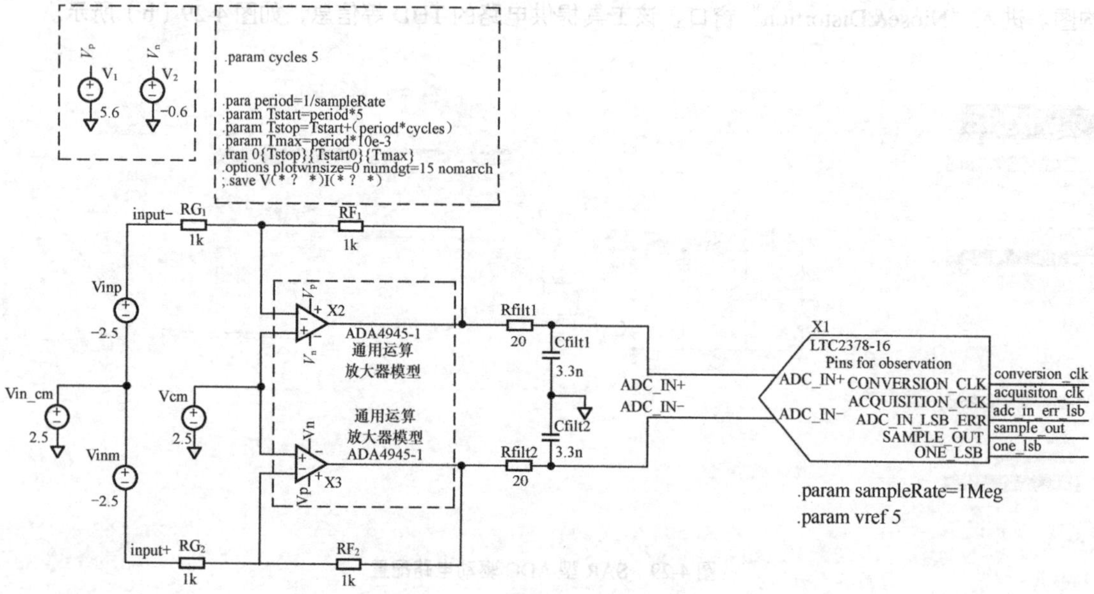

图 4-31　LTC2378-16 驱动电路

在图 4-31 所示电路中，双击 LTC2378-16 进入内部电路，如图 4-33 所示。由 S_1、S_3 控制信号经过电阻 R_1、R_2 向电容 C_1、C_2 充电。其中 R_1、R_2、C_1、C_2 可由规格书确认。图 4-34 中 LT2378 输入电阻为 40Ω，输入电容为 45pF。根据 ADC 时序操作，设计开关控制的时钟，实现 SAR 型 ADC 的模型。通过该模型可对 LTspice 的应用有更多了解。

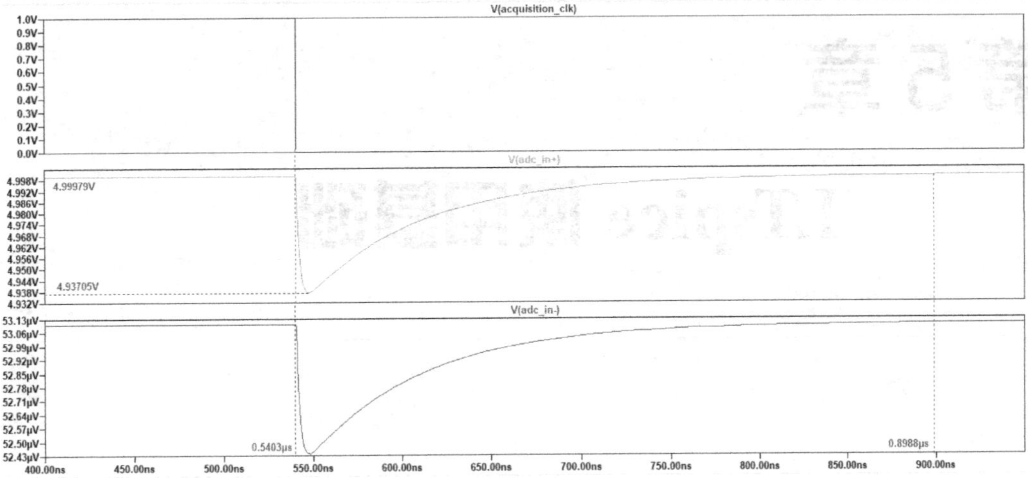

图 4-32　电路瞬态仿真结果

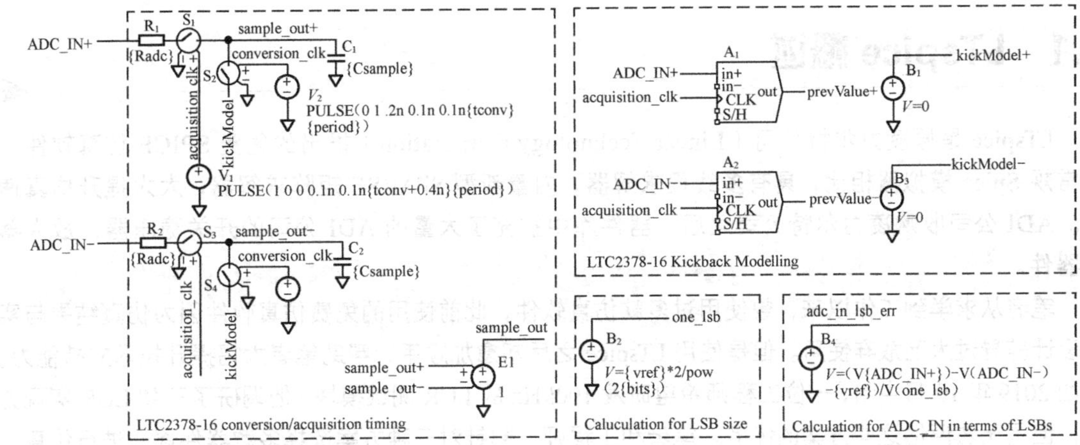


```
.model SAMPLER1 SW(Ron=0.01 Roff=1MEG Vt=0.5 Vh=0.1)
.param tconv 540n
.param Csample 45p
.param Radc 40
.param bits16
.param maxSampleRate 1Meg
.param SR min(sampleRate,maxsampleRate)
.param period 1/SR
.param tacq period-tconv
.param kick 0
```

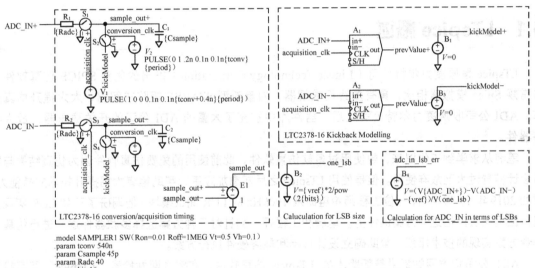

图 4-33　LTC2378-16 内部电路

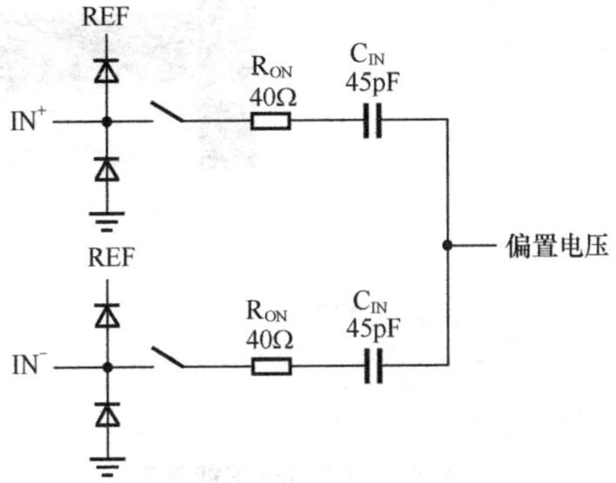

图 4-34　LTC2378-16 输入模型

第 5 章

LTspice 使用基础

本章按照电路仿真步骤，介绍 LTspice 软件的基本使用方法，方便工程师查找。

5.1 LTspice 概述

LTspice 是原凌力尔特公司（Linear Technology Corporation）推出的免费 SPICE 仿真软件。与常规 Spice 模拟器相比，具有多线程求解器，内置新型 SPARSE 矩阵求解器，大大提升仿真速率。ADI 公司收购凌力尔特公司之后，器件库中扩充了大量的 ADI 公司的开关稳压器、放大器等器件。

笔者从求学到工作以来，曾使用过多款仿真软件，此前使用的免费仿真软件因为仿真结果与实际设计差异过大而放弃使用。但是使用 LTspice 之后却愈加顺手，帮助笔者大幅提升技术支持能力。例如 2019 年 10 月中旬，一位工程师希望研发 100kHz 的 LCR 测试模块，他调研了三款 LCR 实现方案，但是无法评估这些方案的优劣。笔者和工程师一起针对三种方案选择多款器件逐一进行仿真，排查方案实现的技术瓶颈，帮助确立设计目标和最终硬件执行方案。

ADI 公司官方网站提供最新版本的 LTspice 仿真软件，在官方网站检索“LTspice”即可找到 LTspice 下载界面。软件下载界面如图 5-1 所示，支持 Windows、Mac OS 操作系统。

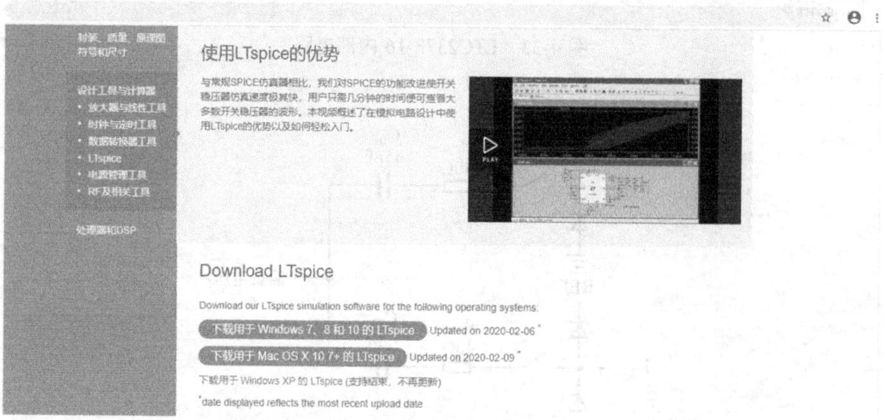

图 5-1　LTspice 下载界面

5.2 LTspice 界面介绍与控制面板

本节介绍 LTspice 仿真工具的使用界面以及仿真特性的设置方式。

5.2.1 基础界面

安装完成之后，启动 LTspice 软件。如图 5-2 所示，界面分为四个区域，分别为菜单栏、工具栏、操作区、状态栏。操作区在创建电路绘制窗口、电路符号设计窗口之后才能使用。状态栏在电路绘制窗口，将显示光标所在位置的器件或者网络名称。在执行仿真之后的波形显示窗口，状态栏将显示光标所在位置的横坐标、纵坐标信息。

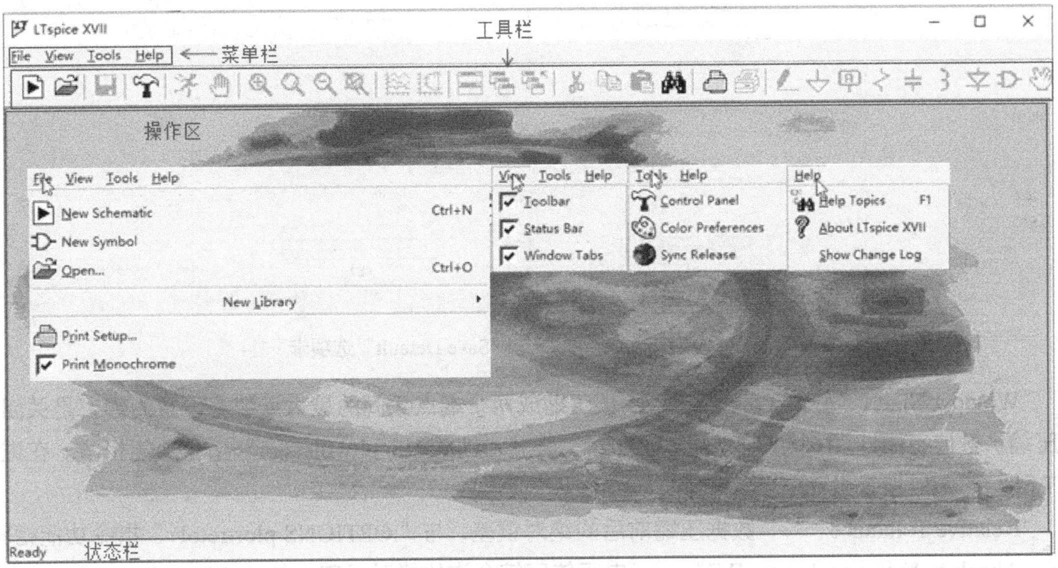

图 5-2 LTspice 启动界面

如图 5-2 所示，展开的菜单栏选项中的常用项，在工具栏也有提供。例如“File”菜单中包括创建新原理图、打开文件、控制面板等。注意，在“Help”菜单中的“Help Topies”是 LTspice 提供的使用说明，方便随时查看。

图 5-3 所示是工具栏及按钮说明，当图标为灰色时，该工具在当下状态不能使用。

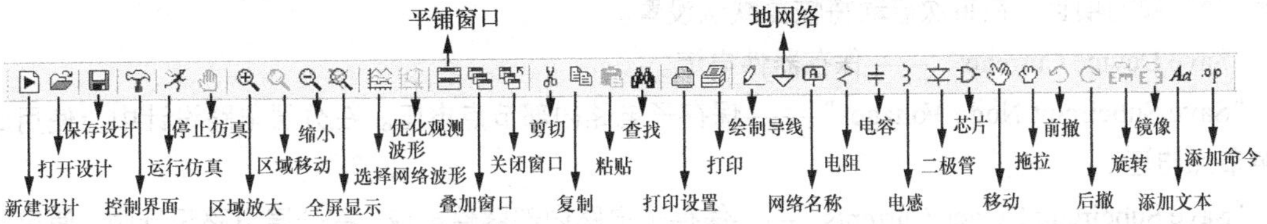

图 5-3 LTspice 工具栏及按钮说明

5.2.2 控制面板

单击工具栏中 图标，或者通过菜单栏“Tool”选择“Control Panel”，进入控制面板，有如下 10 类控制信息。

（1）“Compression”，如图 5-4（a）所示。LTspice 将对生成的原始数据文件进行压缩。压缩文件大小仅为未压缩文件的 1/50，是有损压缩。可通过该窗口控制压缩的有损程度。该窗口参数每次启动后将恢复默认设置。

“ASCII data files”——使用 ASCII 格式输出数据，使其可在其他程序中使用。

“Only compress transient analyses”——仅对瞬态仿真数据进行压缩。

“Enabel 1st Order Compression”——使能一次压缩。

“Enabel 2nd Order Compression”——使能二次压缩。

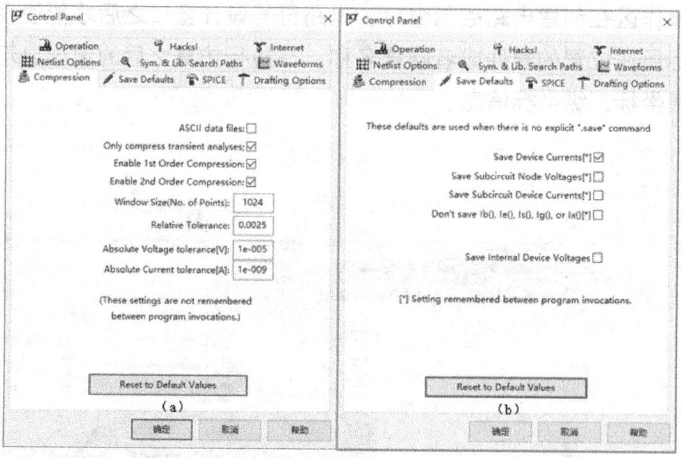

图 5-4 “Compression”与“Save Default”选项卡

“Window Size（No. of Points）”——被压缩成两个端点之间的最大点数。设置为零，是关闭波形压缩。数值范围 0～16384，默认值为 1024。与“.OPTIONS pltwinsize=”指令功能相同。在进行 FFT 计算时，应设置为 0。

“Relative Tolerance”——数据压缩前后的绝对误差，与“.OPTIONS plortretol=”指令功能相同。

“Absolute Voltage tolerance[V]”——电压值压缩允许的绝对误差，与“.OPTIONS plortvntol=”指令功能相同。

“Absolute Current tolerance[A]”——电流值压缩允许的绝对误差，与“.OPTIONS plortansitol=”指令相同功能。

当数据压缩严重时，波形曲线会失真，需要降低压缩数量。

（2）“Save Defaults”，如图 5-4（b）所示。使用该对话框设置在仿真中保存所需的节点信息。带有“*”项的项目，在每次启动将恢复默认设置。

“Save Device Currents”——保存器件电流。

“Save Subcircuit Node Voltages”——保存子电路内部节点电压。在分层电路设计中，使用此项检测节点电压。

“Save Subcircuit Device Currents”——保存子电路内部器件电流。在分层电路设计中，使用此项检测器件电流。

“Don’t save Ib()，Ie()，Is()，Ig()，or Ix()”——不保存晶体管的基极电流、发射极电流，FET 的源极电流、栅极电流，以减小 out.data 文件。这项对于集成电路的设计很有用，但是将导致没有足够的数据来计算晶体管的损耗。

“Save Internal Device Voltages”——ADI 公司内部使用。

（3）“SPICE”，如图 5-5（a）所示。其中部分选项可使用“.option”指令修改，还可以定义为变量。

“Deafult Intergration Method”——积分方式三选一。

“Deafult DC solve strategy”——解析直流工作点选项，通常两项都不选。

1）“Engine” / “Slover[*]”。LTspice 具有两个解算器，分别为“Normal”法向解算器与“Alternate”交替解算器。交替解算器的仿真时间是法向解算器的两倍，计算精度是法向解算器的 1000 倍。若“.OPTION”指令未指定使用哪个解算器，则必须在该窗口中选择。

2）“Engine” / “Max threads”。依据计算机的 CPU 计算能力，自动检出最大线程。降低该值会减慢仿真速度，并且不支持超过计算机的运行能力的线程。

3）“Engine” / “Matrix Compiler”，矩阵编译器，默认为“object code”目标代码。表示当 LTspice 电路仿真时，它将动态编写一个电路优化的汇编语言，并链接和执行此代码。

4）“Engine” / “Thread Priority”，线程优先级，默认为中等。

“Gmin”至“MinDeltaGmin”，8 项参数等于“.OPITONS”指令集中的功能。其中“Trtol[*]”在大多数 Spice 中值为 7，LTspice 设置为 1，使仿真更接近现实。对于晶体管级仿真，推荐该值大于 1，以仿真速度换取精度。

“Accept 3K4 as 3.4K[*]”。LTspice 使用 3K4 代表 3.4K，其他 SPICE 中不允许使用该功能。“No Bypass[*]”。使用 Bypass 功能时，对于器件改动不大的电路，可以利用之前的 V-I 曲线减少仿真时间。没有使用 Bypass 功能，只要器件有调整，仿真将重新执行并评估 V-I 曲线。功能等同于“.OPTIONS baypass=0”指令。

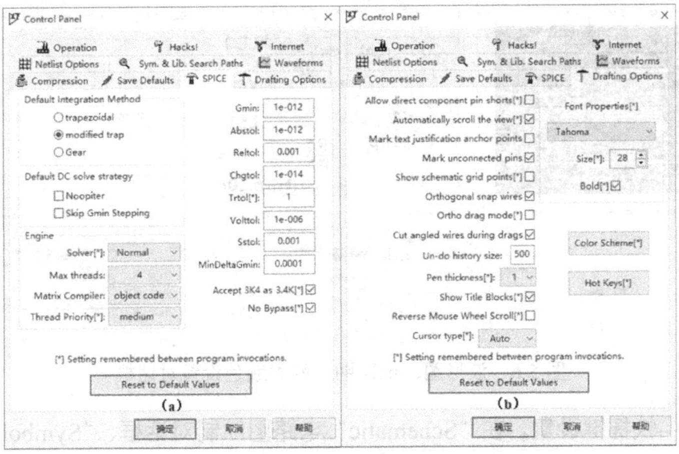

图 5-5 “SPICE”与“Defating Optioins”选项卡

（4）“Drafting Options”，如图 5-5（b）所示，电路图绘制输入设置。

“Allow direct component pin shorts[*]”——电路图绘制中，在导线穿过器件时，使器件接口出现短路，默认为不勾选，绘制电路图更方便。

“Automatically scroll the view[*]”——在电路图绘制时，使用鼠标拖动器件到视图边界，电路视图会自动调整。

“Mark text justification anchor points[*]”——在器件名称、器件值、指令、文本表述首字母前增加空心圆圈作为标记。

“Mark unconnected pins[*]”——对未连接的管脚处显示一个小正方形，进行标记。

“Show schematic grid points[*]”——第一次开启电路图绘制时，默认显示网格线。同时可使用“Ctrl”键与“G”键切换状态。

“Orthogonal snap wires[*]”——走线转角自动变为直角。如果未选中，可以用任意角度绘制导线。在布导线时，按住“Ctrl”键切换当前设置状态。

“Ortho drag model[*]”——拖动时强制在水平或者垂直布线。如果未选中，可以用任意角度拖动导线。按住“Ctrl”键将切换当前设置状态。

“Cut angled wires during drags”——选中该项，拖动倾斜的布导线到另一布线的接触处出现弯折。

“Un-do history size”——限制撤销的步骤数。

“Pen thickness[*]”——器件的符号、布线显示线条的粗细，默认为最细值“1”。

“Show Title Blocks[*]”——供 ADI 内部使用。

“Reverse Mouse Wheel Scroll[*]”——使用鼠标滚轮控制视图放大或者缩小。

“Cursor type[*]”——光标的颜色选择。

“Font Properties”：字体属性，“Tahoma”：系统默认的字体，“Font Size”：修改字体大小，“Bold Size”：修改字体加粗。

“Color Scheme”——与菜单栏“Tool”项中的 “Color Preferences”功能相同，用来配置“WaveForm”波形显示对话框、“Schematic”电路图绘制对话框、“Netlist”网表对话框的背景、连线、字符等元素的颜色，见图 5-6，配置颜色由“Red”“Green”“Blue”数值组合实现，通过“Apply”应用。电路图绘制窗口背景默认为灰色，波形窗口背景默认为黑色。

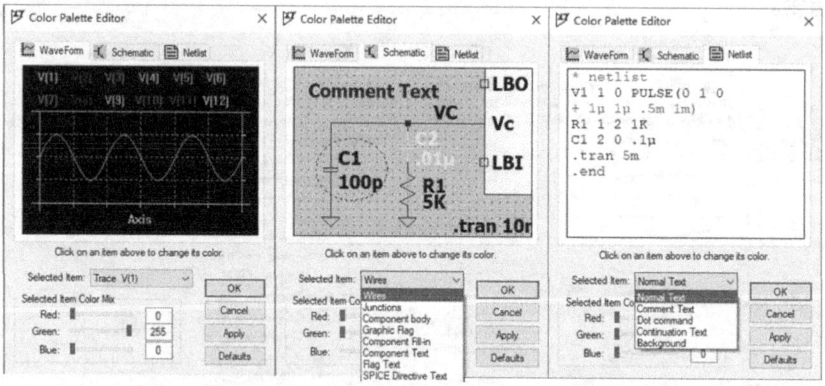

图 5-6　波形图、电路图、网表颜色设置对话框

“Hot Keys”——快捷键设置。在“Schematic”电路图绘制对话框、“Symbol”模型设计对话框、“WaveForm”波形显示对话框、“Netlist”网表显示对话框操作，使用快捷键能够提高操作速度。如图 5-7 所示，可根据用户习惯在灰色区域输入新快捷键进行修改。

（5）“Netlist Options”，如图 5-8（a）所示，网表选项。

“Style/Convertion”——样式转化。其包括将 10^{-6} 的度量单位“μ”替换为“u”。如果不勾选，在单位中输入“u”显示时也会按“μ”处理。“Reverse comp.order”反转电路器件序号，默认按添加到原理图中的顺序生成器件序号。选中此框，将顺序生成改为倒序生成。

“Semiconductor Models”——保持勾选“Default Devices[*]”默认器件和“Default Libraries[*]”默认库，确保使用默认器件库与函数库。选择用户的模型库则不需要勾选。

（6）“Sym.&Lib.Search Paths”，如图 5-8（b）所示，允许用户输入除默认路径以外的其他路径查找符号和库，通过分号或者换行区分同不路径。

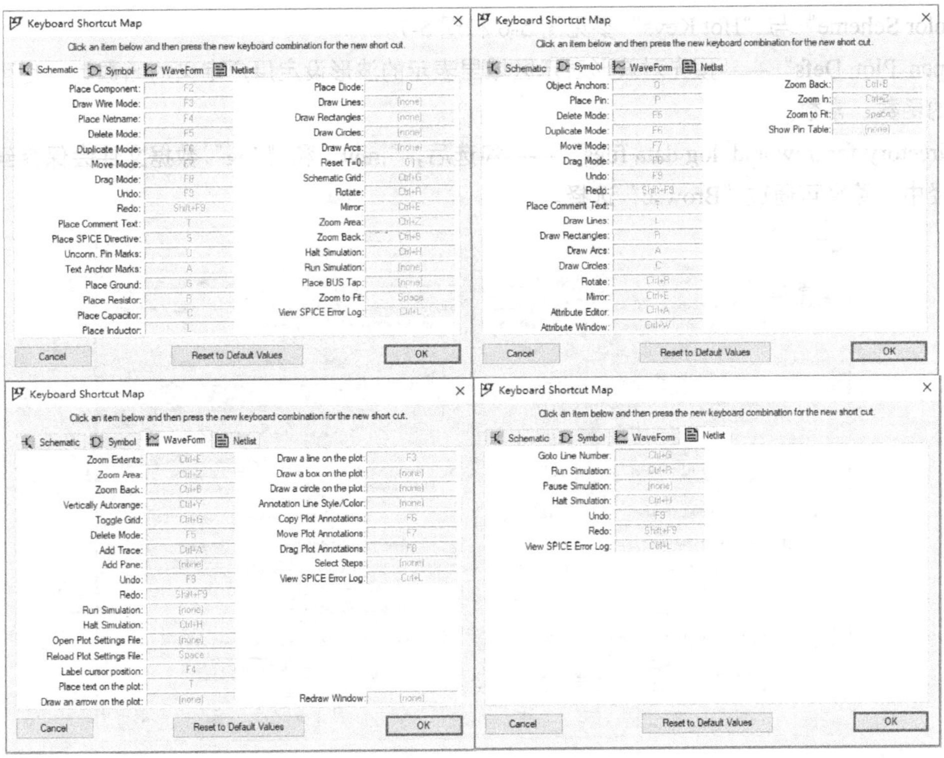

图 5-7　快捷键设置对话框

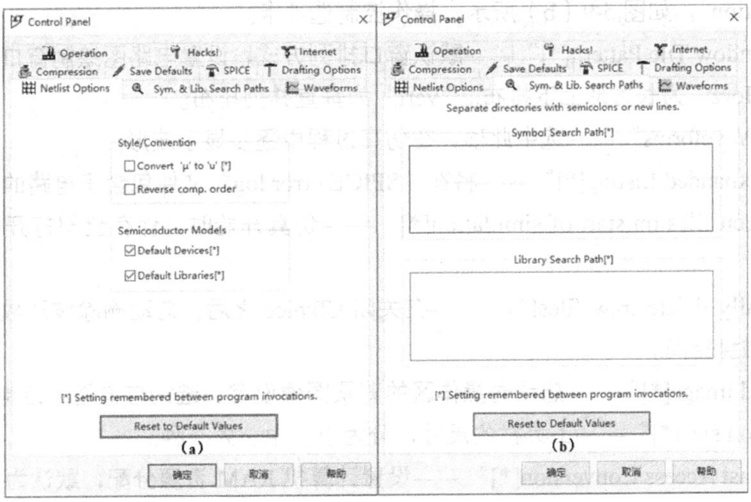

图 5-8　“Netlist Options”与“Sym.&Lib.Search Paths”选项卡

（7）“Waveforms”，如图 5-9（a）所示的波形显示控制选项卡。

“Data trace width[*]”——波形线条显示的粗细程度，默认值 1 为最细。

“Cursor width[*]”——在波形显示窗口光标区域边框的粗细程度。

“Use radian measure in waveform expressions[*]”——勾选后在波形表达式中使用单位“rad”弧度，默认使用“°”（度）。

“Mouse cursor type[*]”——设置光标显示类型。

“Font”：字体，默认为“Arial”；“Font point size”：字体大小，默认值为 10。

“Color Scheme”与“Hot Keys”参见图 5-6 和图 5-7。

“Open Plot Defs”——预先对波形表示区域里表示的波形设定用户定义的函数等，也可设定操作变量的函数、常数。

“Directory for .raw and .log data files”——勾选后，“.raw”和“.log”数据文件会保存到下方的指定路径中，路径可通过“Browse”选择。

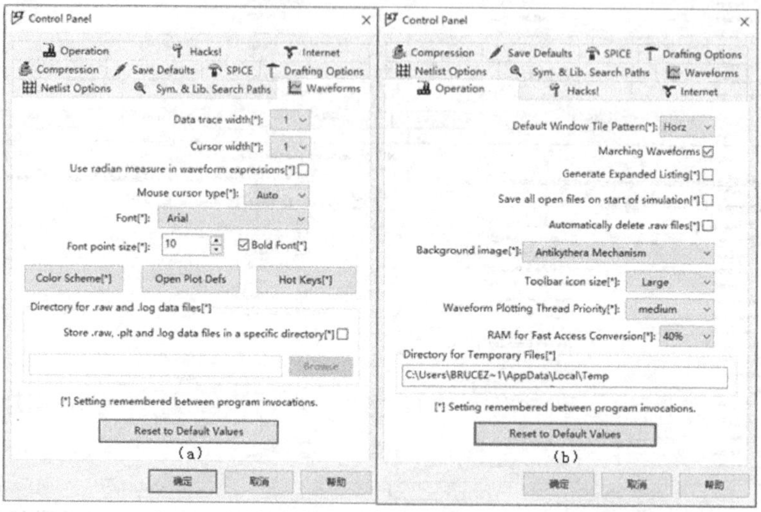

图 5-9　“Waveforms”与“Operation”选项卡

（8）“Operation”，如图 5-9（b）所示，操作控制选项卡。

“Default Window Tile Pattern[*]”——默认窗口排列方式，设置电路图绘制窗口和波形显示窗口的分割方向。“Horz”为长方形上下排布。“Vert”为垂直并列排布。

“Marching Waveforms”——选中此项，在仿真过程中逐步显示波形。

“Generate Expanded Listing[*]”——将在“SPICE error log”文件包含子电路的网表。

“Save all open files on start of simulation[*]”——仿真开始时，保存全部打开的文件，并进行仿真。

“Automatically delete .raw files[*]”——在关闭 LTspice 之后，自动删除波形数据文件，以减少 LTspice 占用的磁盘空间。

“Background image[*]”——启动时操作区的背景图像设定，避免与电路图绘制窗口背景混淆。

“Toorlbar icon size[*]”——工具栏的尺寸，分为小、中、大三种。

“RAM for Fast Access Conversion[*]”——设置计算机 RAM 资源分配，默认为 40%。

“Directory for Tempporary Files[*]”——LTspice 仿真中临时文件的保存位置。

（9）“Hacks”，如图 5-10（a）所示，供内部程序员开发使用。

（10）“Internet”，如图 5-10（b）所示。用于配置从网络获取的 LTspice 新特性、更新模型。通过菜单栏中“Tools”选择 ● “Sync Release”也可以更新。

“Don't cache files”——不存储缓存文件，不使用计算机上的缓存文件进行更新。

“Don't verify checksums”——不验证校验，LTspice 使用专属保密的 128 位校验算法来验证从 Web 上下载的更新文件。如果该算法中有错误，可以禁用此身份验证。但是，从来没有报告过这方面的问题，所以不建议取消该安全功能。

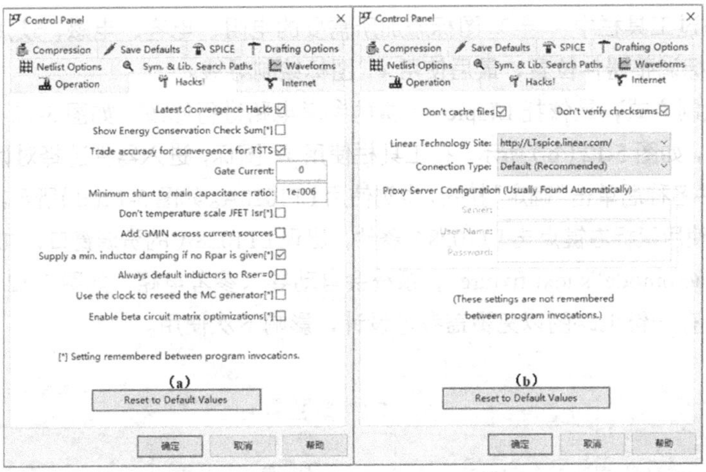

图 5-10 "Hacks"与"Internet"选项卡

5.3 LTspice 电路与符号设计

本节将从电路图绘制、器件模型设计、SPICE 模型导入、通用放大器模型等几个方面介绍 LTspice 的使用事项。

5.3.1 电路图绘制

电路图绘制需要注意以下 3 项原则：

（1）电路图至少包含两个电气网络，其中一个必须是公共节点，默认为地；

（2）不能并联多个没有内阻的电压源；

（3）在没有支路的回路，不能串联多个电流源。

进行电路图绘制时，在图 5-2 启动界面单击工具栏中的图标，或者使用快捷键"Ctrl"键与"N"键创建新电路图绘制对话框；单击具栏中的图标查找并添加器件。LTspice 提供丰富的器件模型，图 5-11（a）为默认基础，包括电压源"Voltge"、电流源"Current"、电流负载"Load"，以及按照器件类别区分的放大器"OpAmps"和电源产品"Power Products"，进入相应文件夹可以进一步查看类属器件，如图 5-11（b）所示。信号源"Singal"在"Misc"文件中。全部器件均可以在留白处输入关键词进行检索。

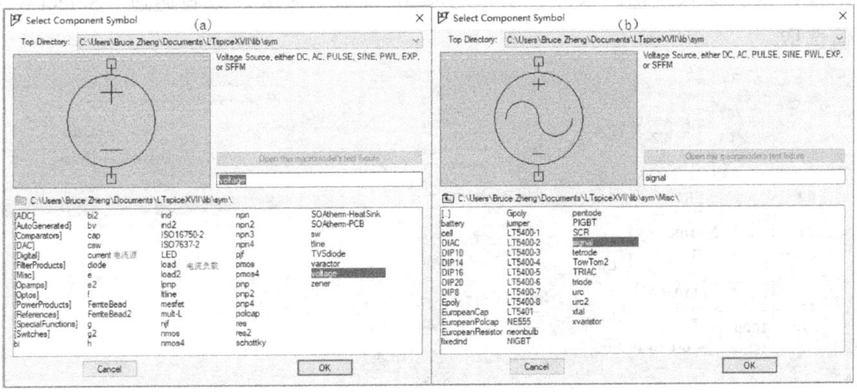

图 5-11 器件库

无源器件可通过工具栏中 图标添加所需要的电阻、电容、电感，使用 图标增加地网络，再使用 图标调整器件位置，最后使用 图标绘制导线。

笔者习惯的绘制方式，是依托 LTspice 丰富的参考电路进行修改。如图 5-12（a）所示，在启动界面创建新电路图，如图 5-12（b）所示。在工具栏使用 图标，进入器件选择对话框，如图 5-12（c）所示。输入目标器件名称后单击“确定”按钮，本例使用 LT1028A。如图 5-12（d）所示，在添加了 LT1028A 器件的电路图中，使用鼠标右键点击 LT1028A 器件，出现 LT1028A 的资源窗口，如图 5-12（e）所示。选择“Open this macromodel’s text fixture”，系统会自动导入参考电路，如图 5-12（f）所示。建议在修改电路之前，另存一份电路图以免覆盖参考设计，影响下次使用。

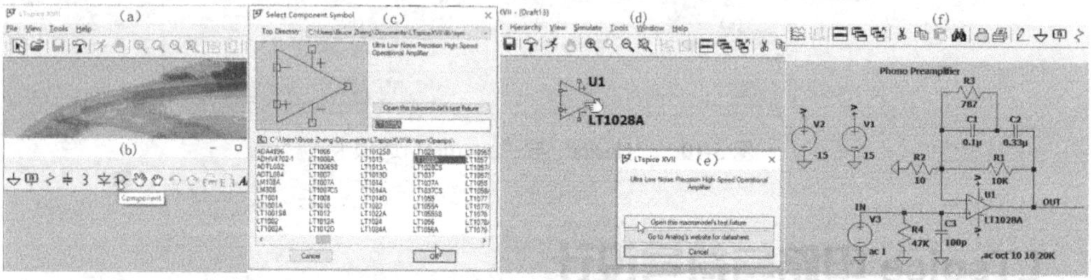

图 5-12　电路图绘制

在设定参数时，如图 5-13（a）所示，使用鼠标右键点击待定参数电容，出现电容参数配置对话框，如图 5-13（b）所示。所需参数依次为电容值、耐压值、电流有效值、串联电阻值、串联电感值、并联电阻值、并联电容值。在 LTspice 器件库中，包括众多品牌无源器件的型号。通过单击“Select Capacitor”选项，进入图 5-13（c）所示的实体参数电容型号选择对话框，查找所需型号。

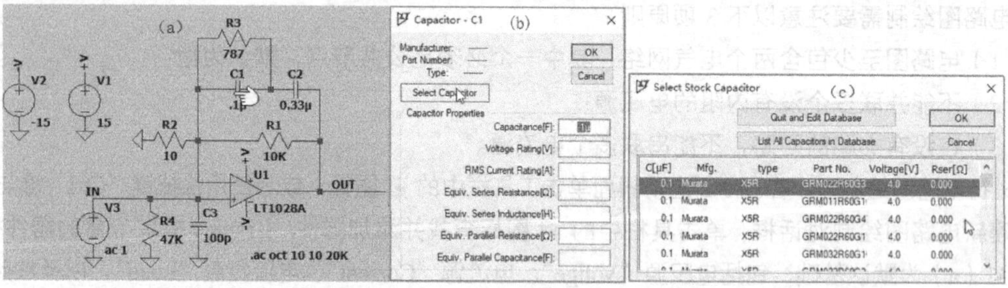

图 5-13　电容参数配置

电阻参数设置如图 5-14（a）所示。使用鼠标右键点击待定参数电阻进入图 5-14（b），在电阻参数配置对话框，依次输入阻值、误差、功率后单击“OK”完成，或者通过“Select Resistor”按标准电阻的阻值选取。

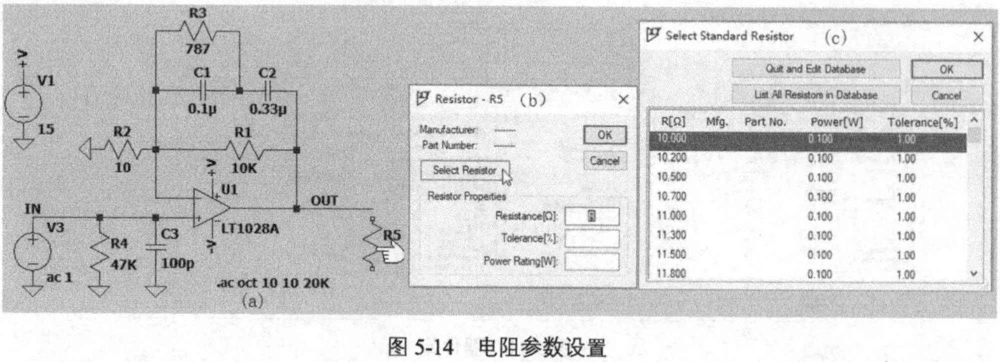

图 5-14　电阻参数设置

在电阻、电容、电感参数填写时，应注意单位的词头符号，在 LTspice 中不区分大小写字母，所以 10^6 使用 Meg 表示，如表 5-1 所示。

表 5-1 单位词头符号

符号	T	G	Meg	K	M	u	N	P	f
系数	10^{12}	10^{9}	10^{6}	10^{3}	10^{-3}	10^{-6}	10^{-9}	10^{-12}	10^{-15}

电路图绘制完成后，在菜单栏“View”中选择“SPICE Netlist”选项，如图 5-15（a）所示。查看设计电路的网表，如图 5-15（b）所示。

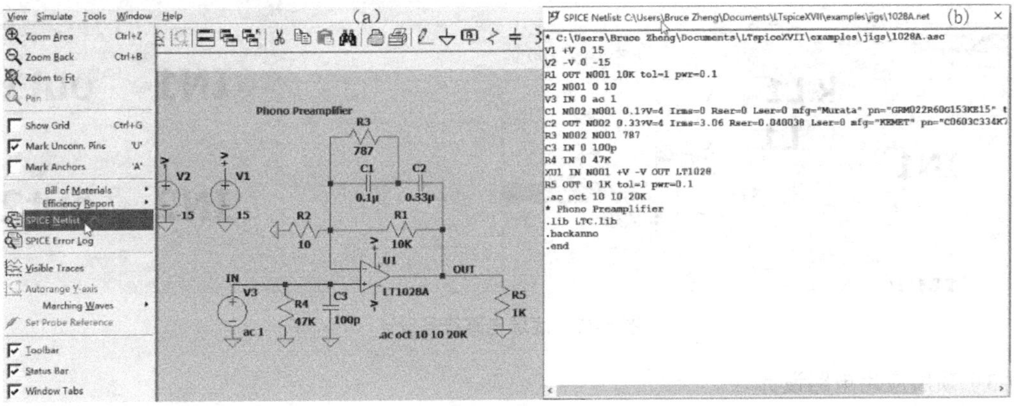

图 5-15 电路网表查看

5.3.2 层级电路设计

4.6.3 小节的案例，在 SAR 型 ADC 底层电路使用电容、开关等器件，模拟 SAR 型 ADC 采样的工作方式，然后在顶层电路调用 SAR 型 ADC 模型。这种层级电路设计方法在大型、复杂或者电路重复使用频次较高的系统中具有较大优势。层级电路设计的基本步骤分为：底层模块电路设计、底层模块电路符号设计、顶层应用电路设计。电源设计中常常使用到变压器，而在 LTspice 库文件中只有电感没有变压器，下面以变压器为例介绍层级电路设计。

（1）底层模块电路设计

启动 LTspice 并创建新电路设计对话框，然后保存为.acs（Mult-L.acs）文件，如图 5-16（a）所示。在电路图绘制对话框中，添加两个没有极性信息的电感模型，如图 5-16（b）所示。分别使用鼠标右键点击 L_1、L_2 电感进入电感参数配置对话框，如图 5-16（c）所示。勾选“Show Phase Dot”功能，并分别将“Indcutance”默认的电感名“L”更改为“{Lin}、{Lout}”，能够在顶层电路直接配置该参数。点击“ok”后电感将出现小“空心圆”表示极性，通过 .op 图标增加指令“K L1 L2 1”，表示 L_1 与 L_2 关联度为 100%，即没有漏感。如图 5-16（d）所示，点击 图标添加网络名称，其中“Port Type”选择为“Bi-Direct”。在电路图布线完成之后，再次保存底层电路。

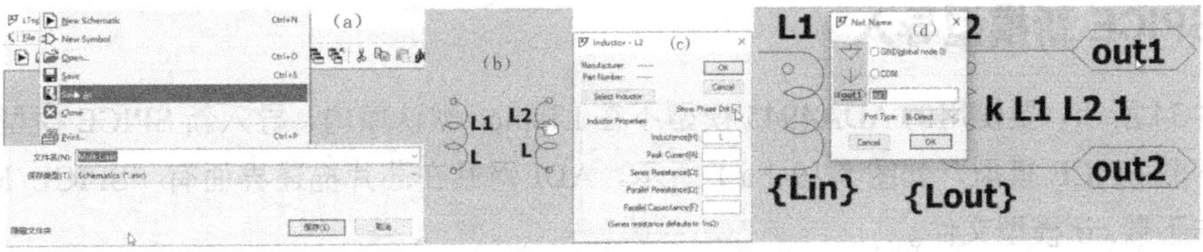

图 5-16 底层电路设计

（2）底层模块电路符号设计

底层模块符号是依据底层电路实现的设计。如图 5-17（a）所示，在.acs (Mult-L.acs)文件的菜单栏“Hierarchy”中选择“Create New Symbol”创建新符号文件，并将文件保存为.asy，文件名与底层电路文件名相同（Mult-L.acy），如图 5-17（b）所示。使用符号设计窗口菜单栏“Draw”中“Line”或“Rectangle”项绘制符号的轮廓，如图 5-17（c）所示。使用菜单栏“Edit”中“Add pin/pot”项增加引脚，如图 5-17（d）所示。引脚配置对话框如图 5-17（e）所示，“Label”为引脚的名称，“Netlist Order”为引脚的网络号，在“Pin Label Justification”选择引脚在符号中的位置，“Offset”表示引脚与引脚名称的距离。生成的符号如图 5-17（f）所示。完成符号配置后再次保存文件。

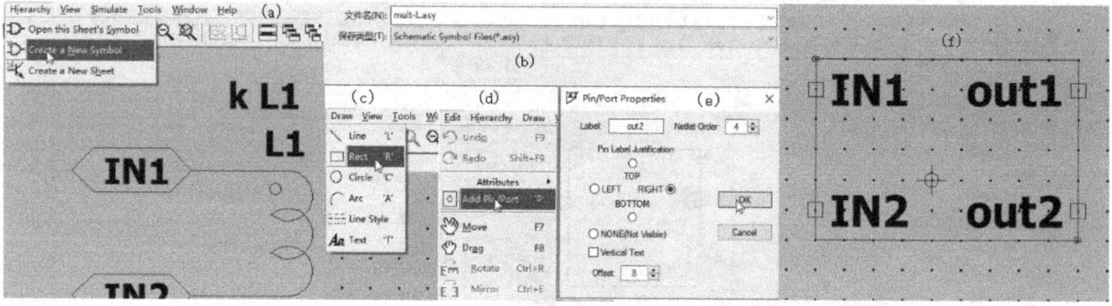

图 5-17　底层电路符号设计

（3）顶层应用电路设计

完成上述两个步骤之后，再次创建新电路图，在新电路图中添加底层电路符号、信号源等所需器件并完成导线绘制。如图 5-18（a）所示，使用鼠标右键点击底层模块符号，进入参数配置对话框，如图 5-18（b）所示。输入“Lin=1μ，Lout=4μ”，由于电感量与匝数的平方成正比，所以变压器配置为 1:2。单击 图标进行仿真，结果如图 5-18（c）所示，输入频率为 1MHz、幅值为±1V 的正弦波，输出信号频率为 1MHz、幅值为±2V 的正弦波，完成对底层电路的调用与参数配置。

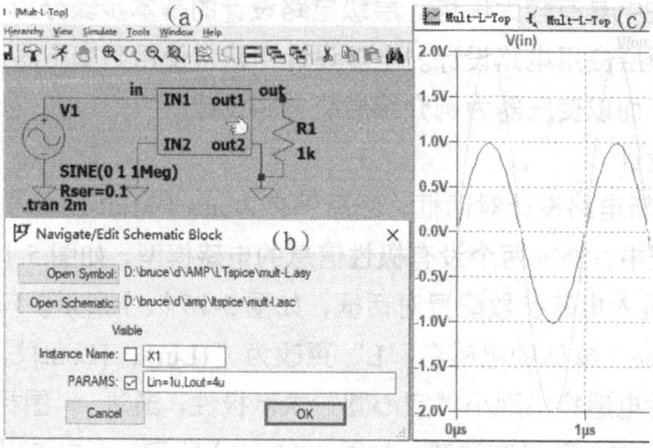

图 5-18　顶层应用电路设计与仿真

5.3.3　SPICE 新模型导入

如图 3-34 所示，要使用的 ADA4945 模型不在 LTspice 默认库内，导入新 SPICE 模型步骤如下。

（1）下载 SPICE 模型，如图 5-19（a）所示，ADI 网站在芯片描述界面有“SPICE Models”的链接，点击下载.cir 模型文件。

（2）使用 LTspice 打开.cir 模型文件，在包含模块电路名称“.Subckt ”的行上单击鼠标右键，在列表中选择“Create Symbol”创建符号，如图 5-19（b）所示。

（3）所生成的符号如图 5-19（c）所示，参考 5.3.2 第二步底层模块符号设计，修改管脚的名称、位置、符号轮廓等，然后保存完成的模型。

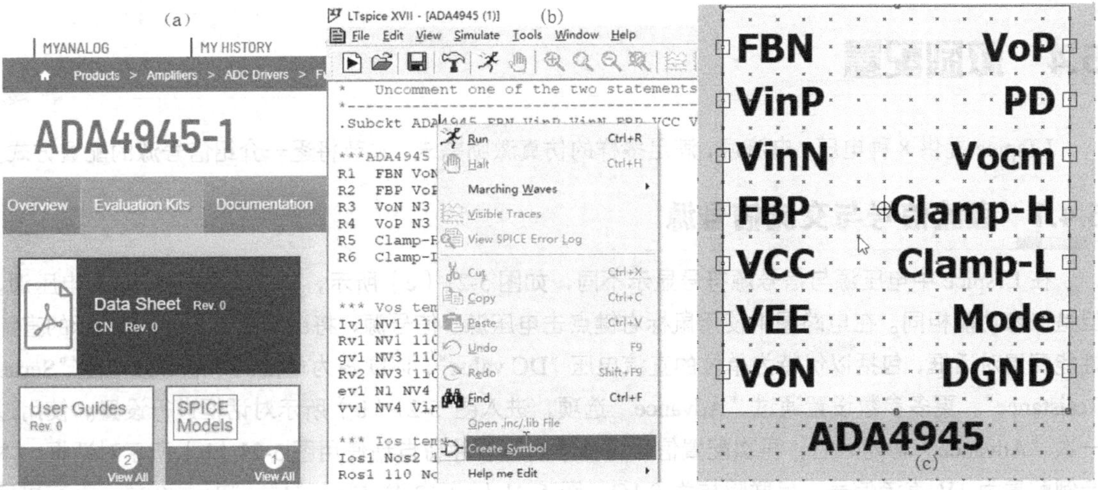

图 5-19 SPICE 模型导入

5.3.4 通用放大器模型

如图 5-11 所示，LTspice 器件库中提供众多器件的模型，这些模型参数的设置，可以参考“Help Topics”文档中“Circuit Element Quick Reference”电路元素快速指引进行配置。但是文档中恰巧缺少通用放大器模型的介绍，本小节将进行补充。

在电路图绘制对话框，使用 图标查找“UniversaOpamp2”，如图 5-20（a）所示。选择器件之后，使用鼠标右键点击通用放大器模型，进入参数配置对话框，如图 5-20（b）所示。

其中，Avol 为开环增益；GWB 为增益带宽积，单位是 Hz；Slew 为压摆率，单位是 μV/μs；en 为宽带电压噪声密度，单位是 $V/\sqrt{Hz}$；enk 为电压噪声转角频率，单位是 Hz；in 为宽带电流噪声密度，单位是 $A/\sqrt{Hz}$；ink 为电流噪声转角频率，单位是 Hz；Rin 为输入阻抗，单位是 Ω；Ilimit 为输出电流限制，单位是 A；rail 为输出到电源轨的电压差，单位是 V；phimargin 为相位裕度，单位是度。图 2-70 通用放大器模型的开环增益仿真结果，开环增益为 120dB，增益带宽积为 10MHz，与默认参数设置相同。

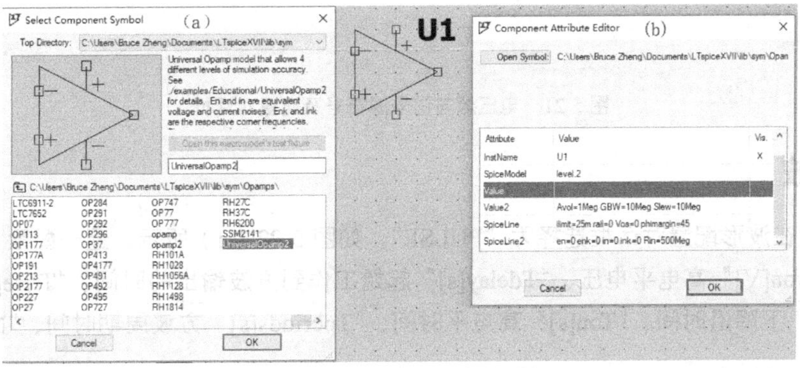

图 5-20 通用放大器参数配置

当 LTspice 器件库中缺少真实放大器模型时，可将通用放大器模型的参数设置为目标放大器，并且在输出端串联电阻，代表开环输出阻抗，并参照 5.3.2 小节创建目标放大器模型进行仿真。

5.4 激励配置

LTspice 提供 8 种电压、电流源，满足多样的仿真激励需求，本节将逐一介绍信号源的配置方式。

5.4.1 直流信号与交流信号源

在 LTspice 中电压源与信号源符号显示不同，如图 5-21（c）所示，V_1 为信号源、V_2 为电压源，但是二者功能相同。在电路图中使用鼠标右键点击电压源、信号源，将出现图 5-21（a）所示的直流性能配置对话框，包括以伏特为单位的直流电压“DC value”、以欧姆为单位的串联等效电阻“Series Resistance”。更多参数设置通过“Advance”选项，进入图 5-21（b）所示对话框进行设置。使用过一次“Advance”功能之后，再次配置信号源参数时，软件将自动使用图 5-21（b）所示对话框。本示例配置为 1V 直流信号，串联阻抗为 0.1Ω，图 5-21（c）中 V_1 显示“1”、“Rser=0.1”，没有显示未配置的并联电容信息。修改信号源某个参数时，将光标移动到参数上方使用鼠标右键点击，可进入修改 V_1 信号源内阻参数的对话框，如图 5-21（d）所示。完成修改点击“OK”即可。

2.6.2 小节中讲述开环增益仿真时，需要使用交流信号源，如图 5-21（b）所示，可通过配置“AC Amplitude”交流信号幅值实现。如图 5-21（c）所示，V_2 显示“AC 1”表示幅值为 1V 的交流信号，没有相位延迟，没有信号源内阻及等效并联电容。

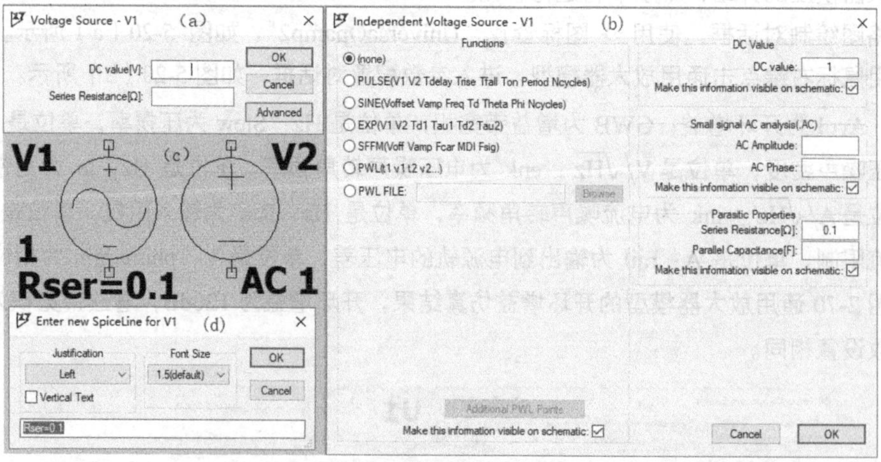

图 5-21　电压源与信号源符号及配置对话框

5.4.2 方波

方波设置在波形配置对话框选择为“PULSE”，如图 5-22（a）所示，逐一配置“Vinitial[V]”初始电压、“Von[V]”高电平电压、“Tdelay[s]”起始工作到方波输出的时间、“Trise[s]”上升沿时间、“Tfail[s]”下降沿时间、“Ton[s]”高电平时间、“Tperiods[s]”方波周期时间、“Ncycles”输出周期等参数。

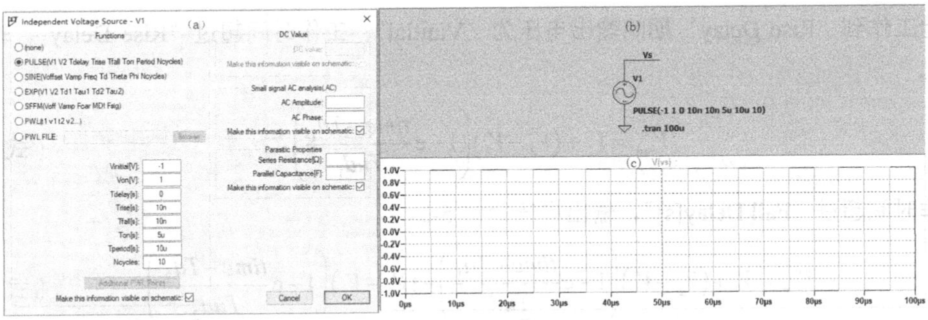

图 5-22　方波示例

图 5-22（a）示例中，设置初始电压为–1V，高电平电压为 1V，无延迟，上升沿为 10ns，下降沿为 10ns，ON 时间为 5μs，周期为 10μs，输出 10 个周期波形，参数显示顺序为 PULSE（–1 1 0 10n 10n 5μs 10μs 10），如图 5-22（b）所示。配置完成的信号源产生频率为 100kHz、占空比为 50%、峰-峰值为 2V 的方波信号，波形如图 5-22（c）所示。

5.4.3　正弦波

正弦波设置在波形配置对话框中选择为“SINE”，如图 5-23（a）所示，逐一配置“DC offset[V]”直流偏置电压、“Amplitude[V]”半周期的峰值电压、“Fred[Hz]”频率、“Tdelay[s]”起始工作到正弦波输出的时间、“Theta[1/s]”阻尼系数、“Phi[deg]”初始相位、“Ncycles”输出周期等参数。输出波形满足式 5-1。

$$V_{\text{out}} = V_{\text{offset}} + V_{\text{amp}} \sin\left(\frac{\pi phi}{180°}\right) \qquad （式 5-1）$$

图 5-23（a）所示为示例，设置为直流偏置电压为+1V，半周期峰值为 1V，频率为 100kHz，延时 10μs，无阻尼系数，初始相位 90°，输出 10 个周期的正弦波，信号源参数显示顺序为 SINE（1 1 100K 10u 0 90 10），如图 5-23（b）所示。配置完成的信号源产生频率为 100kHz，直流偏置为 1V，峰-峰值为 2V，延迟 10μs 输出的余弦信号，波形如图 5-23（c）所示。

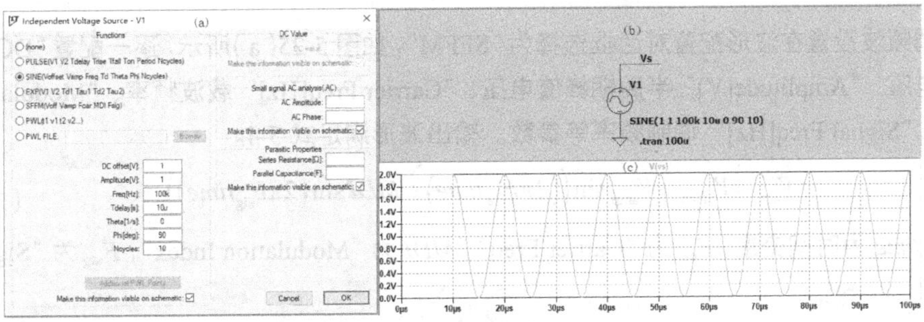

图 5-23　正弦波配置对话框及波形图

5.4.4　指数波

指数波设置在波形配置对话框中选择为“EXP”，如图 5-24（a）所示，逐一配置“Vinitial[V]”初始电压、“Vpulsed[V]”脉冲电压、“Rise Delay[s]”起始工作到指数波形输出时间、“Rise Tau[s]”脉冲开始的时间常数、“Fall Delay[s]”起始工作到指数波形衰减的时间、“Fall Tau[s]”脉冲完成的时间常数等参数。输出波形满足如下关系。

起始工作到“Rise Delay”期间输出电压为“Vinitial”，工作时间超过“Rise Delay”，输出电压为式 5-2。

$$V_{out}=V_1+(V_2-V_1)\left(1-e^{\frac{time-Td_1}{Tud_1}}\right) \quad （式 5-2）$$

工作时间超过“Fall Delay[s]”，输出电压为式 5-3。

$$V_{out}=V_1+(V_2-V_1)\left(1-e^{\frac{time-Td_1}{Tud_1}}\right)-(V_2-V_1)\left(1-e^{\frac{time-Td_2}{Tud_2}}\right) \quad （式 5-3）$$

式中，time 是时间变量，V_1 是“Vinitial”，V_2 是“Vpulsed”，Td_1 是“Rise Delay”，Tud_1 是“Rise Tau”，Td_2 是“Fall Delay”，Tud_2 是“Fall Tau”。

在图 5-21（a）示例中，初始电压为 0V，脉冲电压为 1V，起始工作到指数波形输出时间为 1ms，脉冲开始的时间常数 2ms ，起始工作到指数波形衰减的时间为 15ms；脉冲完成的时间常数为 10ms，信号源参数显示顺序为 EXP（0 1 1m 2m 15m 10m），如图 5-24（b）所示。配置完成的信号源产生的波形是 10ms 以内输出电压为 0V，10ms 后电压信号呈指数增长，最终达到 1V，输出时间大于 15ms，然后信号开始衰减，指数信号如图 5-24（c）所示。

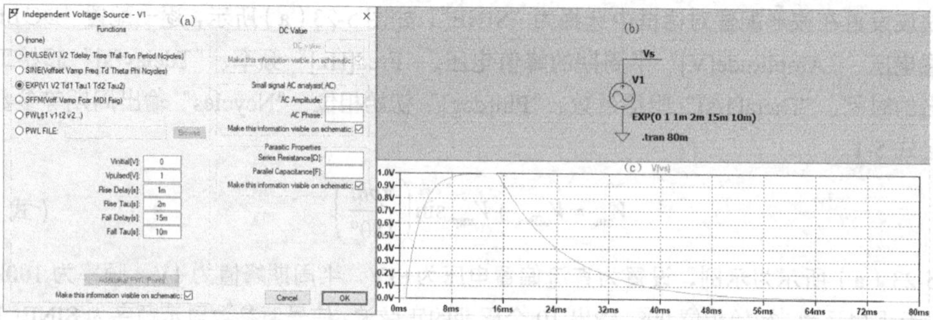

图 5-24　指数波设置及波形图

5.4.5　单频调频波

单频调频波设置在波形配置对话框选择为“SFFM”，如图 5-25（a）所示，逐一配置“DC offset[V]”直流偏置电压、“Amplitude[V]”半周期峰值电压、“Carrier Freq[Hz]”载波频率、“Modulation Index”调制系数、“Signal Freq[Hz]”调制频率等参数。输出波形满足式 5-4。

$$V_{out}=V_{offset}+V_{amp}\sin\left((2\pi F_{car}time)+MDI\sin(2\pi F_{sig}time)\right) \quad （式 5-4）$$

式中，*time* 为时间变量，F_{car} 为“Carrier Freq”，*MDI* 为“Modulation Index”，F_{sig} 为“Signal Freq”。

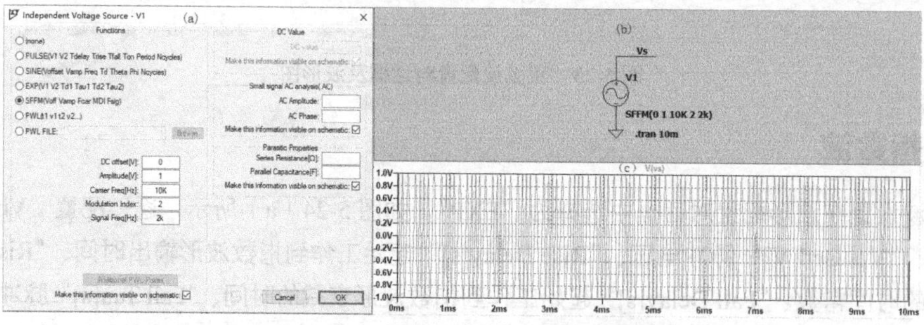

图 5-25　单频率调频波设置及波形图

在图 5-25（a）示例中，偏置电压为 0V，半周期峰值电压为 1V，载波频率为 10kHz，调制系数为 2，调制频率为 2kHz。信号源参数显示顺序为 SFFM（0 1 10K 22K），如图 5-25（b）所示。配置完成的信号源产生没有偏置电压、峰-峰值为 2V、经过 2kHz 信号调制的 10kHz 正弦波，如图 5-25（c）所示。

5.4.6 折线波

折线波设置在激励配置对话框选择为“PWL”，如图 5-26（a）所示，依照顺序输入时间该时间点对应的电压值，信号点数较多时，点击“Additional PWL Points”。在图 5-26（b）所示的补充信息窗口添加所有时间点和对应电压值。

如图 5-26（b）所示，起始时刻电压为 0V；10ms 时，电压为 2V；20ms 时，电压为 1V；30ms 时，电压为 2V；40ms 时，电压为 1V；50ms 时，电压为 2.5V；60ms 时，电压为 1.5V；70ms 时，电压为 2.5V。信号源参数显示顺序为 PWL（0 0 10m 2 20m 1 30m 2 40m 1 50m 2.5 60m 1.5 70m 2.5），如图 5-26（c）所示。配置完成的信号源产生的折线波形如图 5-26（d）所示。

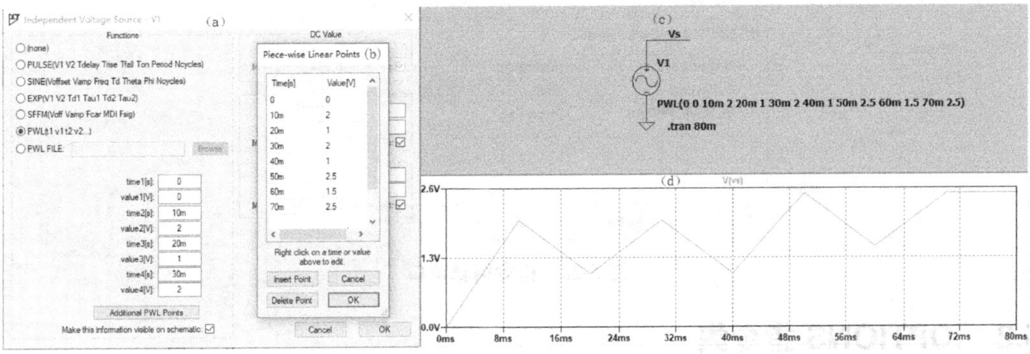

图 5-26 折线波设置及波形图

5.4.7 大数据量折线波

配置数据量巨大的折线波形时，先在文本（*.txt）文件中输入时间与对应电压值，图 5-27（a）中所示的 PWL.txt 文件记录 1200 个在±0.5mV 以内的随机电压值。在波形设置对话框选择“PWL FILE”，并将记事本文件导入，如图 5-27（b）所示。信号源参数显示为“PWL file=PWL.txt”，如图 5-27（c）所示。配置完成的信号源产生的波形类似随机信号，如图 5-27（d）所示。

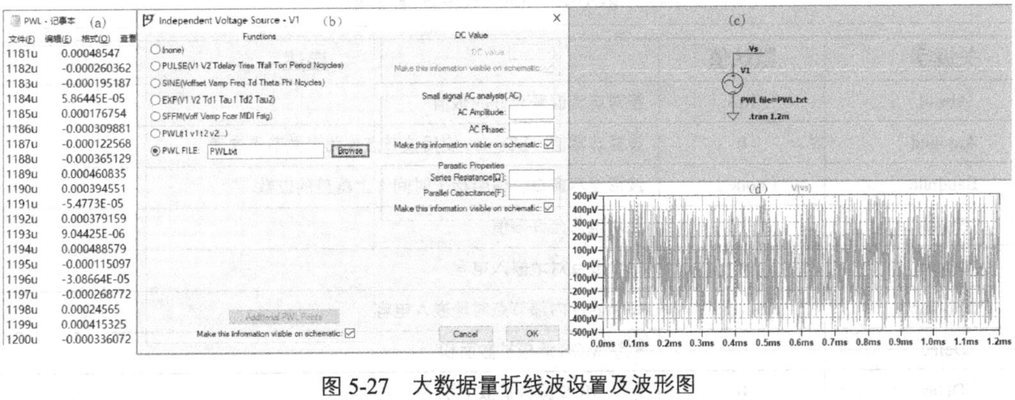

图 5-27 大数据量折线波设置及波形图

5.5 设置仿真指令

图 2-136 中使用了参数扫描指令，快速确认放大器满功率带宽，LTspice 提供多种便于用户仿真的指令，本节将介绍主要指令的使用。

5.5.1 仿真指令编辑方式

进入指令编辑窗口有两种操作方式，单击工具栏 .op 图标，或者使用默认快捷键 “s”，启动编辑窗口，如图 5-28 所示。窗口功能默认为 “SPICE directive” 指令编辑方式，如果改为 “Comment” 则为注释文本说明，在仿真中不执行注释内容。

多条指令编辑过程中使用 “Ctrl” 键+ “M” 键，或者 “Ctrl” 键+ “Enter” 键换行输入。勾选 “Vertical Text” 编辑的指令，在电路中纵向显示。按照具体指令的语法完成编辑后单击 “OK” 或者按 “Enter” 键，回到电路图绘制窗口，移动鼠标选择适合的位置放置仿真指令。

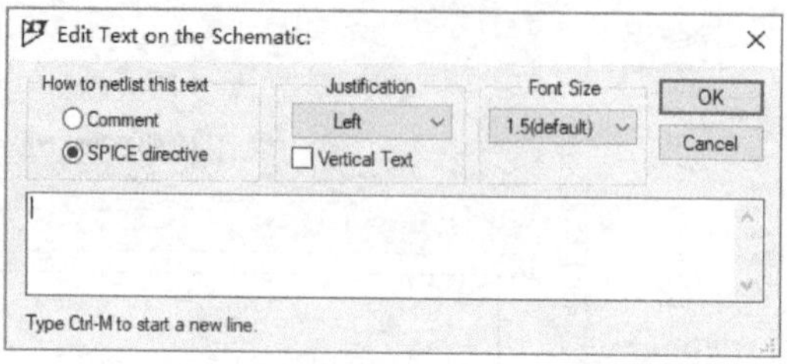

图 5-28　指令编辑窗口

5.5.2 .OPTIONS 指令集

.OPTIONS 用于仿真的选项设计，部分指令与控制面板功能重复。

语法 .OPTIONS<关键字>=<设定值>

.OPTIONS 的关键字、默认配置和功能描述如表 5-2 所示。其中 “Fastaccess” “Flagloads” “Noopiter” “Nomarch” 在<设定值>中没有指定值时，代表其值为 False。“Measplxfmt” 的<设定值>在 “polar” “Cartesian” “bode” 中选择。“Method” 的设定值为 “Trapezoidal” 或 “Gear”。其他关键字的设定值都是数值形式。

表 5-2　.OPTIONS 指令集

关键字	默认值	描述
Abstol	1pA	绝对电流误差允许的限值
Autognd	0	设置非零值，LTspice 使用该节点作为公共节点参考
Baudrate	(none)	波形显示窗口，横坐标（时间）上覆盖的位数
Chgtol	10fC	绝对电荷允许限值
Cshunt	0	每个节点对地嵌入电容
Cshuntintern	cshunt	每个器件内部节点对地嵌入电容
Defad	0	默认 MOS 漏极扩散面积
Defas	0	默认 MOS 源极扩散面积

续表

关键字	默认值	描述
Defl	100μm	默认 MOS 沟道长度
Defw	100μm	默认 MOS 沟道宽度
Delay	0	波形显示窗口位的位移数
Fastaccess	FALSE	在仿真结束时，转换为 “fastaccess” 文件格式
Flagloads	FALSE	设置外部电流源负载
Gfarad	1E-12	电容的每法拉的漏电流
Gfloat	1E-12	启用拓扑检查，每个浮动节点到地嵌入电导
Gmin	1E-12	每个 PN 结上增加导电性，以帮助收敛
Gminsteps	25	设置为零，阻止 “gminstepping” 在 DC 分析进行初始化
Gshunt	0	每个节点到地的嵌入电导
itl1	100	DC 迭代计算数的限制
itl2	50	DC 传输曲线迭代计算数的限制
itl4	10	瞬态分析中，时间迭代计算数极限
itl6	25	设置为零，初始 DC 解析，不执行 “Source Stepping”
Maxclocks	∞	保存时钟周期的最大值
Maxstep	∞	瞬态分析的最大步数
Meascplxfmt	Bode	.meas 语句结果的复数格式。“polar” 极坐标、“Cartesian” 直角坐标、“bode” 波特图三选一
Measdgt	6	.measure 语句输出的有效数值位数
Method	Trap	数值积分法 “Trapezoidal” 或者 “Gear”
Minclocks	10	保存的时钟周期的最小值
Mindeltagmin	0.0001	“gmin” 步进终止的限制
Nomarch	FALSE	仿真过程中不进行绘制波形
Noopiter	FALSE	直接执行 “gminstepping”
Numdgt	6	设置输出数据的有效数字位数。设置为大于 6 时，则对因变量数据使用双精度计算
Pivrel	0.001	允许的主元素与所在列最大元素之间比值的最小值
Pivtol	10^{-13}	确定主元素消除法求解矩阵允许的主元素最小值
Plotabstol	1nA	波形压缩的绝对电流误差允许限值
Plotreltol	0.0025	波形压缩的相对误差允许限值
Plotvntol	10μV	波形压缩的绝对电压误差允许限值
Plotwinsize	300	波形显示窗口中要压缩的数据点的数量，设置为零是禁用压缩
Ptranmax	0	如果设置为非零，无论电路是否稳定，作为工作点，均使用时间的阻尼伪瞬态分析
Ptrantau	0.1	设置为零，禁用阻尼伪瞬态分析。电源特性启动时，为寻找工作点进行阻尼伪瞬态分析
Referencenode	–	执行 “autognd” 指令时，用作公共节点的名称
Reltol	0.001	相对误差允许限值
Srcstepmethod	0	仿真时以哪种源步进算法开始仿真
Srcsteps	25	同 itl6

续表

关键字	默认值	描述
Sstol	0.001	稳态检测的相对误差
Startclocks	5	在寻找稳定状态之前等待的时钟周期数
Temp	27°C	在未指定温度的电路中，使用默认温度
Tnom	27°C	在未指定温度的模型中，将测量参数设置为默认温度条件下
Topologycheck	1	设置为零，忽略浮动节点、电压源回路和非物理变压器绕组拓扑的检查
Trtol	1	瞬时误差允许限值。实际舍入误差被高估的影响
Trytocompact	1	在非零时，压缩 LTRA 传输线的输入电压和电流历史数据
Vntol	1μV	绝对电压误差限制

5.5.3 .STEP 变量扫描

在 LTspice 中，变量可以按照线性、对数、列表的方式进行仿真。变量名称需要使用“{ }”。

（1）线性变化的语法：.STEP PARAM <参数名称><初始值><最终值><步长>

如图 2-136 所示，信号源 V3 使用正弦波 SINE（0 1 {f}），仿真指令.step param f 10Meg 30Meg 4Meg，表示信号源的频率 f 从 10MHz 到 30MHz，每变化 4MHz 执行命令。

（2）对数变化的语法：.STEP PARAM <参数名称><OCT/DEC><初始值><最终值><对数区间点数>OCT/DEC 表示对数以 8 倍区间（OCT）或者 10 倍区间(DEC)设定。

例如.STEP PARAM C OCT 1 50 5，表示参数 C 从 1 到 50，以 8 倍区间 5 步执行指令。

（3）列表的语法：.STEP PARAM <参数名称> LIST <值 1><值 2><值 3> … <值 *n*>

例如，.STEP PARAM R LIST 1K 5K 12K 20K，表示参数 R 分别按 1K、5K、12K、20K 执行指令。

5.5.4 .PARAM 自定义参数

语法：.PARAM <参数名称> =<值>…

器件的参数名称需要使用“{}”，指令中的如果存在多个自定义参数，建议分行显示。参数定义中可以调用库函数，以及进行数学运算、逻辑运算。表 5-3 所示为 LTspice 函数库及功能说明，表 5-4 所示为 LTspice 运算符号与功能说明。

如图 4-33 所示，LTC2378-16 输入电容 C1、C2 的容值设为{Csample }。

仿真指令.param Csample 45p，表示输入电容 C1、C2 的容值参数（Csample）为 45pF。

.param SR min(sampleRate，maxSampleRate)，表示 SR 参数为 sampleRate 和 maxSampleRate 中的较小值。

.param period 1/SR，表示参数 period 为参数 SR 的倒数。

表 5-3 LTspice 函数库及功能说明

功能	描述
abs(*x*)	*x* 的绝对值
acos(*x*)	*x* 的反余弦函数的实数部分
arccos(*x*)	同 acos(*x*)
acosh(*x*)	*x* 的反双曲余弦的实部

续表

功能	描述
asin(*x*)	*x* 的反正弦函数的实数部分
arcsin(*x*)	同 asin(*x*)
asinh(*x*)	*x* 的反双曲正弦的实数部分
atan(*x*)	*x* 的反正切函数的实数部分
arctan(*x*)	同 atan(*x*)
atan2(*y*，*x*)	*y*/*x* 的 4 象限反正切，它的取值不仅取决于正切值 *y*/*x*，还取决于点(*x*，*y*)落入哪个象限
atanh(*x*)	*x* 的反双曲正切的实部
buf(*x*)	1 if *x* > 0.5，else 0
cbrt(*x*)	*x* 的立方根
ceil(*x*)	等于或大于 *x* 的整数
cos(*x*)	*x* 的余弦函数
cosh(*x*)	*x* 的双曲余弦函数
exp(*x*)	e 的 *x* 次方
fabs(*x*)	同 abs(*x*)
flat(*x*)	均匀分布的–*x* 和 *x* 之间的随机函数
floor(*x*)	等于或小于 *x* 的整数
gauss(*x*)	*xσ* 的高斯分布的随机数
hypot(*x*，*y*)	直角三角形给定两边求第三边
if(*x*，*y*，*z*)	If *x* > 0.5，then *y* else *z*
int(*x*)	将 *x* 转换为整数
inv(*x*)	0 if *x* > 0.5，else 1
limit(*x*，*y*，*x*)	*x*、*y*、*z* 的中间值
ln(*x*)	以 e 为底的对数
log(*x*)	ln(*x*)替代函数
log10(*x*)	以 10 为底的对数
max(*x*，*y*)	*x* 或 *y* 中的较大者
mc(*x*，*y*)	*x*（1+*y*）和 *x*（1–*y*）之间具有均匀分布的随机数
min(*x*，*y*)	*x* 或 *y* 中的较小者
pow(*x*，*y*)	*x* 的 *y* 次方的实数部分
pwr(*x*，*y*)	abs(*x*)的 *y* 次方
pwrs(*x*，*y*)	sgn(*x*)*abs(*x*)的 *y* 次方
rand(*x*)	介于 0 和 1 之间的随机数，具体取决于 *x* 的整数值
random(x)	类似于 rand(*x*)，但在值之间平滑过渡
round(x)	接近 *x* 的整数
sgn(x)	*x* 的符号
sin(x)	*x* 的正弦函数
sinh(x)	*x* 的双曲正弦函数
sqrt(x)	*x* 平方根的实数

续表

功能	描述
tan(x)	*x* 的正切函数的实数部分
tanh(x)	*x* 的双曲正切
u(x)	单位步长，1 if *x* > 0.，else 0
uramp(x)	*x* if *x* > 0.，else 0

表 5-4　运算符号与功能说明

操作符号	描述
&	将表达式的两边转换为布尔值，然后进行与运算
|	将表达式的两边转换为布尔值，然后进行或运算
^	将表达式的两边转换为布尔值，然后进行异或运算
>（>=）	如果左边的表达式大于（大于或等于）右边的表达式，为 True
<（<=）	如果左边的表达式小于（小于或等于）右边的表达式，为 True
+	浮点数加法
–	浮点数减法
*	浮点数乘法
/	浮点数除法
**	幂运算，左侧为底数，仅返回计算结果的实数部分

5.5.5　.MEASURE 测量指令

.MEASURE 测量指令有两种不同模式。第 1 种模式是测量横坐标上的某个点的参数值。

语法：.MEAS[AC|DC|OP|TRAN|TF|NOISE] <测量结果名称>

+ [<FIND|DERIV|PARAM><待测参量名称>]

+ [WHEN <条件参量名> | AT=<判断条件>]]

+ [TD=<延迟时间量>] [<RISE|FALL|CROSS>=[<计数>|LAST]]

该指令适用于 AC、DC、OP、Tran、TF、NOISE 分析，通过 FIND、DERIV、PARAM 三种方式返回待测参量，在 WHEN 或者 AT 的条件参量满足要求时返回，并且在众多满足的条件中，可以找到具体第几次满足，以及满足条件参量的上升（RISE）、下降（FALL）或者穿越(CROSS)时返回测量值。

示例 1 .MEAS TRAN res1 FIND V（out）AT=5m

表示在仿真时间 *t* 为 5ms 时，将 *V*（out）值标记为 *res1*。

示例 2 .MEAS TRAN res2 FIND V（out）* I（out）WHEN V(x)=3V(y)

表示在第一次满足 *V*（*x*）等于 3 倍 *V*（*y*）时，计算 *V*（out）乘以 *I*（*V*out）值并标记为 *res2*。

示例 3 .MEAS TRAN res3 FIND V(out) WHEN V(x)=3V(y) cross=3

表示在第三次满足 *V*（*x*）等于 3 倍 *V*（*y*）时，将 *V*（out）标记为 *res3*。

示例 4.MEAS TRAN res4 FIND V(out) WHEN V(x)=3V(y) rise=last

表示最后一次满足 *V*（*x*）等于 3 倍 *V*（*y*）时，将 *V*（out）的值标记为 *res4*。

示例 5 .MEAS TRAN res5 FIND V（out）WHEN V（x）=3V（y）cross=3 TD=1m

表示在系统开始工作 1ms 之后，第三次满足 $V(x)$ 等于 3 倍 $V(y)$ 时，将 $V(\mathrm{out})$ 的值标记为 *res5*。

示例 6 .MEAS TRAN res6 PARAM3 res1/res2

表示用 *res1*、*res2* 标记的结果，计算 3 倍 *res1* 除以 *res2* 的值标记为 *res6*。

第 2 种模式是引用横坐标内某段范围参数值的指令。

语法：.MEAS [AC|DC|OP|TRAN|TF|NOISE] <测量结果名称>

\+ [<AVG|MAX|MIN|PP|RMS|INTEG><待测量参数名称>

\+ [TRIG][[条件参量名 1]= 判断条件 1]] [TD=<延迟时间量 1>]

\+ [<RISE|FALL|CROSS>=<计数 1>]

\+ [TARG [[条件参量名 2]=判断条件 2]] [TD=<延迟时间量 2>]

\+ [<RISE|FALL|CROSS>=<计数 2>]

其中“TRIG”和“TARG”表示横坐标上的指定触发点和结束点。如果忽略触发点与结束点，将默认为仿真的开始数据为触发点，仿真结束数据为结束点。区间内对测量参数进行运算的方式见表 5-5。

示例 7 .MEAS TRAN res7 AVG V(NS01) TRIG V(NS05)=1.5 TD=1.1u FALL=1

TARG V(NS03)=1.5 TD=1.1u FALL=1

表示为仿真开始 1.1μs 之后，$V(NS05)$ 第 1 次下降到 1.5V，到仿真开始 1.1μs 之后，$V(NS03)$ 第 1 次下降到 1.5V 之间，$V(NS01)$ 的平均值，并标记为 *res7*。

LTspice 提供.MEAS 指令编写窗口，如图 5-29（a）所示，进入指令编辑窗口，输入“.MEAS”之后使用鼠标右键点击指令，在列表“Help me Edit”中，选择“.MEAS Statement”，进入.MEAS 指令编写窗口，如图 5-29（b）所示。根据系统提示项输入参数值，软件自动生成指令。

表 5-5 区间测试指令关键字

关键字	描述
AVG	平均值计算
MAX	查找最大值
MIN	查找最小值
PP	查找峰-峰值
RMS	计算均方根值
INTEG	积分运算

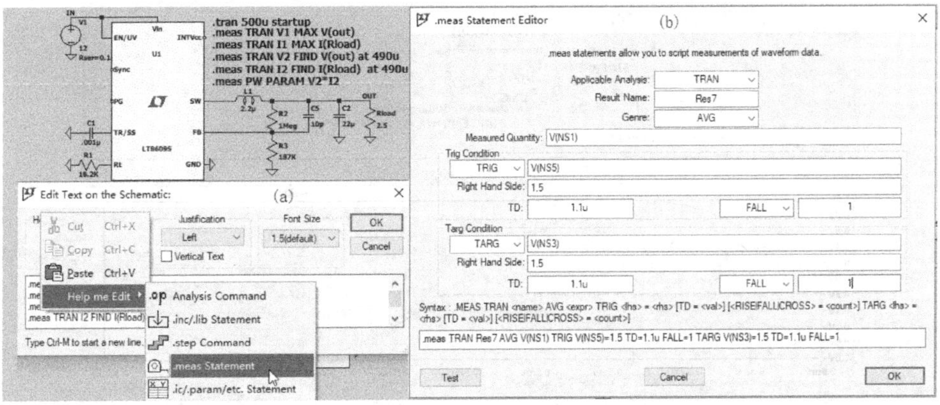

图 5-29 .MEAS 测试指令配置

.MEAS 语句作为 SPICE 指令放在电路图上，与其他仿真命令和电路一起定义在 Netlist 中。在输出.log 文件中，使用菜单命令“View”中“SPICE Error log”项，查看该文件，如图 5-30 所示。如果仿真中包含“.STEP”指令，将对每个步骤执行“.MEASURE”，结果打印在.log 文件中。测量结果的波形绘制步骤如下：

（1）仿真完成后，执行菜单“command View”中的“SPICE Error Log”；

（2）用鼠标右键单击.log 文件，执行菜单“Plot.step'ed.meas data”项。

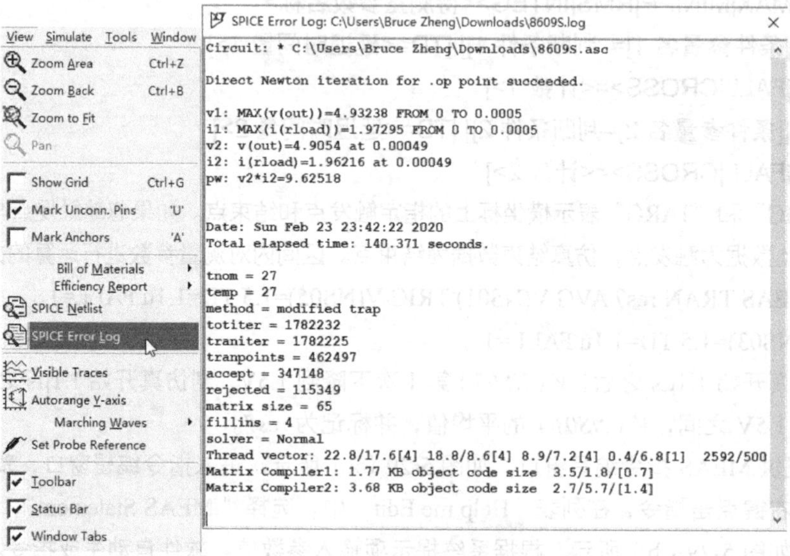

图 5-30 .MEAS 指令执行结果

5.5.6 .FUNC 自定义函数

.FUNC 指令允许用户将电路参数进行自定义函数处理。在子电路定义的函数，限制在该子电路和该子电路调用的子电路。使用这些自定义函数，需要在调用的参数值处替换为函数式，并使用“{}”。

语法：**.FUNC <定义函数名称>（自变量 1，自变量 2 …）{表达式}**

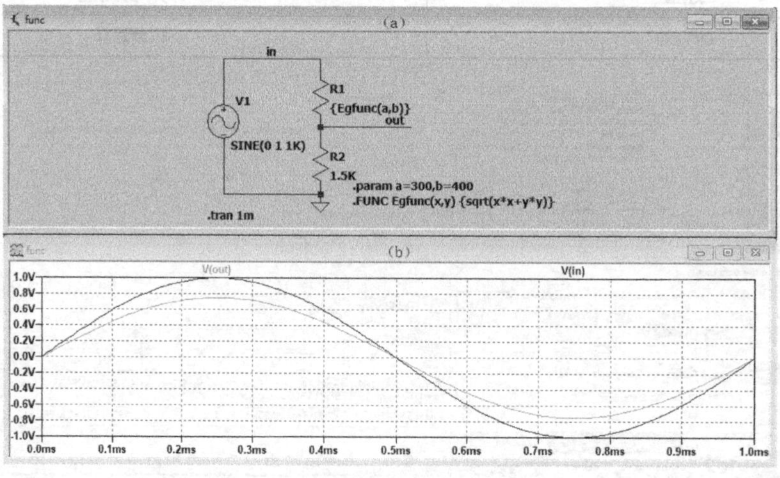

图 5-31 FUNC 指令示例

如图 5-31（a）所示，电路中定义 Egfunc（ ）函数与 *a*、*b* 参数值，电阻 R_1 的阻值计算调用该函数和自定义参数。仿真执行时，计算 R_1 阻值为 500Ω，并与 R_2 形成分压电路，输出信号幅值为输入信号的 75%，如图 5-31（b）所示。

5.5.7 .TEMP 温度扫描

语法：.TEMP <温度 1><温度 2>…

等同于：.STEP TEMP LIST <温度 1><温度 2> …

如图 5-32（a）所示，分别在−55℃、−25℃、0℃、25℃、55℃、75℃扫描二极管工作电流，温度扫描结果如图 5-32（b）所示，随着温度上升二极管的电流逐渐增大。

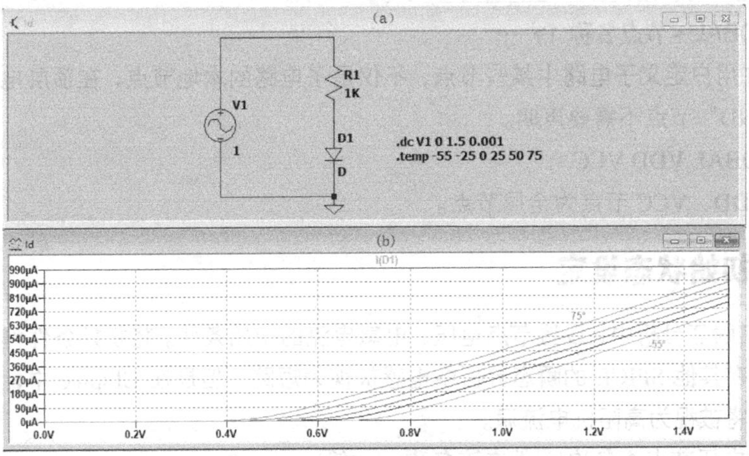

图 5-32 温度扫描示例

5.5.8 .NODEALIAS 节点短路

节点短路指令不通过导线连接，使指定节点短路，该功能在复杂的电路修改时可以快速确认电路变更的效果。

语法：.NODEALIAS <节点 1 名称> =<节点 2 名称>

使用节点短路指令可以简化图 2-36 偏置电流测量电路。如图 5-33 所示，有 3 种节点短路状态：（1）节点 a 与节点 b 短路、节点 c 与节点 d 短路；（2）节点 a 与节点 b 短路；（3）节点 c 与节点 d 短路。省去开关控制部分。

注：在指令前添加“；”，表示本次仿真中不执行。

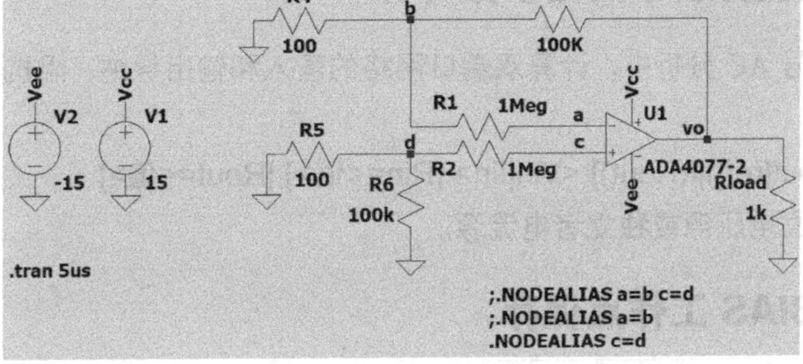

图 5-33 节点短路示例

5.5.9 .FOUR 瞬态分析后傅里叶计算

语法：.four <频率> [谐波次数] [周期] <目标参量 1> [<目标参量 2> …]

其中，谐波次数必须设置为整数，表示傅里叶计算到该数值的次数为止，默认为 9。周期是傅里叶计算所利用的周期数，将使用仿真结束时间到设定周期数结束前的数据进行计算。如果输入"–1"将使用瞬态仿真全范围数据进行计算。

计算结果在菜单栏"View"列表中，选择"SPICE Error log"进行查看。

傅里叶计算也能通过波形显示窗口获得，参阅 5.7.5 小节。

5.5.10 .GLOBAL 声明全局节点

语法：.GLOBAL <节点名称 1> …

LTspice 允许用户定义子电路中某些节点，不仅是子电路的本地节点，在顶层电路也能使用这些节点。注意"GND"节点不需要声明。

示例：.GLOBAL VDD VCC

表示定义 VDD、VCC 节点为全局节点。

5.5.11 .IC 初始状态设定

.IC 指令用在瞬态分析中，设置节点电压、电感电流的初始条件。将初始条件作为约束条件进行瞬态分析。虽然在其他 SPICE 的瞬态分析中电感被视为短路，但是在 LTspice 中，如果指定初始电流的条件，电感将被视为高阻抗电流源。

语法：.IC <电压节点 1 名称/器件电流名称> =<值> …

示例：.IC V(in)=2 V(out)=5 V(V_c)=1.8 I(L_1)=300m

设置 in 节点电压为 2V、out 节点电压为 5V、V_c 节点电压为 1.8V、器件 L_1 电流为 300mA 为初始条件，进行仿真。

5.5.12 .NODESET 直流分析初始设定

".NODESET"指令与".IC"指令的功能近似，都能够设置某节点电压值，但是目的不同。".IC"用于分析在指定初始条件下电路的响应，".NODESET"指令是用于电路的瞬态分析中工作点的收敛。例如，触发器具有多个工作状态，如果不指定初始状态，瞬态分析中将发生无限迭代而不能收敛。

语法：.NODESET V(节点名称)=<电压值>

5.5.13 .NET 交流分析中网络参数计算

该指令用于小信号 AC 分析中，计算双端口网络的输入和输出导纳、阻抗、Y 参数、Z 参数、H 参数和 S 参数。

语法：.NET [V(out[ref])|I(Rout)] <Vin|Iin> [Rin=<值>] [Rout=<值>]

电路必须使用独立电压源或独立者电流源。

5.5.14 .SAVEBIAS 工作点保存

当仿真电路中存在很耗时的直流工作点时，可以将部分分析结果保存到硬盘，下次仿真时进行其余分析。指令将本次分析的结果保存为文本(.txt)文件写入硬盘，在后续仿真中使用“.LOADBIAS”指令重新加载该文件。

语法：.SAVEBIAS <文件名称>[INTERNAL]

+[TEMP=<参数值>][TIME=<参数值>[REPEAT][STEP=<参数值>]

+[DC1=<参数值>][DC2=<参数值>][DC3=<参数值>]

“INTERNAL”表示保存器件内部节点的工作点。“TEMP”是保存具有温度信息的工作点。“TIME”保存瞬态仿真中特定时间的工作点。通常保存规定内的第一次分析结果，而使用“REPEAT”关键字，将在[TIME=]的每个指定的时间保存瞬态分析结果。

5.5.15 .LOADBIAS 加载以前求解的瞬态分析结果

“.LOADBIAS”指令是对“.SAVEBIAS”指令的补充。首先执行“.SAVEBIAS”指令，然后将“.SAVEBIAS”指令更改为“.LOADBIAS”指令，再执行仿真。

语法：.LOADBIAS <文件名>

5.5.16 .INCLUDE 其他文件读取

语法：.INCLUDE/INC <文件名>

指令包含的命名文件，如同该文件输入 netlist 文件。所读取的文件与应用电路必须放置在相同的文件夹中。

有扩展名的文件，指令必须包括扩展名，例如 myfile.lib 文件的读取必须使用.INC myfile.lib。

5.5.17 .LIB 库文件读取

语法：.lib <库名称>

该指令引用库文件中模型和子电路，与“.INCLUDE”指令类似，所引用的器件、子电路将写入在 netlist 文件。读取的库文件与应用电路必须放置在相同的文件夹，有扩展名的库文件要保留扩展名。

5.5.18 .Model 模型定义

5.3.4 小节介绍了通用放大器模型，LTspice 提供数十种电路元素模型，通过该指令调用这些元素的模型，并定义为新模型。

语法：.Model <器件模型名称><模型符号> （<参数名称>=<值>）…

模型符号与参数名称，参阅“Help Topics”文档中“Circuit Element Quick Reference”内容。

5.5.19 .SAVE 保存指定数据

在瞬态仿真时会产生大量数据，使用该指令保存所关注的部分数据。

语法：.SAVE <V/I>(信号名称)

示例：.SAVE V（out）I（R_1）

表示保存节点 out 电压，R_1 电流。

.SAVE V（*）则保存所有的电压值。

5.6 仿真分析

在第 2 章的参数仿真分析中，主要用到瞬态分析、交流分析，LTspice 提供 6 种分析方式，本小节逐一介绍配置方式。

5.6.1 仿真类别

电路图绘制完成通过菜单栏“Simulate”，或者在电路图绘制窗口单击鼠标右键，选择“Edit Simulation Cmd”选项，进入仿真类型设置窗口，如图 5-34 所示。仿真分析的类型包括“TRANSIENT”瞬态分析、“AC Analysis”AC 分析、“DC SWEEP”直流分析、““Noise”噪声分析、“DC Transfer”直流传递函数分析和“DC op pnt”工作点分析 6 种。上述分析类型与特点见表 5-6。

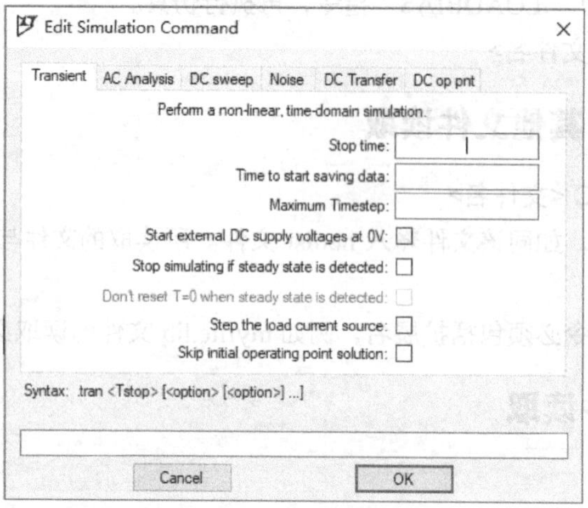

图 5-34　仿真方式设置窗口

表 5-6　仿真分析类型与特点

分析类型	功能/特点
瞬态分析	时间响应分析，类似示波器功能
AC 分析	频率特性分析，增益、相位随频率的变化而变化
DC sweep 分析	静态特性分析，数据手册中的直流特性
噪声分析	测量点的噪声分析，需要模型具有噪声参数
直流小信号分析	用于分析直流小信号的传递函数
.OP 分析	晶体管工作点分析

5.6.2 瞬态分析

图 5-34 所示仿真方式设置窗口默认为瞬态分析，其具体内容如下。

“Stop Time”停止时间，是从仿真开始到停止的持续时间，以 s 为单位。瞬态分析通常只填写该项参数，如图 2-19 所示，ADA4077 失调电压参数仿真中使用“.tran 5us”。

“Time to Start Saving Data”：数据保存的起始时间，在该值之前仿真的结果不保存。

“Maximum Timestep”：设置执行仿真的最大间隔时间，不填写表示无限大。

“Start external DC supply voltage at 0V”：勾选后仿真开始后的 20μs，电路的供电电源从 0V 到达设定电压值。

“Stop sumulating if steady state is deteted”：勾选后针对开关电源进行仿真时，当输出呈现重复开关状态累计 10 次时，停止仿真并保存这 10 次数据。

“Don’t reset T=0 when steady state is detected”：该项默认不能使用，当执行“Stop sumulating if steady state is deteted”之后，再勾选该项，保存全部进行仿真的波形，不止 10 次周期波形。

“Skip initial operating point solution”：在仿真开始难以收敛时，勾选该项跳过初始状态进行仿真，以节省时间。

5.6.3 交流分析

对图 2-69 所示放大器模型的开环增益参数进行仿真，设置从 10mHz 至 100MHz 范围内，对放大器的开环增益的幅频特性与相频特性进行交流分析，参数配置如图 5-35 所示。

“Type of Sweep”：扫描方式包括“Octave”每 8 倍、“Decade”每 10 倍、“Linear”线性扫描、“List”按列表频率。

“Number of points per Octave/Decade”：每个倍频间隔的点数，通常 8 倍频为 20 ~ 40 个，10 倍频为 30 ~ 100 个。

“Start frequency”：仿真起始频率。

“Stop frequency”：仿真停止频率。

在进行交流仿真时，信号源设置如图 5-21（b）所示，使用“Small singal AC analysis”项，并将“AC Amplitude”配置为 1V。

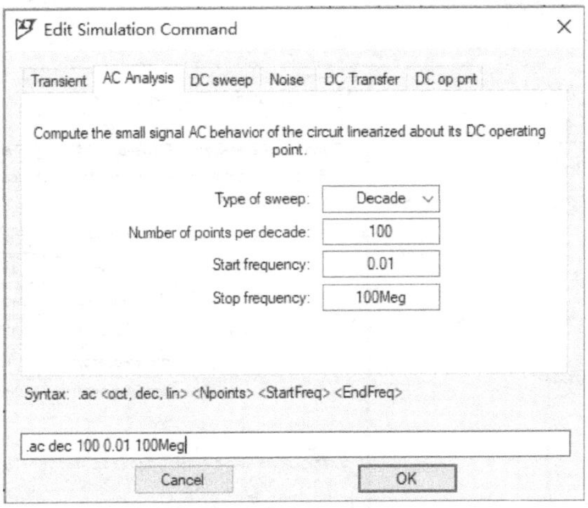

图 5-35　AC 分析参数配置

5.6.4 DC SWEEP 分析

使用 DC SWEEP 分析如图 5-32 所示，分析二极管 I-V 特性曲线。参数配置窗口如图 5-36 所示，有 3 个信号源配置，所需配置的参数类型相同。

“Name of 1st/2nd/3rd source to sweep”：第 1/2/3 号信号源的名称。

“Type of sweep”：扫描方式，参考交流分析配置。

“Start Value”：仿真起始值；“Stop Value”：仿真停止值；“Increment”：仿真点间隔。

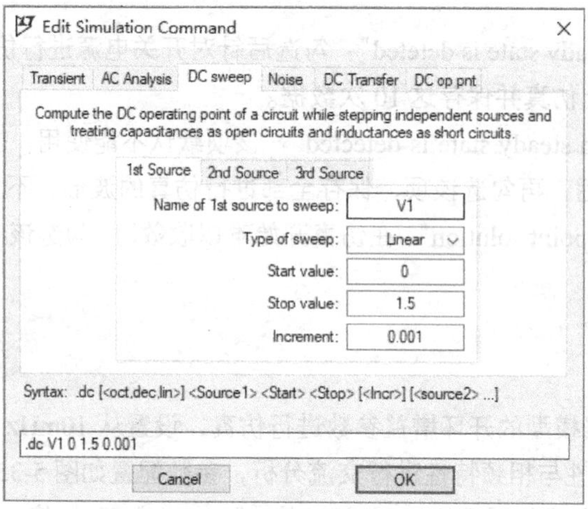

图 5-36　DC SWEEP 分析参数配置

5.6.5　噪声分析

进行噪声分析之前，需要确认放大器模型是否包含噪声参数，部分放大器的模型可能不包含噪声参数，或者包含的参数不全。图 2-80 所示的电路使用了 ADA4807，它的 SPICE 模型中具有电压噪声、电流噪声参数，如图 5-37 所示。

噪声分析配置窗口如图 5-38 所示，“Output” 为输出节点名称；“Input” 为激励信号名称；其余参数 “Type of Sweep” “Number of points per octave/decade” “Start Frequency” “Stop Frequency” 与交流分析的配置方法相同。

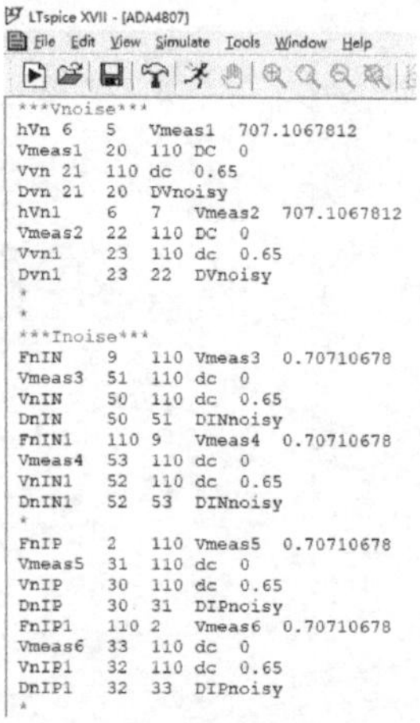

图 5-37　ADA4807 SPICE 模型噪声参数

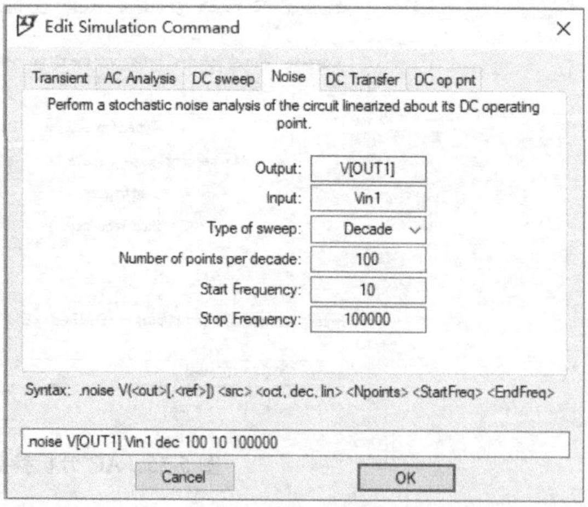

图 5-38　噪声分析参数配置

5.6.6　直流小信号分析

如图 5-39（a）所示，在 ADA4077 放大电路中，使用直流小信号分析，能够获得的电路增益为 −9.99995 倍，如图 5-39（b）所示。

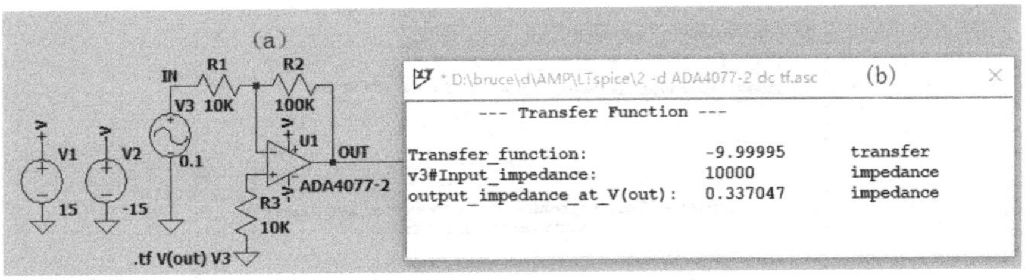

图 5-39　直流小信号分析示例

直流小信号分析配置如图 5-40 所示，“Output”为输出节点名称，“Source”为激励信号名称。

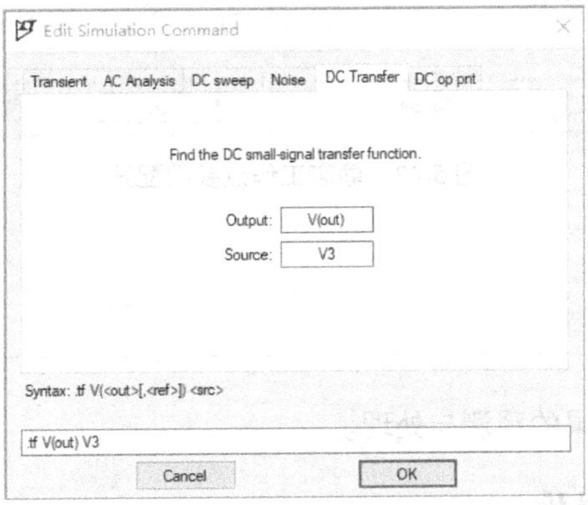

图 5-40　直流小信号分析配置

5.6.7　静态工作点分析

工作点分析用于计算晶体管静态工作点，仿真中电容视为开路，电感视为短路。图 5-41（a）所示为示例电路，静态工作点分析结果如图 5-41（b）所示。在该分析中不需要设置任何参数，如图 5-42 所示。

分析非线性电路工作点时，当使用牛顿迭代法不能求解时，LTspice 提供其他的求解方式，但是需要禁用部分功能，如表 5-7 所示。

表 5-7　近似计算方法与禁用功能

方法	禁用功能
Direct Newton Iteration	.optionsNoOpIter
Adaptive Gmin Stepping	.optionsGminSteps=0
Adaptive Source Stepping	.optionsSrcSteps=0
Pseudo Transient	.optionspTranTau=0

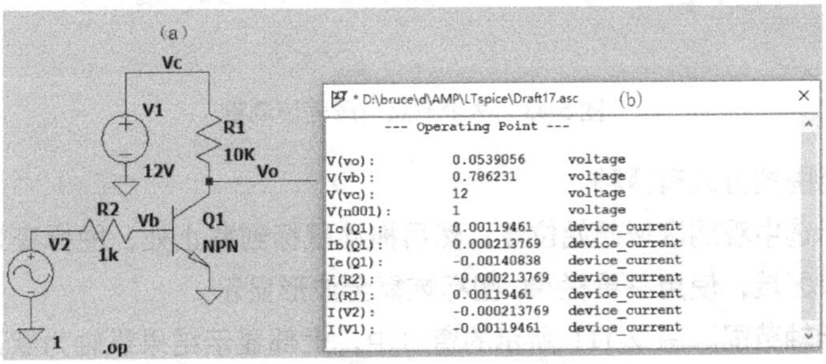

图 5-41　静态工作点分析示例

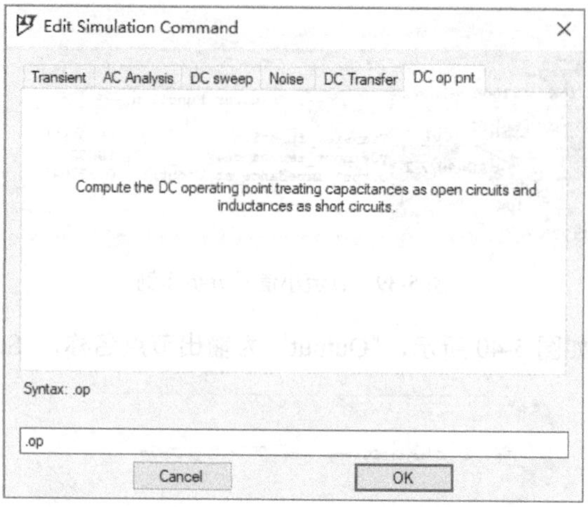

图 5-42　静态工作点参数配置

5.7　波形观测

本节介绍 LTspice 仿真结果的观测与处理。

5.7.1　波形显示基本操作

完成电路图绘制、仿真指令配置后，单击工具栏 图标执行仿真，操作界面将新增波形显示窗口，默认为无数据显示。在电路图绘制窗口中，移动光标靠近非地的电压节点时光标变为 ，使用鼠标左键单击电压节点，波形显示窗口呈现该节点的电压波形。光标移动到器件上图标变为 ，使用鼠标左键单击器件，波形显示窗口将呈现该器件的电流波形。

LTspice 测量的节点电压波形默认以地为参考，当测量电路中两个节点电压差值时，使用鼠标左键指向其中一个待测节点并按下鼠标左键，然后拖动鼠标移动到另一节点，在这两个节点都显示电压测量的图标时松开鼠标左键，如图 5-43 所示。

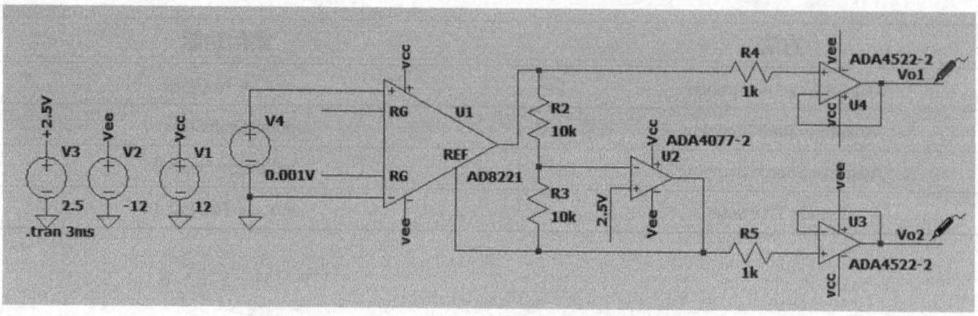

图 5-43　两个节点电压差值测量

调节波形显示范围的方式有两种。

其一，使用鼠标选中观测区域起始位置，然后拖动鼠标到截止处，图标变为 ，松开鼠标后坐标轴自动更新到该区域，使用菜单栏 图标恢复全波形显示。

其二，调节坐标轴范围。图 2-111 所示的窗口中，上部显示结果纵轴为默认显示，只能查看到波形微微波动，而下部将纵轴显示范围调节到 2.484 ~ 2.511V，能够清晰地观测到振荡波形。调整坐标轴的方式是将光标移动到纵轴坐标区，光标将变为尺子‖的图标，使用鼠标右键单击纵轴坐标区，出现 Y 轴配置窗口，如图 5-44 所示。其中“Top”为上限值，“Bottom”为下限值，“Tick”为刻度。X 轴通常显示时间、频率，调节方式相同。

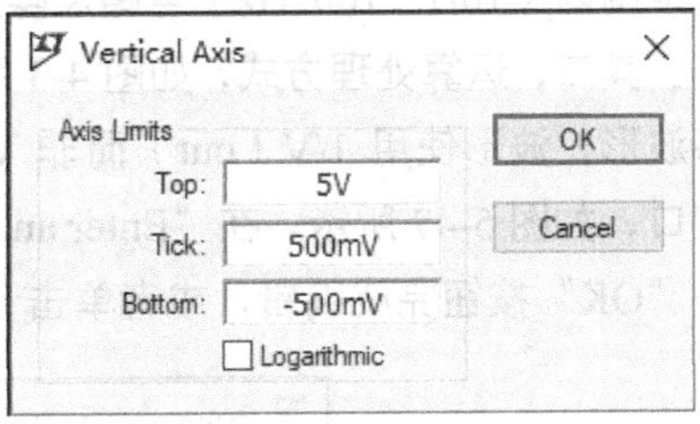

图 5-44 Y 轴配置窗口

5.7.2 波形曲线与显示栏调整

波形显示窗口默认为一栏，当波形曲线较多时，可以增加波形显示栏，如图 2-118 所示，A_{ov}、$1/\beta$ 波特图在第一栏，而 $A_{vo}\beta$ 波特图在第二栏。增加显示栏的方式：在波形显示窗口单击鼠标右键，从列表中选择“Add Polt Plant”项，如图 5-45（a）所示。要删除多余显示栏，可在列表中选择“Delete this Plant”选项。

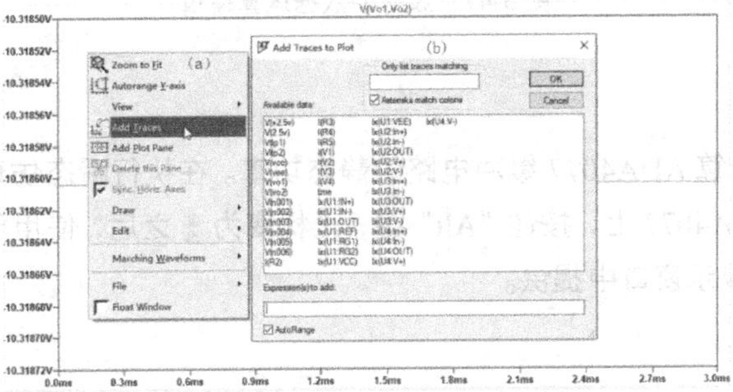

图 5-45 波形显示窗口添加测试曲线

新增观测波形的方式，在列表中选择“Add Traces”，将出现图 5-45（b）所示窗口，窗口包括电路全部电压节点与电流项，使用鼠标左键选择波形名称增加显示波形。在波形显示窗口使用鼠标拖动波形名称，能够移动到指定栏显示。删除波形时，在波形显示窗口按“Delete”键，光标将变为剪刀图形，移动到波形名称处，单击鼠标左键删除该波形，然后单击“Esc”键退出删除操作。

如图 2-97 所示，在仿真结果中保留仿真幅频特性、删除相频特性的显示方式，是将光标移动到右侧相位的纵轴坐标，图标变为尺子‖，使用鼠标右键单击坐标轴区域，在对话框中单击“Don't polt phase”之后，单击“OK”按钮退出窗口，如图 5-46 所示。

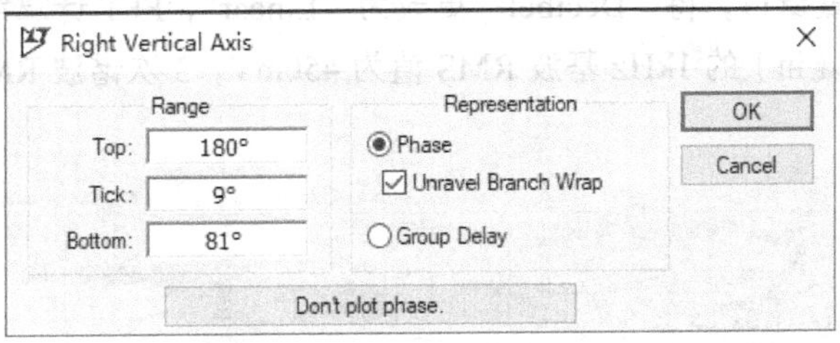

图 5-46 相频曲线坐标窗口

5.7.3 波形曲线运算处理

仿真生成的数据波形进行运算处理方式有两种。其一，使用 LTspice 提供的功能。如图 2-81 所示，噪声仿真结果不适合直接使用，需要进行积分运算，求得仿真频率范围内全部噪声的 RMS 值。将光标移动到波形名称处，光标变为手指型，然后同时单击“Ctrl”键与鼠标左键，软件计算仿真频率范围内（10H ~ 100kHz）电路总噪声的 RMS 值为 10.27μV。

其二，运算处理方式，如图 4-3 所示。对 LT3045 电源抑制比仿真，为直观对比仿真结果与规格书波形，波形使用 1/V（out）而非 V（out）。设置的方式是使用鼠标右键单击波形名称，出现编辑窗口，如图 5-47 所示。在“Enter an algebraic expression to polt”处，输入波形数据的运算方式，单击“OK”按钮完成编辑，或者单击“ESC”键退出编辑。

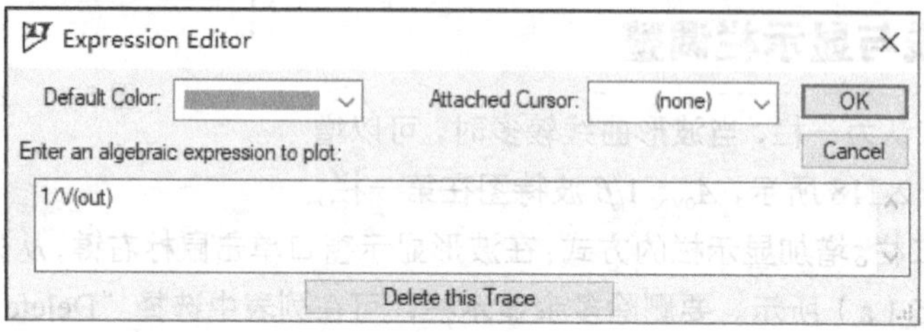

图 5-47　波形的数据运算编辑

5.7.4　功率计算

如图 2-181 所示，计算 ADA4077 缓冲电路的静态功率。在执行瞬态仿真之后，回到电路图绘制窗口，将光标移动到 ADA4077 上，按住“Alt”键，光标变为之后，使用鼠标左键单击 ADA4077，功耗计算结果将在波形显示窗口中提供。

5.7.5　FFT 计算

傅里叶计算也是基于瞬态分析结果的计算，执行仿真之前添加指令“.options plotwinsize=0”，设置不压缩输出点数。FFT 分析的最小频率步长等于起始频率，它是仿真时间的倒数。如图 5-48（a）所示，电路进行傅里叶计算，激励设置为幅值 1V、频率为 1kHz、占空比 50%的方波信号，仿真时间为 20ms。

瞬态的仿真结果如图 5-48（b）所示，在波形显示窗口中单击鼠标右键，通过列表中“View”选择“FFT”项。如图 5-48（c）所示，在 FFT 配置窗口中选择进行傅里叶计算的节点 V（in）、保持样本点数等默认项，单击“OK”按钮。在新增的波形显示窗口中提供 FFT 计算结果，如图 5-48（d）所示。在本示例中，适合在线性坐标系中观察，将光标移动到纵轴区域，单击鼠标右键。如图 5-48（e）所示，在坐标轴配置窗口，将“Decibel”更改为“Linear”，FFT 计算结果以线性坐标系展现。如图 5-48（f）所示，V（in）的 1kHz 基波 RMS 值为 450mV，3 次谐波 RMS 值为 150mV，5 次谐波 RMS 值为 90mV。

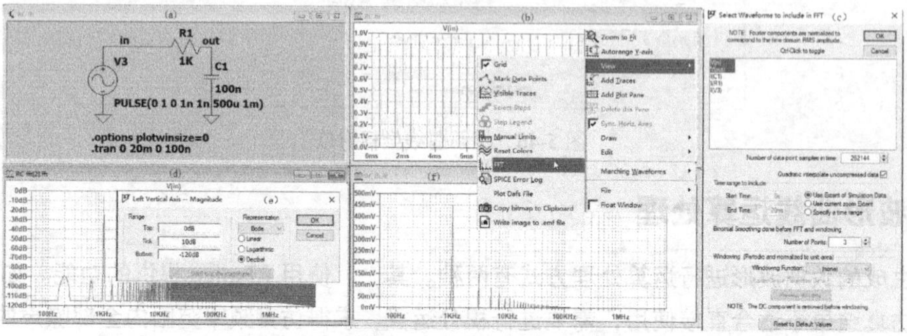

图 5-48　傅里叶计算示例

参考文献

[1] 马场清太郎. 运算放大器应用电路设计[M]. 何希才，译. 北京：科学出版社，2019.

[2] 冈村迪夫. OP 放大电路设计[M]. 王玲，等译. 北京：科学出版社，2004.

[3] 杨建国. 你好，放大器[M]. 北京：科学出版社，2015.

[4] 涉谷道雄. 活学活用 LTspice 电路设计[M]. 彭刚，译. 北京：科学出版社，2016.

[5] Art Kay. 运算放大器噪声优化手册[M]. 杨立敬，译. 北京：人民邮电出版社，2013.

[6] 塞尔吉欧・弗朗哥. 基于运算放大器和模拟集成电路的电路设计[M]. 荣枚，等译. 4 版. 西安：西安交通大学出版社，2017.

[7] 荣格，等. 运算放大器应用技术手册[M]. 张乐锋，等译. 北京：人民邮电出版社，2009.

[8] Bruce Carter，Ron Mancini. 运算放大器权威指南[M]. 姚剑清，译. 4 版. 北京：人民邮电出版社，2014.

[9] 何宾. 模拟电子系统设计指南(基础篇)：从半导体、分立元件 ADI 集成电路的分析与实践[M]. 北京：电子工业出版社，2017.

[10] 蔡锦福. 运算放大器原理与应用[M]. 北京：科学出版社，2005.